現代非線形科学シリーズ　10

非線形回路

工学博士　遠藤哲郎　著

コロナ社

現代非線形科学シリーズ編集委員会

編集委員長　大石　進一（早稲田大学教授・工学博士）
編 集 委 員　合原　一幸（東京大学教授・工学博士）
　（50音順）　　香田　　徹（九州大学大学院教授・工学博士）
　　　　　　　　田中　　衞（上智大学教授・工学博士）

（所属は編集当時のものによる）

刊行のことば

　理工学においては，実在する現象に対し，それをある程度理想化した物理モデルをつくる．理工学が今日のように発展したのは，この物理モデルから，微分方程式で記述される数学モデルを導き，これを解くことによって，未知の現象を予測したり，新しい工学的な製品を設計することが可能であったからである．
　このような，物理モデルを経て，数学モデルをつくり，これを解くことによって，現象を説明する方法を確立したのはニュートン (Newton) である．ニュートンは力学現象の物理モデルをつくり，それからニュートンの運動方程式と呼ばれる微分方程式の導き方を示した．そして，微積分学を創始して，これを解く方法を与えた．これを契機として，電磁気学，相対性理論，量子力学などが作られ，半導体などの発明に結びつき，コンピュータが実現されるようになった．このような方法は，生体や脳，経済現象などの社会科学にまで適用されるようになっている．このように，現象の物理モデルをつくり，それから，数学モデルとして微分方程式を導き，これを解いて，現象の予測や，設計を行うという方法により，現代の高度に発展した科学技術が築かれてきた．なぜ，このような数学モデルがこれほどまでに有効なのか，それは謎である．逆にいえば，科学が成立できたのは，困難の連続の中で，ほとんど唯一の成功といってよい，微分方程式によるモデル化という方法論を得たからということができよう．
　こうしてどのような理工学の分野にたずさわっても，現象のモデル化によって得られた微分方程式を解析して，現象に対する知見を導きだすことが要求されるようになる．従来，小さな入力を加えれば，それに対する応答は入力に比例して大きくなるような現象を利用して，工学的なシステムが作られることが多かった．すなわち，線形性の利用である．しかし，科学技術が高度に発展するにつれて，そのような線形性の仮定が成立しないような領域での現象を取り

扱うことが普通となりつつある．すなわち，現代は非線形現象と相対することが，分野を越えて共通する時代となっているのである．

　従来，非線形現象のモデルである非線形微分方程式を解くことは容易なことではなった．しかし，計算機環境の飛躍的な発展により，現代では，コンピュータを駆使して数値計算によって近似解を求め，それによって微分方程式から現象に関する情報を引き出すことが可能となっている．こうして，カオス，ソリトン，フラクタルなど予想もしなかったような非線形現象および新しい概念が発見されている．また，コンピュータ技術の発展により，離散系（ディジタル系）の研究，応用がめざましく進展している．さらに，コンピュータはニューラルコンピュータなど，人間の脳をめざして新しい方向へ発展しつつあるが，これらも非線形科学にその基礎を置く部分が多い．

　本シリーズは，このように現代理工学の学習，研究においていまや必修となった非線形科学・工学について，数学的，物理的基礎から工学的研究の第一線までを体系的に習得するための専門教科書シリーズとして編まれたものである．すなわち，本シリーズの内容は非線形解析入門，非線形物理などの基礎から始めて，カオス，ニューラルネット，ソリトン，フラクタルなどの非線形科学の新しい基礎，精度保証付き数値計算，高速自動微分などの数値計算法から生体，経済現象に至るまで，非線形科学全般にわたっている．それぞれの巻の著者は各分野の気鋭の研究者にお願いすることができた．本シリーズにより，理工学における新しい共通基礎分野としての非線形科学が基礎から第一線まで総合的に学習できるようになると考えている．

　編者は，内容を吟味して，時には書き直しまでお願いしている．御協力頂いた各著者に深謝する次第である．また，新しい時代のシリーズとして共通のスタイルファイル（LaTeX）による執筆も行った．スタイルファイルを作成して下さった中央大学牧野光則助教授に感謝する．また，本シリーズの企画において大変お世話になったコロナ社の各位に心から御礼申し上げる．

1997年春

編集委員長　大石　進一

まえがき

　非線形回路，非線形問題，非線形振動論などのタイトルの書籍は国内，国外を問わず過去さまざまな名著が書かれている．また近年，カオスの発見に伴いカオスを中心とした非線形理論の書物も数多く出版されている．一般に，非線形問題については，数学，物理学，工学など，さまざまな分野で興味ある問題をそれぞれの方法で研究することが多かったため，特に工学者にとっては他分野の本は，実際非常に有用なことが数多く書かれているにもかかわらず，その内容を咀嚼し，的確なイメージでとらえることは困難な場合が多かった．

　著者は，電気工学の分野で非線形回路，特に発振器の結合系や位相同期回路に発生する非線形現象の研究を行ってきた関係で，カオスを含む非線形振動論について多少勉強した．最初，数学や物理学の関係の書物は，これらの分野の基礎的素養がないため，理解するのにかなり苦労したが，多くの定理や現象が工学，特に電気・電子回路の分野において利用できることに気付いた．特にコンピュータを利用した非線形問題に固有の数値解析法，例えば，ガレルキン法，不動点計算法，メルニコフの方法，シルニコフの定理などは，電気・電子工学の分野では応用価値が高いと考えられる．

　本書ではこれらの方法を具体的な回路に適用する場合の手順とその結果の工学的意義について述べている．また，結合発振器の解析については，従来の和書ではあまり取り上げられていないようであるが，本書ではこれについても平均化法などを用いて詳しく解析し，非線形特性が弱い場合や強い場合など，さまざまな場合についてその意義を解説している．さらに，位相同期回路については従来ほとんど取り上げられていない非線形動作に焦点をあて，カオスを含むさまざまな非線形現象が起こりうることを述べている．本書は著者の興味あることがらに絞って記述したことから，いくつかの重要な非線形問題，例え

ば，分岐集合の計算法，OGY（カオス）制御法，カオス同期などについては載せていない。しかし，これらについてはそれぞれ専門書が刊行されているので，そちらをご覧いただきたい。

　本書は，電気系の課程でいえば，微分，積分，行列などの基礎的な数学，フェーザ法による電気回路の定常解析やラプラス変換法による電気回路の過渡現象の解析を一応終えた程度の学部3，4年生から読めるよう，できるだけ平易に書いたつもりである。筆を置くに当たって，自らの能力不足をしみじみと感じるが，著者が非線形回路に対して悪戦苦闘してきた過程が若い読者に対し，少しでもお役に立てばと思い，あえて刊行することとした。最後に，著者が長年に渡りご指導いただいてきた慶應義塾大学名誉教授の森真作先生，カリフォルニア大学バークレイ校電気工学・コンピュータ科学科教授のレオン・チュア先生ならびにいくつかの図面とソフトウェアの作成に関して御協力いただいた豊田工業高等専門学校電気・電子システム工学科専任講師の大野亙氏に感謝の意を表すとともに，本書を企画，出版してくださった株式会社コロナ社の各位に感謝するしだいである。

2004年9月

遠藤　哲郎

目　　　　次

1.　　回路と力学系

1.1　RLC 素子の電圧・電流特性 ································· *2*
　1.1.1　線形の場合 ·· *2*
　1.1.2　非線形の場合 ······································ *4*
1.2　回路と力学系 ·· *4*
1.3　簡単な回路の力学系としての表現 ·························· *6*

2.　　位相空間における解の表現

2.1　特　異　点 ··· *11*
2.2　3次元系の特異点 ·· *18*
2.3　周　期　解 ··· *21*
　2.3.1　2次元自律系の場合 ································ *21*
　2.3.2　2次元非自律系の場合 ······························ *23*
2.4　その他の極限集合 ······································· *24*

3.　　連続力学系の離散力学系への変換：ポアンカレ写像法

3.1　非自律系の場合 ··· *26*
3.2　自律系の場合 ··· *34*
3.3　変分方程式 ··· *38*

4.　　カオス力学系

4.1　リヤプノフ指数 ··· *40*

4.2 分岐現象の解析 ……………………………………………… 45
　4.2.1 連続力学系の分岐 ……………………………………… 45
　4.2.2 離散力学系の分岐 ……………………………………… 48
4.3 カオスに至る道筋 …………………………………………… 49
　4.3.1 周期倍化分岐ルート …………………………………… 49
　4.3.2 サドル・ノード分岐（間欠カオス）ルート ………… 53
　4.3.3 ホップ分岐の繰返しからカオスに至るルート ……… 56
　4.3.4 その他のルート ………………………………………… 57
4.4 カオスを発生する電気回路 ………………………………… 57
　4.4.1 非線形インダクタンスをもつ直列共振回路 ………… 57
　4.4.2 周期信号の注入された負性抵抗発振回路 …………… 59
　4.4.3 ダブルスクロール回路 ………………………………… 60
　4.4.4 その他のカオス発生回路 ……………………………… 63

5. 弱非線形系の近似解析法

5.1 平均化法 ……………………………………………………… 64
5.2 軟らかい発振器の解析—外力のない場合 ………………… 67
5.3 軟らかい発振器の解析—周期的外力のある場合 ………… 69
5.4 硬い発振器の解析—外力のない場合 ……………………… 72
5.5 硬い発振器の解析—周期的外力のある場合 ……………… 75
5.6 周期的外力のある硬い発振器の非同期状態の解析 ……… 76

6. 相互結合された発振器の平均化法による解析

6.1 二つの相互結合された軟発振器の解析 …………………… 80
6.2 二つの相互結合された硬発振器の解析 …………………… 88

7. 発振器の環状結合系の平均化法による解析

7.1 基礎方程式の導出 …………………………………………… 94
7.2 平均化法による解析 ………………………………………… 96

7.3　4個および5個の環状結合系の場合の具体的計算 ………………99

8.　発振器の結合系における分岐現象―非線形性を強めた場合

8.1　ε を大きくした場合の結合発振器の分岐現象 ……………106
8.2　平均化法による解析の結果………………………………………107
8.3　2個の発振器の結合系の分岐……………………………………112
　8.3.1　軟発振の場合 ……………………………………………112
　8.3.2　硬発振の場合 ……………………………………………114
8.4　3個の発振器の結合系の分岐……………………………………115
　8.4.1　軟発振の場合……………………………………………115
　8.4.2　硬発振の場合……………………………………………116
8.5　む す び……………………………………………………………118

9.　発振器の結合系に見られる遷移ダイナミックスとカオス

9.1　は じ め に…………………………………………………………119
9.2　基礎方程式の導出…………………………………………………120
9.3　二つの周期解のスイッチング現象………………………………122
9.4　2周期解の場合のスイッチング現象……………………………128
9.5　ラ ミ ナ ー 分 布……………………………………………………132
9.6　む　す　び…………………………………………………………135

10.　位相同期回路の基礎

10.1　PLL 方程式の導出 ………………………………………………136
10.2　ロックレンジとプルインレンジ …………………………………139

目次

11. 位相同期回路のカオス

- 11.1 メルニコフの方法 …………………………………… 149
  - 11.1.1 損失の小さい場合のメルニコフの方法の適用 ………… 151
  - 11.1.2 損失の大きい場合のメルニコフの方法の適用 ………… 158
- 11.2 位相同期回路の分岐ダイヤグラム ………………………… 165
- 11.3 位相同期回路のストレンジアトラクタの消滅と爆発 ……… 168
- 11.4 3階自律形位相同期回路におけるカオス ………………… 179
  - 11.4.1 モデル方程式の導出 …………………………………… 180
  - 11.4.2 ホモクリニック分岐集合の計算原理 ………………… 181
  - 11.4.3 ニュートン法によるホモクリニック分岐集合の計算 … 184
  - 11.4.4 ホモクリニック分岐集合と過渡カオス ……………… 187
  - 11.4.5 実験による検証 ………………………………………… 189
- 11.5 むすび …………………………………………………… 191

付録

引用・参考文献

索引

1 回路と力学系

　本章では線形，非線形の場合における素子の電圧・電流特性と方程式の作り方について学ぶ[1]†。回路はその構成要素（素子）に一つでも非線形なものが含まれていると非線形となり，すべての要素が線形なときにのみ線形となる。線形回路は線形微分方程式で表されラプラス変換等を用いて簡便に解析解を求めることができる。このため線形系は本質的にコンピュータによる数値計算を用いることなく解を求めることができ，古くから詳しく解析されてきた。

　一方，非線形回路は非線形の微分方程式となるため，一般に厳密な解析解を求めることは困難となり，数値計算の果たす役割はきわめて大きくなる。幸い，現在ではパソコンなどが容易に入手できるようになったので，線形，非線形を問わず，以前のように苦労して解析解を求めることに精力を注ぎ込むのではなく，数値計算により微分方程式の解を求める方法について学ぶ必要がある。

　数値計算の場合，線形，非線形に無関係にほとんどの回路の微分方程式の解を求めることができるという利点がある。しかし，求められた解はあくまで与えられたパラメータ（すなわち，R，L，Cや電源の電圧，周波数など）と初期値に対する一つの"数値解"に過ぎないため，その微分方程式の解の大局的な性質を事前によく知っておかないと無意味な計算を繰り返すことにもなりかねない（例えば，全体の解が"牛"の形をしているとした場合，牛のしっぽの先ばかり細かく数値計算で求めてみても全体の形は把握できない）。そこで，回路の微分方程式の定式化と解の大局的性質を把握した上で数値計算を効率的に行うことが重要となる。

---

† 肩付番号は巻末の引用・参考文献番号を示す。

1.1 RLC素子の電圧・電流特性

1.1.1 線形の場合

回路には抵抗，インダクタンス，コンデンサと呼ばれる素子があり，それぞれ R，L，C という記号で表されることはよく知られている。ここではまず，これらの回路素子の線形の場合の電圧・電流特性について，もう一度復習してみよう。まず，抵抗 R（またはコンダクタンス G）は，その電圧 V と電流 I の特性が関係式

$$V = RI \quad (\text{または } I = GV) \qquad (1.1)$$

で表されるものとして定義される。インダクタンスは鎖交磁束 Φ と電流 I の特性が関係式

$$\Phi = LI \qquad (1.2)$$

で表されるものとして定義される。また，コンデンサは蓄積電荷 Q と電圧 V の特性が関係式

$$Q = CV \qquad (1.3)$$

で表されるものとして定義される。さらに，磁束 Φ と電圧 V はたがいに微分と積分の関係

$$\frac{d\Phi}{dt} = V \quad \text{または} \quad \int V\, dt = \Phi \qquad (1.4)$$

の関係で結ばれ，電荷 Q と電流 I の間にも微分と積分の関係

$$\frac{dQ}{dt} = I \quad \text{または} \quad \int I\, dt = Q \qquad (1.5)$$

がある。これらの関係を図示すると**図 1.1** のようになる。以上のように各素子の特性を式 (1.1) から式 (1.3) のように表したときに**キルヒホッフの法則**から得られる微分方程式は線形の定数係数となる。このような線形定数係数の微分方程式を解く方法としては，**ラプラス変換法**やいわゆる $j\omega$ による**フェーザ解析法**など，工学者にとってなじみ深い解析法が古くから考案されてきた。しかし，これらの方法はあくまで，線形定数係数の微分方程式に限って適

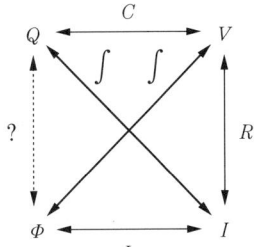

図 1.1 電圧 V, 電流 I, 電荷 Q, 磁束 Φ の関係

用できる簡便な方法であって非線形回路には一切適用できないことに注意すべきである。さらに付け加えれば，線形定数係数の微分方程式は必ず解けることが証明されており，解けない微分方程式がこれらの方法を用いて初めて解けたということではないことも十分に理解しておくべきであろう。

例 1.1 線形 RLC の直列接続回路

図 1.2 において各素子の V-I 特性より

$$\left.\begin{aligned} V_R &= RI \\ V_L &= L\frac{dI}{dt} \\ V_C &= \frac{1}{C}\int I\, dt \end{aligned}\right\} \quad (1.6)$$

がいえる。つぎにキルヒホッフの電圧則より

$$\left.\begin{aligned} V_R + V_L + V_C &= 0 \\ \therefore \quad RI + L\frac{dI}{dt} + \frac{1}{C}\int I\, dt &= 0 \end{aligned}\right\} \quad (1.7)$$

式 (1.7) を 1 回微分して L で割るとつぎの**線形定数係数**の常微分方程式が得られる。

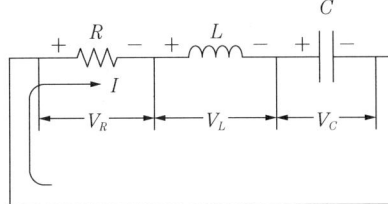

図 1.2 電源を含まない RLC 回路

$$\frac{d^2I}{dt^2} + \frac{R}{L}\frac{dI}{dt} + \frac{1}{LC}I = 0 \tag{1.8}$$

1.1.2 非線形の場合

　一般に，抵抗，インダクタンス，コンデンサはその電圧と電流，または磁束と電流，または電荷と電圧の特性が線形の場合のように"直線"の関係であるとは限らない。例えば，電球のフィラメントに用いられているタングステン線は一種の抵抗であるが，電圧が低いときはフィラメントの温度が低いため相対的に低い抵抗値をもつ。しかし，電圧が上がるとフィラメントの温度が上がり抵抗値はしだいに上昇する。このように抵抗の値が電圧や電流の関数として変化するものを**非線形抵抗**と呼び，その電圧・電流特性は一般に

$$V = f(I) \text{ または } I = g(V) \tag{1.9}$$

で表され，V-I 特性の各 I における傾き，$f'(I)$ は**微分抵抗**，I-V 特性の各 V における傾き，$g'(V)$ は**微分コンダクタンス**と呼ばれる。同様に，インダクタンスにも非線形なものがあり（例えば，鉄芯入りのコイル），その磁束と電流の特性は一般に

$$\varPhi = f(I) \tag{1.10}$$

で表され，$f'(I)$ は**微分インダクタンス**と呼ばれる。非線形なコンデンサ（例えば誘電体入りのもの）の電荷と電圧の特性は，一般に

$$Q = f(V) \tag{1.11}$$

で表され，$f'(V)$ は**微分コンデンサ**と呼ばれる。このような，非線形素子が一つでも回路中に含まれるとその回路は非線形回路となる。キルヒホッフの法則は非線形回路に対しても成立するから，素子の電圧・電流特性と組み合わせて微分方程式を得ることはできる。非線形回路を表す微分方程式は非線形微分方程式となり，線形の場合のように解析解を求めることは一般に困難となる。

1.2 回路と力学系

　一般に回路の微分方程式は力学系と呼ばれる。回路は線形，非線形を問わ

ず，つぎのような n 次元連立 1 階の常微分方程式で記述される[2]。

$$\left.\begin{aligned} \dot{x}_1 &= f_1(x_1, x_2, \cdots, x_n) \\ \dot{x}_2 &= f_2(x_1, x_2, \cdots, x_n) \\ &\vdots \\ \dot{x}_n &= f_n(x_1, x_2, \cdots, x_n) \end{aligned}\right\} \qquad (1.12)$$

ここに・は時間 t についての 1 階の微分を表し，変数 $x_1, x_2, \cdots, x_n$ は**状態変数**と呼ばれる。状態変数は電圧，電流，磁束，電荷など物理的意味をもつ場合もあるが，必ずしもそのようになっていない場合もある。式 (1.12) は

$$\dot{x} = f(x), x \in \boldsymbol{R}^n, f \colon \boldsymbol{R}^n \to \boldsymbol{R}^n \qquad (1.13)$$

とベクトル表現されることもある。記号 $x \in \boldsymbol{R}^n$ は x が各元 $x_1, x_2, \cdots, x_n$ を実数とする n 次元実ベクトルを，$f \colon \boldsymbol{R}^n \to \boldsymbol{R}^n$ は f が $x \in \boldsymbol{R}^n$ を $f(x) \in \boldsymbol{R}^n$ に写す関数（写像）であることを意味する。なめらかな電圧・電流特性をもつ素子からなる回路の場合，f は微分可能な関数となる。式 (1.12) のように右辺の関数 f に時間 t を陽に含まない場合を**自律系**（autonomous system）といい，交流電源を含まない回路に対応する。これに対し

$$\left.\begin{aligned} \dot{x}_1 &= f_1(x_1, x_2, \cdots, x_n, t) \\ \dot{x}_2 &= f_2(x_1, x_2, \cdots, x_n, t) \\ &\vdots \\ \dot{x}_n &= f_n(x_1, x_2, \cdots, x_n, t) \end{aligned}\right\} \qquad (1.14)$$

のように右辺に時間 t を陽に含む場合を**非自律系**（non-autonomous system）といい，交流電源を含む回路に対応する。非自律系はベクトル表現を用いて

$$\dot{x} = f(x, t), x \in \boldsymbol{R}^n, t \in \boldsymbol{R}^1, f \colon \boldsymbol{R}^n \times \boldsymbol{R}^1 \to \boldsymbol{R}^n \qquad (1.15)$$

と書くことができる。このような系は $x_{n+1} = t$ とおくことにより

$$\left.\begin{aligned} \dot{x}_1 &= f_1(x_1, x_2, \cdots, x_n, x_{n+1}) \\ \dot{x}_2 &= f_2(x_1, x_2, \cdots, x_n, x_{n+1}) \\ &\vdots \\ \dot{x}_n &= f_n(x_1, x_2, \cdots, x_n, x_{n+1}) \\ \dot{x}_{n+1} &= f_{n+1}(x_1, x_2, \cdots, x_n, x_{n+1}) = 1 \end{aligned}\right\} \qquad (1.16)$$

というように自律系に書き換えることができるので，n 階の非自律系は $n+1$ 階の等価な自律系に置き換えることができる．さらに実際の回路から現れる非自律系においては時間 t はほとんどの場合，$\sin \omega t$ のような周期関数である．このような場合，時間 $x_{n+1} = t$ を実軸全体ではなく，周期を T として $[0, T]$ に制限した座標上で考えることができる．このような場合，$t \in S^1$ と書く．ここに S^1 は 0 と T を同一視したリング上の 1 次元座標で，実際の時間 $t \in \mathbf{R}^1$ を T で割った余りが $t \in S^1$ となる．これは周期関数の値は周期 T の整数倍の時間のずれに対して不変であることによる．この考えは非自律系に対する後述のポアンカレ写像を定義する上で重要となる．次節では簡単な回路の力学系による表現を示す．

1.3 簡単な回路の力学系としての表現

ここでは，線形，非線形の代表的な二つの回路について力学系としての表現を試みる[3]．

例 1.2 (線形系：電源を含む線形 RLC 回路の力学系による表現)

図 1.3 より以下のような関係式が得られる．

$$RI + L\frac{dI}{dt} + \frac{1}{C}\int_0^t I\,dt = E_m \sin \omega t \tag{1.17}$$

ここにおいて $x_1 = \int_0^t I\,dt$，$x_2 = I$ とおくと次式が得られる．

$$\left.\begin{aligned}\dot{x}_1 &= x_2 \\ \dot{x}_2 &= -\frac{1}{LC}x_1 - \frac{R}{L}x_2 + \frac{E_m}{L}\sin \omega t\end{aligned}\right\} \tag{1.18}$$

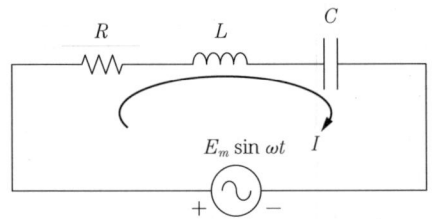

図 1.3 電源を含む RLC 直列回路

さらに現実の回路を考えると周波数は普通 kHz 以上（周期 1 ms 以下）のオーダーなので数値計算上，都合がよいように $\omega t = t'$ と変数変換し，次式のようにしたものを基礎方程式とすることが望ましい[†]．

$$\left.\begin{aligned}\dot{x}_1 &= x_2 \\ \dot{x}_2 &= -\frac{1}{\omega^2 LC}x_1 - \frac{R}{\omega L}x_2 + \frac{E_m}{\omega^2 L}\sin t\end{aligned}\right\} \quad (1.19)$$

ただし，式 (1.19) では t' を再び t におきなおしてある．さらに，式 (1.19) を自律系で書くと $x_3 = t$ とおき

$$\left.\begin{aligned}\dot{x}_1 &= x_2 \\ \dot{x}_2 &= -\frac{1}{\omega^2 LC}x_1 - \frac{R}{\omega L}x_2 + \frac{E_m}{\omega^2 L}\sin x_3 \\ \dot{x}_3 &= 1\end{aligned}\right\} \quad (1.20)$$

となる．ここに $(x_1, x_2, x_3) \in R^1 \times R^1 \times S^1$ となる．数値計算する場合，式 (1.19) または式 (1.20) に対して行う．式 (1.19) において $E_m = 0$ とすると図 1.2 の回路に対応することも付け加えておく．

例 1.3　（非線形系：ファン・デル・ポール発振器）

図 1.4 は**ファン・デル・ポールの発振器**と呼ばれる発振回路の基本モ

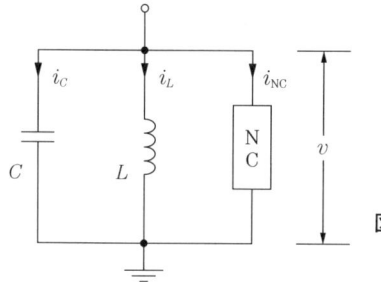

図 1.4　ファン・デル・ポールの発振回路

[†] 具体的な計算としては，式 (1.17) を $x_1 = \int_0^t I\,dt$ として x_1 についての 2 階の微分方程式にかきなおし，これを $t = t'/\omega$ と変数変換して，$dx_1/dt' = x_2$ とおくと式 (1.19) から得られる．

デルである．この回路において素子 NC は非線形負性コンダクタンスと呼ばれ，その I-V 特性は図 **1**.**5** のような 3 次特性で近似される．実際のトランジスタや IC でつくられる負性コンダクタンスの I-V 特性は正確にこのような 3 次特性で表されるものではないが，電圧が低いとき負のコンダクタンスを示し，電圧が高くなると正のコンダクタンスを示すという基本的な性質はこの 3 次特性の中によく表されている．まず，各素子の電圧・電流特性を求め，これとキルヒホッフの電流則とを組み合わせる．

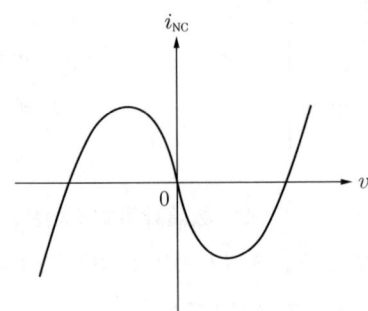

図 **1**.**5** 非線形負性コンダクタンスの I-V 特性

$$\left.\begin{array}{l} i_C = C\dfrac{dv}{dt} \\[4pt] i_L = \dfrac{1}{L}\int v\,dt \\[4pt] i_{\mathrm{NC}} = -g_1 v + g_3 v^3,\ g_1, g_3 > 0 \\[4pt] i_C + i_L + i_{\mathrm{NC}} = 0 \end{array}\right\} \qquad (1.21)$$

式 (1.21) より得られる微分，積分を含む方程式を 1 回微分することにより，つぎのような 2 階の自律系の微分方程式が得られる．

$$\ddot{v} - \frac{g_1}{C}\left(1 - \frac{3g_3}{g_1}v^2\right)\dot{v} + \frac{1}{LC}v = 0, \quad \cdot = \frac{d}{dt} \qquad (1.22)$$

式 (1.22) を数値計算しやすいように時間 t を $t' = t/\sqrt{LC}$ と変数変換して t' を再び t とおきなおすことにより

$$\ddot{v} - g_1\sqrt{\frac{L}{C}}\left(1 - \frac{3g_3}{g_1}v^2\right)\dot{v} + v = 0 \qquad (1.23)$$

となる。ここにおいて，$x_1 = v, x_2 = \dot{v}$ とおくと式 (1.23) はつぎのような 2 元連立 1 階の微分方程式の形に書くことができる。

$$\left.\begin{aligned}\dot{x}_1 &= x_2 \\ \dot{x}_2 &= g_1\sqrt{\frac{L}{C}}\left(1 - \frac{3g_3}{g_1}x_1{}^2\right)x_2 - x_1\end{aligned}\right\} \tag{1.24}$$

または式 (1.23) を $v = \sqrt{g_1/(3g_3)}\,x$ と変数変換し，$\varepsilon = g_1\sqrt{L/C} > 0$ とおくと次式が得られる。

$$\ddot{x} - \varepsilon(1 - x^2)\dot{x} + x = 0 \tag{1.25}$$

普通，ファン・デル・ポールの方程式というと式 (1.25) のことをいうが，数値計算上は式 (1.24) でもかまわない。その理由は電圧 v は普通，数 10 mV から 100 V 程度なので，そのまま数値計算しても値の大きさ上，問題ないからである。式 (1.25) のようにすると式中に含まれるパラメータは一つとなるので，理論的な取扱上はこの形が便利である。式 (1.25) は，$x_1 = x, x_2 = \dot{x}$ とおくと次式のように連立微分方程式の形に書きなおすこともできる。

$$\left.\begin{aligned}\dot{x}_1 &= x_2 \\ \dot{x}_2 &= \varepsilon(1 - x_1{}^2)x_2 - x_1\end{aligned}\right\} \tag{1.26}$$

数値解析において，式 (1.24) を用いるか，式 (1.26) を用いるかはその目的による。実験との対応を重視するのであれば，前者が望ましいが理論的な検討を加えるのであれば後者が望ましいといえる。このように目的に応じ独立変数や従属変数を変換する前処理を"**正規化**"といい，正規化の仕方はその目的によっていろいろ考えられる。普通，理論的な考察を加える場合には，式 (1.26) のように本質的なパラメータの数を極力少なくするように正規化を行う。また，実験との対比を重視する場合，数値計算上問題なければ正規化を行わないこともある。

2 位相空間における解の表現

第1章では,回路の微分方程式を n 次元1階の連立常微分方程式で記述する方法について学んだ。本章では,この微分方程式の解を大局的に把握する**幾何学的方法**について学ぶ[1), 2)]。

式 (1.12) のような力学系を数値的に解く場合,(パラメータはすでに決まっているとして) 一般に時刻 $t = 0$ において一つの初期値,$x(0) = (x_1(0), x_2(0), \cdots, x_n(0))$ を与えると,その後 $(t > 0)$ の解の時間変化は $x(t) = (x_1(t), x_2(t), \cdots, x_n(t))$ という形で,きざみ幅ごとの時間間隔で計算される。このとき,解を**図 2.1** のように各時刻における解の各成分の値,$x_1, x_2, \cdots, x_n$ のそれぞれを座標軸とした n 次元空間内の1点として表示すると便利である。

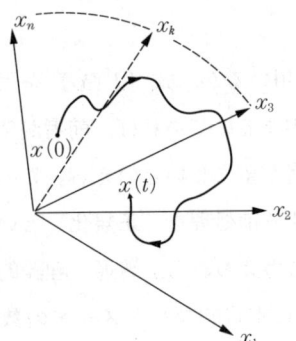

図 2.1 位相空間と解軌道

このように $x_1, x_2, \cdots, x_n$ によって張られる空間を**位相空間**,解の各時刻における位相空間内の位置を**状況点**,これらをつないでできる曲線を**解軌道**または**フロー**と呼ぶ。解の大局的性質は位相空間内のフローの全体的な振舞いを知ることにより解明される。一般に,力学系は位相空間にいくつかの特殊な集合を

もつ。そして力学系の全体像はこれらの特殊な集合の性質を明らかにすることにより解明される。

2.1 特　異　点

　力学系の特殊な集合のなかで，最も簡単に求められるのが**特異点**である。特異点とは，微分係数がすべての方向に対して同時に0，すなわち式（1.12）において $(\dot{x}_1, \dot{x}_2, \cdots, \dot{x}_n) = \mathbf{0}$ となる点で，具体的には $(f_1, f_2, \cdots, f_n) = \mathbf{0}$ より求められる。このような点においては状況点は時間が経過してもまったく動かなくなるので，**平衡点**とも呼ばれる。簡単のため，$n = 2$ の場合に限って話を進める。この場合，力学系は

$$\left.\begin{array}{l} \dot{x}_1 = f_1(x_1, x_2) \\ \dot{x}_2 = f_2(x_1, x_2) \end{array}\right\} \qquad (2.1)$$

となるので，位相空間は**位相平面**となり直感的な理解ができる。特異点の性質は特異点近傍のフローの性質を調べることにより理解できる。そこで，式（2.1）を特異点の近傍でテイラー級数に展開し，その線形部分のみを見ることによりもとの非線形系の特異点近傍の性質を理解する方法について以下に述べる。

　このような方法は一般の n に対して線形化された系の固有値の実部が0でない場合には正しいことが**ハルトマンの定理**によって保証されている。すなわち，"式（1.12）においてある特異点近傍での線形化系の固有値に実部が0となるものが一つも存在しない場合（これを**双曲形特異点**という），式（1.12）の特異点近傍のベクトル場の形状はその線形化された系のベクトル場の形状に一致する"といえる。

　式（2.1）の特異点を (x_{10}, x_{20}) とし，近傍を

$$(x_1, x_2) = (x_{10} + \delta x_1, x_{20} + \delta x_2) \qquad (2.2)$$

で表すことにする。ここにおいて $|\delta x_1|, |\delta x_2| \ll 1$ とする。式（2.2）を式（2.1）に代入し，テイラー級数に展開し，その線形部分のみをとると次式となる。

$$\begin{bmatrix} \dot{x} \\ \dot{y} \end{bmatrix} = \begin{bmatrix} a & b \\ c & d \end{bmatrix} \begin{bmatrix} x \\ y \end{bmatrix} \tag{2.3}$$

ここに，$x = \delta x_1$, $y = \delta x_2$, $a = \partial f_1(x_{10}, x_{20})/\partial x_1$, $b = \partial f_1(x_{10}, x_{20})/\partial x_2$, $c = \partial f_2(x_{10}, x_{20})/\partial x_1$, $d = \partial f_2(x_{10}, x_{20})/\partial x_2$ とする[†]。

線形微分方程式の理論[1), 2)] より，式 (2.3) の与えるベクトル場の性質は，行列

$$A = \begin{bmatrix} a & b \\ c & d \end{bmatrix} \tag{2.4}$$

の固有値により以下のように分類される。

(1) **鞍形点（サドル）** これは式 (2.4) の行列 A の固有値 λ_1, λ_2 がたがいに異符号の 2 実根 $\lambda_1 < 0 < \lambda_2$ となる場合である。まず，固有値はつぎの特性方程式より計算される。

$$\begin{vmatrix} a - \lambda & b \\ c & d - \lambda \end{vmatrix} = \lambda^2 + p\lambda + q = 0 \tag{2.5}$$

ここに $p = -a - d$, $q = ad - bc$, $\Delta = p^2 - 4q$ とおく。式 (2.5) がたがいに異符号の 2 実根をもつ条件は

$$q < 0 \tag{2.6}$$

で与えられる。このとき式 (2.3) は適当な線形（アフィン）変換

$$\begin{bmatrix} x \\ y \end{bmatrix} = P \begin{bmatrix} \xi \\ \eta \end{bmatrix}, P \in R^{2 \times 2} \tag{2.7}$$

により，つぎの微分方程式に変換される（この変換を行っても曲線の次数，平行性，接線などは不変である）。

$$\begin{bmatrix} \dot{\xi} \\ \dot{\eta} \end{bmatrix} = B \begin{bmatrix} \xi \\ \eta \end{bmatrix}, B = P^{-1}AP \tag{2.8}$$

このとき，行列 P の第 1 列を λ_1 に対する固有ベクトルに，第 2 列を λ_2 に対す

[†] ここにおいて $a = \partial f_1(x_{10}, x_{20})/\partial x_1$ は $\partial f_1(x_1, x_2)/\partial x_1|_{x_1 = x_{10}, x_2 = x_{20}}$ を表すものとする。以下同様。

る固有ベクトルに選ぶと行列 B はつぎのように対角化される。

$$B = P^{-1}AP = \begin{bmatrix} \lambda_1 & 0 \\ 0 & \lambda_2 \end{bmatrix} \tag{2.9}$$

式 (2.8), (2.9) より

$$\frac{d\xi}{dt} = \lambda_1 \xi, \frac{d\eta}{dt} = \lambda_2 \eta \tag{2.10}$$

となるので，C, C_1, C_2 を積分定数として

$$(\xi, \eta) = (C_1 e^{-|\lambda_1|t}, C_2 e^{\lambda_2 t}) \text{ または } \eta = \frac{C}{\xi^{|\lambda_2/\lambda_1|}} \tag{2.11}$$

となり，ξ, η の関係は**図 2.2** のように表される。このような特異点を鞍形点，鞍点またはサドルという。鞍形点は不安定特異点である。

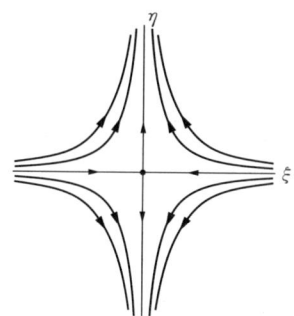

図 2.2 鞍 形 点

(2) シンク　式 (2.4) の行列 A のすべての固有値が負の実部をもつ場合，後述のようにすべてのフローは $t \to \infty$ において原点（特異点）$(x, y) = (0, 0)$ に収束するのでシンク（漸近安定特異点）と呼ばれる。シンクは以下のように 3 種類に分類される。シンクの条件は式 (2.5) において $p > 0, q > 0$ となることである。

① **結節点（ノード）**：式 (2.5) が負の 2 実根，$\lambda_1 < \lambda_2 < 0$ を持つ場合，特性方程式では

$$\Delta > 0, p > 0, q > 0 \tag{2.12}$$

の場合，つぎのような漸近安定結節点となる。この場合も式 (2.8) から式 (2.10) と同様の変換により

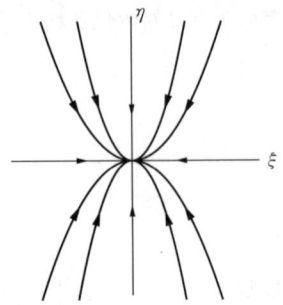

図 2.3 結 節 点

$$(\xi, \eta) = (C_1 e^{\lambda_1 t}, C_2 e^{\lambda_2 t}) \text{ または } \eta = C\xi^{\lambda_2/\lambda_1} \qquad (2.13)$$

となる．このとき原点まわりのベクトル場は**図 2.3** のようになる．

② **縮退結節点（インプロパーノード）**：式 (2.5) が負の等根，$\lambda = \lambda_1 = \lambda_2 < 0$ をもつ場合，特性方程式では

$$\varDelta = 0, p > 0 \qquad (2.14)$$

の場合，つぎのような漸近安定縮退結節点となる．このとき，式 (2.4) において $b = c = 0$ ならば

$$A = \begin{pmatrix} \lambda & 0 \\ 0 & \lambda \end{pmatrix} \qquad (2.15)$$

より，ただちに

$$(x, y) = (e^{\lambda t}, e^{\lambda t}) \qquad (2.16)$$

という解が得られ，原点まわりのベクトル場は**図 2.4** のようになる．つぎ

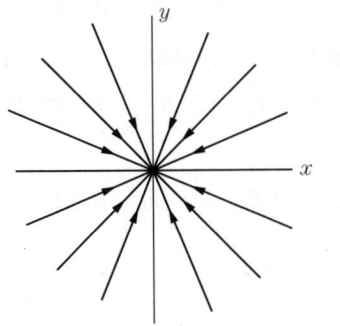

図 2.4 縮退結節点
　　　（$b=c=0$ の場合）

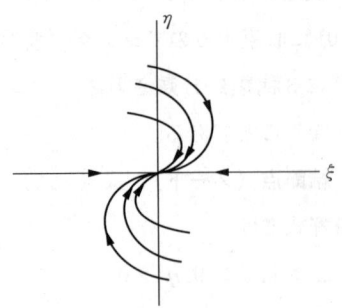

図 2.5 縮退結節点（$b \neq 0$
　　　または $c \neq 0$ の場合）

に，より一般的に $b \neq 0$ か $c \neq 0$ の場合，λ に対する固有ベクトル $\boldsymbol{p}_1$ を P の第 1 列に，$(A - \lambda I)\boldsymbol{p}_2 = \boldsymbol{p}_1$ を満たす一般化固有ベクトル $\boldsymbol{p}_2$ を第 2 列におく線形変換 $P = [\boldsymbol{p}_1 | \boldsymbol{p}_2]$ が存在して

$$B = P^{-1}AP = \begin{bmatrix} \lambda & 1 \\ 0 & \lambda \end{bmatrix} \tag{2.17}$$

とすることができ，これより

$$(\xi, \eta) = (C_1 e^{\lambda t} + C_2 t e^{\lambda t}, C_2 e^{\lambda t}) \tag{2.18}$$

となり，原点まわりのベクトル場は**図 2.5** のようになる。

③ **渦状点（スパイラル）**：式 (2.4) の行列 A の実部が負の共役複素根，$\lambda = a + ib, \bar{\lambda} = a - ib, a < 0, b > 0$ をもつ場合，すなわち特性方程式では

$$\Delta < 0, p > 0 \tag{2.19}$$

の場合，漸近安定渦状点となる。このとき，λ に対応する固有ベクトルを $w = u + iv \in C^2$ とすると $P = [v, u] \in R^{2 \times 2}$ とすることにより，行列 $B = P^{-1}AP$ はつぎの形にすることができる。

$$B = \begin{bmatrix} a & -b \\ b & a \end{bmatrix} \tag{2.20}$$

これより

$$\dot{\xi} = a\xi - b\eta, \dot{\eta} = b\xi + a\eta \tag{2.21}$$

となるが，ここで $z = re^{i\theta} = \xi + i\eta \in C^2$ という複素変数 z を導入すると上式は

$$\dot{z} = \lambda z \tag{2.22}$$

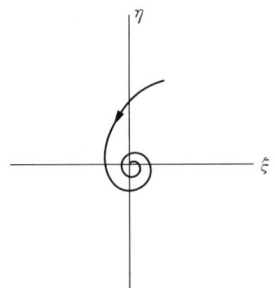

図 2.6 渦 状 点

と簡単に表され，この解は

$$z = Ce^{\lambda t}, C = \rho_0 e^{i\theta_0} \qquad (2.23)$$

となることは明らかである。$\lambda = a + ib, z = r(t) e^{i\theta(t)}$ として，式(2.23)を極座標で表すと

$$r(t) = \rho_0 e^{at}, a < 0, \theta(t) = bt + \theta_0, b > 0 \qquad (2.24)$$

となる。これを $\xi - \eta$ 平面で表すと，**図 2.6** のようになる。

（3） **ソース**　式(2.4)の行列 A のすべての固有値が正の実部をもつ場合，すべてのフローは $t \to \infty$ において無限大に発散するのでソース（不安定特異点）と呼ばれる。ソースもシンクのように3種類に分類される。すなわち，図2.3から図2.6において矢印の向きを逆にしたものがソースである。ソースの条件は式(2.5)において $p < 0, q > 0$ となることである。

（4） **センター（中心点）**　式(2.4)の行列 A の固有値の実部が0の場合，すなわち式(2.5)において $p = 0, q > 0$ の場合の特異点はセンターと呼ばれ，原点に収束することも，また発散することもなく，**図 2.7** のように与えられた初期値より定まる軌道をまわりつづける。これは(2)③において $a = 0, b \neq 0$ の場合である。センターはシンクのように漸近安定ではないが，広義の安定といえる。注意すべきことは，この場合，実部が0であるため，ハルトマンの定理は成立せず，非線形系(2.1)の特異点まわりのベクトル場は対応する線形系で近似できない点である。線形化系がセンターとなった場合，対応する非線形系の特異点は，より高度な方法によって解析されなければならない。

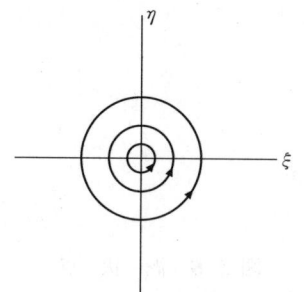

図 2.7　センター（中心点）

以上より,式(2.1)で表される2次元自律系の特異点はその固有値により,**表2.1**のように分類され,さらに特性方程式の係数との関係は**図2.8**のようになる。式(2.1)の特異点まわりの実際のベクトル場はx, yの座標系で表されるため,図2.2から図2.7に示された正準系におけるそれぞれの特異点まわりのベクトル場の形は一般にかなりゆがんだものとなることに注意

表2.1 2次元自律系の特異点の固有値による分類

相異なる 2実根	$\Delta > 0, p > 0,$ $q > 0$	$\lambda_1, \lambda_2 < 0$	漸近安定 結節点	図2.3
	$\Delta > 0, p < 0,$ $q > 0$	$\lambda_1, \lambda_2 > 0$	不安定 結節点	—
	$q < 0$	$\lambda_1 \cdot \lambda_2 < 0$	鞍形点	図2.2
重根	$\Delta = 0, p > 0$	$\lambda < 0$	漸近安定縮 退結節点	$b = c = 0$ 図2.4 $b \neq 0$ または $c \neq 0$ 図2.5
	$\Delta = 0, p < 0$	$\lambda > 0$	不安定縮 退結節点	$b = c = 0$ —— $b \neq 0, c \neq 0$ ——
共役複素根	$\Delta < 0, p > 0$	$\text{Re}(\lambda_1),$ $\text{Re}(\lambda_2) < 0$	漸近安定 渦状点	図2.6
	$\Delta < 0, p < 0$	$\text{Re}(\lambda_1),$ $\text{Re}(\lambda_2) > 0$	不安定 渦状点	—
実部0の 共役複素根	$p = 0, q > 0$	$\lambda = \pm ib$	中心点	図2.7

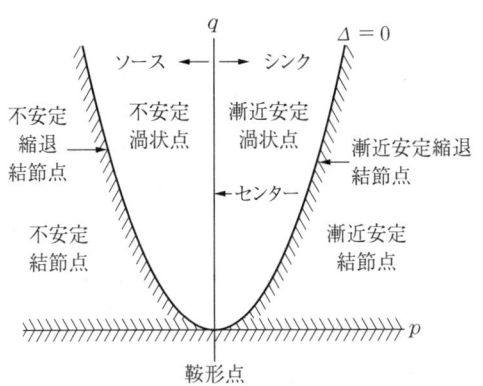

図2.8 特性方程式の係数と特異点の関係

する必要がある。

例題 2.1 ファン・デル・ポールの方程式 (1.26) の特異点を求め,その特異点の性質を調べよ。

【解答】 特異点は $\dot{x}_1 = \dot{x}_2 = 0$ とすることにより, $(x_1, x_2) = (0,0)$ と求まる。式 (1.26) の特異点 (0,0) における線形化系はつぎのようになる。

$$\left. \begin{array}{l} \dot{x} = y \\ \dot{y} = cx + dy \\ c = (-2\varepsilon x_1 x_2 - 1)|_{x_1 = x_2 = 0} = -1 \\ d = \varepsilon(1 - x_1^2)|_{x_1 = x_2 = 0} = \varepsilon \end{array} \right\} \quad (2.25)$$

式 (2.25) の固有値の計算

$$\begin{vmatrix} -\lambda & 1 \\ -1 & \varepsilon - \lambda \end{vmatrix} = \lambda^2 - \varepsilon\lambda + 1 = 0 \quad (2.26)$$

(a) $\varepsilon > 2$ のとき,式 (2.26) は相異なる正の 2 実根 $\lambda_1 > \lambda_2 > 0$ をもつので,不安定結節点となる。

(b) $\varepsilon = 2$ のとき,正の等根 $\lambda = \lambda_1 = \lambda_2 = 1$ をもつので,不安定縮退渦状点となる。

(c) $0 < \varepsilon < 2$ のとき,実部が正の共役複素根 λ_1, λ_2 をもつので,不安定渦状点となる。

(d) $\varepsilon = 0$ のとき線形系となり実部が 0 の共役複素根 λ_1, λ_2 をもつので,中心点となる。

(e) $-2 < \varepsilon < 0$ のとき,実部が負の共役複素根 λ_1, λ_2 をもつので,漸近安定渦状点となる。

(f) $\varepsilon = -2$ のとき,負の等根 $\lambda = \lambda_1 = \lambda_2 = -1$ をもつので,漸近安定縮退結節点となる。

(g) $\varepsilon < -2$ のとき,相異なる負の 2 実根 $\lambda_1 < \lambda_2 < 0$ をもつので,漸近安定結節点となる。 ◇

2.2 3次元系の特異点

近年,3次元系における特異点の分類がカオスの研究に関連して重要になってきた。その理由はカオスを発生する最低の次元数は3であり,3次元の位相空間は視覚的にとらえられることもあって最も活発に3次元系のカオスの研究

が進められてきたことによる．3次元系の場合，特異点のまわりの線形化系の随伴行列はつぎのように与えられる．

$$A = [a_{ij}] \in R^{3\times 3}, a_{ij} = \frac{\partial f_i(x_{10}, x_{20}, x_{30})}{\partial x_j} \qquad (2.27)$$

したがって，特性方程式は

$$|A - \lambda I| = \lambda^3 + p\lambda^2 + q\lambda + r = 0 \qquad (2.28)$$

の形となる．これより，固有値 λ は大別して，i) 3実根の場合とii) 1実根と1対の共役複素根の場合の2通りに分けられる．これを踏まえて特異点はつぎのように分類される．なお，簡単のため縮退結節点と中心点は省略する．

（1）**シンク**　2次元の場合と同様，すべての固有値の実部が負であるときはシンク（漸近安定特異点）となる．シンクの条件は $r > 0, q > 0, pq - r > 0$ となる．3次元系の場合，大別して2通りのシンクがある．

① **結節点（ノード）**：固有値がすべて実数で，$\lambda_1 < \lambda_2 < \lambda_3 < 0$ となる場合である．特異点まわりのベクトル場は図 **2.9** のようになる．

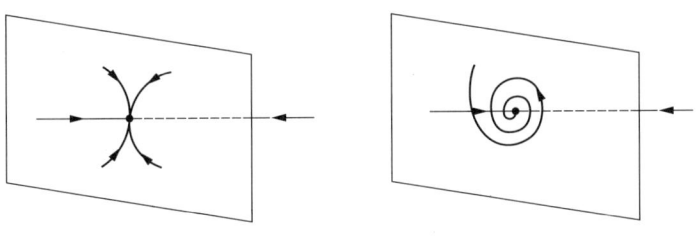

図 **2.9**　結　節　点　　　　図 **2.10**　結節渦状点

② **結節渦状点（ノードスパイラル）**：1対の共役複素固有値，$\lambda = a + ib$, $\bar{\lambda} = a - ib, a < 0, b \neq 0$ と負の実固有値 $\lambda < 0$ の場合で，ベクトル場は図 **2.10** のようになる．

（2）**ソース**　すべての固有値の実部が正のとき，完全不安定特異点（ソース）となる．ソースにも結節点と結節渦状点があるが，そのベクトル場は図 **2.9**，図 **2.10** において矢印の向きを反対にしたものである．ソースの条件は $r < 0, q > 0, -pq + r > 0$ である．

（3） **サドル**　シンクとソース以外のものをサドルという。3次系の場合，正の1実根と実部が負の共役複素根の場合をインデックス1のサドル，実部が正の共役複素根と負の1実根の場合をインデックス2のサドルという。インデックスは不安定方向の次元数を表す。

① **インデックス1のサドル**

（a）　鞍形渦状点（サドルスパイラル）：正の1実根と負の実部をもつ共役複素根の場合で，特異点まわりのベクトル場は**図 2.11**のようになる。

（b）　鞍形結節点：負の2実根と正の1実根をもつ場合で，特異点まわりのベクトル場は**図 2.12**のようになる。

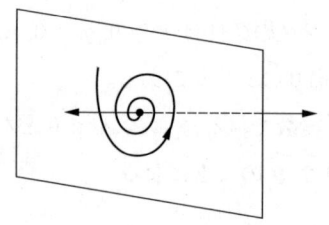
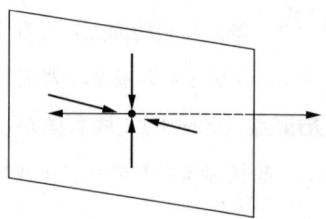

図 2.11　鞍形渦状点　　　　　図 2.12　鞍形結節点

表 2.2　3次元自律系の特異点の固有値による分類

すべて同符号の3実根	$\lambda_1 < \lambda_2 < \lambda_3 < 0$	シンク（インデックス0）漸近安定結節点	図 2.9
	$\lambda_1 > \lambda_2 > \lambda_3 > 0$	ソース（インデックス3）不安定結節点	—
異符号の3実根	$\lambda_1 > 0, \lambda_2, \lambda_3 < 0$	インデックス1のサドル　鞍形結節点	図 2.12
	$\lambda_1 < 0, \lambda_2, \lambda_3 > 0$	インデックス2のサドル　鞍形結節点	—
1実根 λ_1 と共役複素根 $\lambda_2 = a+ib,$ $\lambda_3 = a-ib,$ $b \neq 0$	$\lambda_1 < 0, a < 0$	シンク（インデックス0）漸近安定結節渦状点	図 2.10
	$\lambda_1 > 0, a > 0$	ソース（インデックス3）不安定結節渦状点	—
	$\lambda_1 > 0, a < 0$	インデックス1のサドル　鞍形渦状点	図 2.11
	$\lambda_1 < 0, a > 0$	インデックス2のサドル　鞍形渦状点	—

② **インデックス2のサドル**：図 2.11 または図 2.12 のインデックス1のサドルでベクトル場の方向を逆転させたものに当る。

以上まとめると3次元系の特異点は**表 2.2** のようになる。

2.3 周 期 解

$2.3.1$ 2次元自律系の場合

特異点のつぎに簡単な極限集合は周期解である。特に自律系の周期解を**リミットサイクル**という。リミットサイクルは位相空間内の**閉軌道**で表され，安定なものと不安定なものがある。すなわち，リミットサイクルが安定であれば近傍の**初期値**から出発した軌道はすべてこの閉軌道に吸い寄せられていく。また，不安定であればリミットサイクルの内側の初期値に対する軌道と外側の初期値に対する軌道はそれぞれ別々の極限集合に収束し，いわば分水嶺の働きをする。例えば，式 (1.26) で与えられるファン・デル・ポールの方程式の場合，$\varepsilon > 0$ とすると，図 $2.13(a)$ に示されるように，すべての初期値から出発した軌道はリミットサイクル LC に漸近する。すなわち，時間波形としての振幅は初期値に無関係に，ある決まった値に落ち着く（ただし，位相は与えられた初期値に依存する）。一方，$\varepsilon < 0$ とするとリミットサイクル LC は不安定となり，図(b)のように内側の初期値から出発した軌道は原点（＝安定特異点）に収束し，外側の初期値から出発した軌道は無限大に発散する。

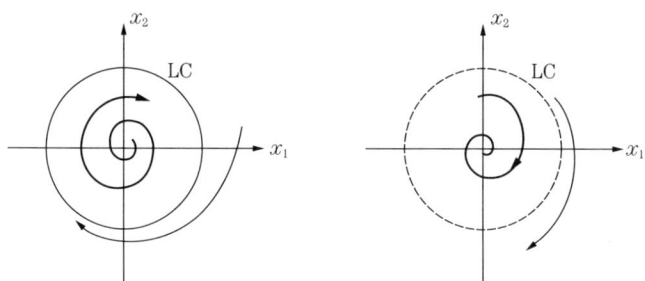

(a) 安定なリミットサイクル　　　(b) 不安定なリミットサイクル

図 2.13　2次元自律系のリミットサイクル（LC）

LCは式 (1.26) で $\varepsilon = 0$ としたときに得られる線形系の閉軌道とは本質的に異なる。

図 2.14 は線形系の閉軌道群である。一つの初期値を与えると位相平面上でその初期値を通る，一つの閉軌道ができる。別の初期値を与えるとその点を通る別の閉軌道ができる。このように線形系の閉軌道は与えられた初期値により決まってしまうため，時間波形としての振幅や位相も初期値に依存する。また，このような線形系の閉軌道群は系の損失が 0 という特殊な場合にのみ存在するため，例えば回路中に少しでも損失があれば存在し得なくなる。このように系のパラメータや回路の微小な寄生要素の影響により，系の振舞いが定性的に変化してしまうような系を構造不安定な系という。構造不安定な系は物理的なモデルとしては適切でない。一方，ファン・デル・ポールの方程式は $\varepsilon \neq 0$ であれば，微小な ε の変動によって軌道の振舞いが大きく変わることはないから構造安定であり，物理的なモデルとして適当である。

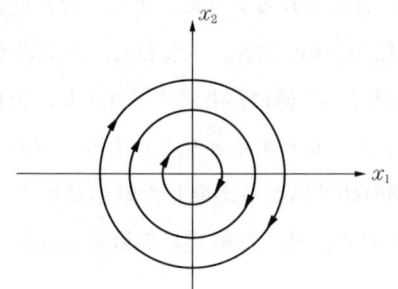

図 2.14 線形系の閉軌道群

つぎに 2 次元自律系のリミットサイクルの安定性の判別法について説明する。T-周期解を $x_1 = \varphi(t), x_2 = \psi(t)$ とおき，微小な外乱 $\Delta x_1, \Delta x_2$ を与え

$$\left.\begin{array}{l} x_1 = \varphi(t) + \Delta x_1(t) \\ x_2 = \psi(t) + \Delta x_2(t) \end{array}\right\} \tag{2.29}$$

を式 (2.1) に代入するとつぎのような時変係数の微分方程式が得られる。

$$\begin{bmatrix} \dot{x} \\ \dot{y} \end{bmatrix} = A(t) \begin{bmatrix} x \\ y \end{bmatrix}, A(t) = \begin{bmatrix} a(t) & b(t) \\ c(t) & d(t) \end{bmatrix} \tag{2.30}$$

ここで

$$x = \Delta x_1, y = \Delta x_2$$
$$a(t) = \frac{\partial f_1(\varphi(t), \psi(t))}{\partial x_1}, b(t) = \frac{\partial f_1(\varphi(t), \psi(t))}{\partial x_2}$$
$$c(t) = \frac{\partial f_2(\varphi(t), \psi(t))}{\partial x_1}, d(t) = \frac{\partial f_2(\varphi(t), \psi(t))}{\partial x_2}$$

$A(t)$ は $\varphi(t), \psi(t)$ が T-周期関数であることより,同じく T-周期関数となる。フローケの定理より,式 (2.30) の一般解は

$$\left.\begin{array}{l} x = C_1 e^{\lambda_1 t} F_{11}(t) + C_2 e^{\lambda_2 t} F_{12}(t) \\ y = C_1 e^{\lambda_1 t} F_{21}(t) + C_2 e^{\lambda_2 t} F_{22}(t) \end{array}\right\} \quad (2.31)$$

で与えられる。λ_1, λ_2 は特性指数で,その和は

$$\lambda_1 + \lambda_2 = \frac{1}{T}\int_0^T (a(t) + d(t))\, dt \quad (2.32)$$

となる。ただし $F_{ij}(t)$ は T-周期関数であり,C_1, C_2 は定数である。自律系においては $\varphi(t), \psi(t)$ が解ならば任意の定数 t_0 に対して $\varphi(t+t_0), \psi(t+t_0)$ も解になることから,解軌道の進行方向の外乱に対しては復元せず,この方向の軌道の拡大率は 0 である。すなわち,λ_1, λ_2 のうちいずれか一方は必ず 0 となる。したがって,0 でない特性指数を λ とするとき,リミットサイクルが安定である条件は

$$\lambda = \frac{1}{T}\int_0^T (a(t) + d(t))\, dt \quad (2.33)$$

が負になることである。一般に式 (2.33) は数値的にしか求まらず,この計算はより一般的にカオスアトラクタの判別に用いられる後述の**リヤプノフ指数**の計算の中に含まれる。

2.3.2　2 次元非自律系の場合

2 次元非自律系の周期解は,線形系の場合,外力と 1 対 1 に同期した 1 周期解しか現れない。しかし,非線形系ではさまざまな外力周期との間の同期関係が生じ,さまざまな**分数調波解**が現れ,これらは **n 周期解**に対応する。これ

らの n 周期解は後述のポアンカレ写像上で不動点を含む n 周期点として現れ，その安定性は**離散力学系**の**不動点**の**安定問題**に帰着される．これについては第3章で詳述する．

2.4 その他の極限集合

特異点，周期解以外の極限集合としては**概周期解**と**カオス解**がある．これらの極限集合は3次以上の系においてのみ存在する（逆にいうと2次元系の極限集合は特異点，周期解のみである）．概周期解とはたがいにその角周波数の比，$\omega_k/\omega_l (k \neq l)$ が無理数であるような n（無限大も含む）個の調和振動解の和で，例えば

$$x(t) = \sum_{k=1}^{n} A_k \sin(\omega_k t + \theta_k) \qquad (2.34)$$

のような形のものである．概周期解の特徴はスペクトル分析したときに ω_1, $\omega_2, \omega_3, \cdots, \omega_n$（とその高調波，分数調波や内部変調波など）からなる離散的な周波数成分に分解されることである．数学的には n 次元の円環（トーラス）座標上のちゅう密な軌道として表される．このような意味において n 個のたがいに無理数比の関係にある周波数（これを非共鳴な周波数という）をベースとする概周期解を **n トーラス**という．例えば，式 (2.34) で $n = 2$ の場合の概周期軌道は**図 2.15** のような2次元トーラス上のうきわ状の曲面の上をすき間なく埋めつくす．

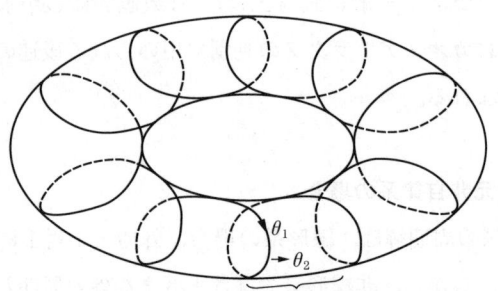

図 2.15 2次元トーラス

最後にカオス解であるが，これについてはいくつかの定義があるが，いずれも抽象的なものである[3][†]。おおざっぱにいうとカオスのアトラクタは位相空間内の有界な極限集合で，軌道は初期条件に敏感な性質をもち，その特徴として正の**リヤプノフ指数**，**フラクタル構造**，**連続スペクトル**，**ホモクリニック点**などの属性をもつことが知られている。

---

† 力学系 F は以下の条件を満たすときカオス的である．1. F の周期点はちゅう密である，2. F は推移的である，3. F は初期条件に敏感に依存する．

3 連続力学系の離散力学系への変換：ポアンカレ写像法

一般に n 次元の微分方程式の解軌道は**ポアンカレ写像**により，$n-1$ 次元の位相空間内の点列で表現され，この点列の特徴を観察することにより，特異点，周期解，概周期解，カオス解を明確に区別することができる．特に，概周期解，カオス解はポアンカレ写像によってはじめてその特徴が明確になる．以下，非自律系と自律系の場合に分けてポアンカレ写像の不動点（すなわち，位相空間における周期解）の求解法について述べる[1),2)]．概周期解，カオス解はポアンカレ写像の不動点からの分岐によって現れるため，これらの理論的研究において不動点の安定性とその型を明らかにすることはきわめて重要である．

3.1 非自律系の場合

式 (1.14) において，$n=2$ とした2次元非自律系

$$\left.\begin{array}{l}\dot{x}_1 = f_1(x_1, x_2, t) \\ \dot{x}_2 = f_2(x_1, x_2, t)\end{array}\right\} \tag{3.1}$$

で時間に関する項すなわち外力が周期的な場合，周期的外力をもつファン・デル・ポール方程式，ダフィング方程式など，さまざまな工学的に有用な微分方程式が含まれる．このような周期外力を含む2次元非自律系を例として，ポアンカレ写像により解を観察する方法について説明する．一般にポアンカレ写像とは位相空間内の解軌道が，ある横断面と交わる点に順次番号をつけて相前後する点と点の間に写像関係を与えたものである．式 (3.1) の解軌道を $(x_1, x_2, t) \in R^1 \times R^1 \times S^1$ のように時間に関しての**円環座標系**で表現したとき，ポアンカレ写像は図 3.1 のように軌道の $t = t_0 \in S^1$ における (x_1, x_2) 平面との交点に順次番号をつけたものと考えることができる．

3.1 非自律系の場合

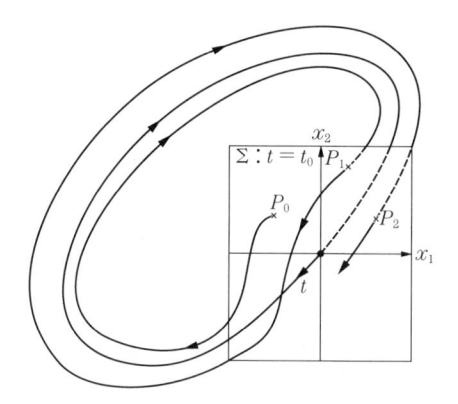

図 3.1 $(x_1, x_2, t) \in R^1 \times R^1 \times S^1$ の座標系における解軌道とそのポアンカレ切断面 Σ

これは通常の直交座標系 $(x_1, x_2, t) \in R^3$ で考えれば，t_ω を周期として**図 3.2** のように t 軸上で $t = t_0, t_0 + t_\omega, t_0 + 2t_\omega, \cdots$ のところに (x_1, x_2) 平面を考え，この平面を解軌道がつらぬく位置に順次，$P_0, P_1, P_2, \cdots$ と番号をふり，P_{n+1} は P_n から写像 T によって写されたと考えることに当る．これより，写像点は $P_n = (x_1(t_0 + nt_\omega), x_2(t_0 + nt_\omega))$，$n = 0, 1, 2, 3, \cdots$ となる．もとの微分方程式がなめらかな3階の系（= 2階非自律系）の場合，ポアンカレ写像は平面上の点を平面上の点に移す2次元の微分同相写像となる．

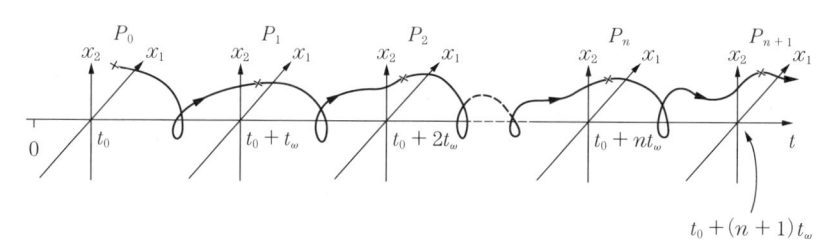

図 3.2 $(x_1, x_2, t) \in R^3$ における解軌道とポアンカレ切断面の関係

ここで1対1で微分可能な写像を微分同相写像という．ポアンカレ写像を考える上で重要な概念として**不動点**と**周期点**があるので，以下これらについて説明する．まず，写像を

$$T : R^2 \to R^2 \tag{3.2}$$

と表すとき，ある点を1回写像した点が再びその点となるような点，すなわち，$P^1 = T(P^1)$ となる点 P^1 を不動点という．不動点は外力と同じ周期をもつ（すなわち1対1に同期した）振動解を意味する．同様にしてある点を k 回写像したとき，はじめてその点に戻るような点，すなわち

$$\left.\begin{aligned}P^k &= \overbrace{T \cdot T \cdot T \cdots T}^{k回}(P^k) = T^k(P^k) \\ T^i(P^k) &\neq P^k \\ i &= 1, 2, 3, \cdots, k-1\end{aligned}\right\} \quad (3.3)$$

となる点，P^k を **k-周期点**という．k-周期点は外力の k 倍の周期をもつ同期した振動解を表す．k-周期点は k 回写像の不動点に帰着できるので，以下，不動点の分類法について説明する．簡単のためつぎの **2次元微分同相写像**について説明する．まず，$x_1(t_0 + nt_\omega) = x_n, x_2(t_0 + nt_\omega) = y_n$ とおく．

$$\left.\begin{aligned}P_{n+1} &= T(P_n), n = 0, 1, 2, 3, \cdots \\ P_n &= (x_n, y_n)^T \in R^2, T = (T_1, T_2)^T \in R^2\end{aligned}\right\} \quad (3.4)$$

これをスカラー量にて表現すれば

$$\left.\begin{aligned}x_{n+1} &= T_1(x_n, y_n) \\ y_{n+1} &= T_2(x_n, y_n)\end{aligned}\right\} \quad (3.5)$$

となる．式 (3.4) の不動点 $P_f = (x_f, y_f)$ における変分方程式を求める．すなわち，ξ, η を微少量として $x_n = x_f + \xi_n, y_n = y_f + \eta_n$ とおいて式 (3.5) に代入し，ξ, η についてテイラー展開し，2次以上の項を省略するとつぎのような線形差分方程式が得られる（後述のすべての特性乗数の絶対値が1でない場合，不動点まわりのベクトル場は対応する線形系で近似できることが知られている）．

$$\left.\begin{aligned}\xi_{n+1} &= a\xi_n + b\eta_n \\ \eta_{n+1} &= c\xi_n + d\eta_n \\ a &= \frac{\partial T_1(x_f, y_f)}{\partial x}, b = \frac{\partial T_1(x_f, y_f)}{\partial y} \\ c &= \frac{\partial T_2(x_f, y_f)}{\partial x}, d = \frac{\partial T_2(x_f, y_f)}{\partial y}\end{aligned}\right\} \quad (3.6)$$

式 (3.6) の特性方程式
$$\rho^2 - (a+d)\rho + (ad - bc) = 0 \tag{3.7}$$
の根を ρ_1, ρ_2†（これを特性乗数という）とすると一般解は
$$\left.\begin{array}{l}\xi_n = C_1 \rho_1{}^n + C_2 \rho_2{}^n \\ \eta_n = k_1 C_1 \rho_1{}^n + k_2 C_2 \rho_2{}^n\end{array}\right\} \tag{3.8}$$
となる。ただし，$k_1 = (\rho_1 - a)/b, k_2 = (\rho_2 - a)/b$ である。したがって

① $|\rho_1| < 1$ かつ $|\rho_2| < 1$ のとき，$n \to \infty$ において，$(\xi_n, \eta_n) \to (0, 0)$ となり，このとき不動点 $P_f = (x_f, y_f)$ を**完全安定不動点** (completely stable fixed point) という。

② $|\rho_1| > 1$ かつ $|\rho_2| > 1$ のとき，$n \to \infty$ において，$(\xi_n, \eta_n) \to (\infty, \infty)$ となり，このとき不動点 P_f を**完全不安定不動点** (completely unstable fixed point) という。

③ $0 < \rho_1 < 1 < \rho_2$ のとき，$n \to \infty$ において，$C_1 \neq 0, C_2 = 0$ の方向に対して $(\xi_n, \eta_n) \to (0, 0)$ となり，$C_1 = 0, C_2 \neq 0$ の方向に対して $(\xi_n, \eta_n) \to (\infty, \infty)$ となる。このとき不動点 P_f を**正不安定不動点** (directly unstable fixed point) という。

④ $\rho_1 < -1 < \rho_2 < 0$ のとき $n \to \infty$ において，$C_1 \neq 0, C_2 = 0$ の方向に対して $(\xi_n, \eta_n) \to (\pm\infty, \pm\infty)$ となり，$C_1 = 0, C_2 \neq 0$ の方向に対して $(\xi_n, \eta_n) \to (0, 0)$ となる。このとき不動点 P_f を**逆不安定不動点** (inversely unstable fixed point) という。

また，以上の不動点の境界では，つぎのような分岐（すなわち解の定性的変化，4.2.2 参照）が発生する。

① **サドル・ノード分岐**：ρ_1 または ρ_2 が 1 となるときはサドル・ノード分岐と呼ばれ，サドル（正不安定または逆不安定不動点）とノード（完全安定または完全不安定不動点）が融合し，これらの不動点が消滅する。これを G 型分岐と呼ぶこともある。

---

† $\rho_1 = \rho_2$ の場合は特殊であるので省略する。

② **フリップ分岐**：ρ_1 または ρ_2 が -1 となるときはフリップ分岐と呼ばれ，完全安定不動点がサドルとなり，そのサドルの両脇に安定な2周期点が発生する。これを I 型分岐と呼ぶこともある。フリップ分岐は周期倍分岐とも呼ばれ，連続的に発生することが多く，このとき 2^n 周期点が集積しカオスを発生することが知られている。

③ **ニーマーク・サッカー分岐**：ρ_1 および ρ_2 が共役複素根で単位円を内側から外側によぎるときに発生する。このとき完全安定不動点が不安定化し，その不動点を中心にして不変閉曲線（トーラス）が発生する。これを H 型分岐と呼ぶこともある。

④ **ピッチフォーク分岐**：ρ_1 または ρ_2 が1となるとき発生する。このとき完全安定な不動点がサドルとなり，その両脇に2個の完全安定不動点が発生する。これを D 型分岐と呼ぶこともある。この分岐は対称性破壊分岐とも呼ばれ，変数変換 $(x_1, x_2, t) \to (-x_1, -x_2, t + t_\omega/2)$ について不変であるような系に発生する。この分岐は元の連続力学系において原点に関して対称な形状をした周期解から原点に対して非対称な形状をした二つの周期解（これらは原点について対称な場所に発生する）が発生する。

さて，ここで問題はどのようにして不動点の位置と特性乗数を求めるかということである。写像 T_1, T_2 は具体的な関数としては与えられてはおらず，一般に，微分方程式の $t = 0$ における初期点 (x_0, y_0) が与えられたとき，数値的に時刻 $t = t_\omega$，つまり外力の1周期後の軌道の位置 (x_1, y_1) が求まるだけである。つまり，個々の初期点の位置が与えられたとき，写像された点が数値的に計算されるということだけであるため，写像の偏微分から求まる定数 a, b, c, d は解析的には求められず，数値計算に頼るしかない。以下，数値的に不動点とその特性乗数を求めるアルゴリズムについて解説する。

2次元非自律系，式 (3.1) の解をつぎのようにおく。

$$\left.\begin{array}{l} x_1(t) = \phi_1(t, u, v) \\ x_2(t) = \phi_2(t, u, v) \end{array}\right\} \tag{3.9}$$

ここに $\phi_1(t, u, v), \phi_2(t, u, v)$ は $t = 0$ における初期値 (u, v) から出発した

解の時刻 t における値と解釈する。このとき，写像 T の不動点はつぎの u, v に関する連立方程式を解くことにより求まる。

$$\left.\begin{array}{l} g_1(u, v) = \phi_1(t_\omega, u, v) - u = 0 \\ g_2(u, v) = \phi_2(t_\omega, u, v) - v = 0 \end{array}\right\} \qquad (3.10)$$

この方程式は，つぎのような**ニュートン法**のアルゴリズムで解くことができる。

$$\begin{bmatrix} u_n \\ v_n \end{bmatrix} = \begin{bmatrix} u_{n-1} \\ v_{n-1} \end{bmatrix} - \begin{bmatrix} p & q \\ r & s \end{bmatrix}^{-1} \begin{bmatrix} g_1(u_{n-1}, v_{n-1}) \\ g_2(u_{n-1}, v_{n-1}) \end{bmatrix} \qquad (3.11)$$

ここで，p, q, r, s は $g_1(u, v), g_2(u, v)$ のヤコビ行列で，次式で具体的に与えられる。

$$\left.\begin{array}{l} p = \dfrac{\partial \phi_1(t_\omega, u, v)}{\partial u}\bigg|_{u=u_{n-1}, v=v_{n-1}} - 1 \\[2mm] q = \dfrac{\partial \phi_1(t_\omega, u, v)}{\partial v}\bigg|_{u=u_{n-1}, v=v_{n-1}} \\[2mm] r = \dfrac{\partial \phi_2(t_\omega, u, v)}{\partial u}\bigg|_{u=u_{n-1}, v=v_{n-1}} \\[2mm] s = \dfrac{\partial \phi_2(t_\omega, u, v)}{\partial v}\bigg|_{u=u_{n-1}, v=v_{n-1}} - 1 \end{array}\right\} \qquad (3.12)$$

一方，式 (3.1) より，解の初期値 u および v に対する変分方程式を求めるとつぎのようになる。

$$\frac{d}{dt}\begin{bmatrix} x_3 & x_5 \\ x_4 & x_6 \end{bmatrix} = DF[\,x_1, x_2\,]\begin{bmatrix} x_3 & x_5 \\ x_4 & x_6 \end{bmatrix}, \begin{bmatrix} x_3(0) & x_5(0) \\ x_4(0) & x_6(0) \end{bmatrix} = \begin{bmatrix} 1 & 0 \\ 0 & 1 \end{bmatrix} \qquad (3.13)$$

ここにおいて

$$DF[\,x_1, x_2\,] = \begin{bmatrix} \dfrac{\partial f_1(x_1, x_2, t)}{\partial x_1} & \dfrac{\partial f_1(x_1, x_2, t)}{\partial x_2} \\[3mm] \dfrac{\partial f_2(x_1, x_2, t)}{\partial x_1} & \dfrac{\partial f_2(x_1, x_2, t)}{\partial x_2} \end{bmatrix}_{x_1=\phi_1(t,u,v), x_2=\phi_2(t,u,v)} \qquad (3.14)$$

$$\begin{bmatrix} x_3(t) & x_5(t) \\ x_4(t) & x_6(t) \end{bmatrix} = \begin{bmatrix} \dfrac{\partial \phi_1(t,u,v)}{\partial u} & \dfrac{\partial \phi_1(t,u,v)}{\partial v} \\ \dfrac{\partial \phi_2(t,u,v)}{\partial u} & \dfrac{\partial \phi_2(t,u,v)}{\partial v} \end{bmatrix} \quad (3.15)$$

となる.式(3.13)は初期値 u,v を固定して t についての微分方程式として原方程式(3.1)と連立して $t=0$ から $t=t_\omega$ まで数値的に解けば $x_3(t_\omega)$ ~ $x_6(t_\omega)$ より初期値に対する偏微分,式(3.15)が求まり,これより p, q, r, s は求まる.また,ニュートン法に必要な初期値 (u_0, v_0) はもとの微分方程式のシミュレーション計算などから大まかな不動点の位置をあらかじめ求め,この値を初期値とする.実際のアルゴリズムは以下のようになる.

まず原方程式と変分方程式をつぎのような連立微分方程式とする.

$$\left.\begin{aligned}
\dot{x}_1 &= f_1(x_1, x_2, t) \\
\dot{x}_2 &= f_2(x_1, x_2, t) \\
\dot{x}_3 &= C_1(x_1, x_2)x_3 + C_2(x_1, x_2)x_4 \\
\dot{x}_4 &= C_3(x_1, x_2)x_3 + C_4(x_1, x_2)x_4 \\
\dot{x}_5 &= C_1(x_1, x_2)x_5 + C_2(x_1, x_2)x_6 \\
\dot{x}_6 &= C_3(x_1, x_2)x_5 + C_4(x_1, x_2)x_6
\end{aligned}\right\} \quad (3.16)$$

ここで,$C_1(x_1,x_2) = \partial f_1(x_1,x_2,t)/\partial x_1$, $C_2(x_1,x_2) = \partial f_1(x_1,x_2,t)/\partial x_2$, $C_3(x_1,x_2) = \partial f_2(x_1,x_2,t)/\partial x_1$, $C_4(x_1,x_2) = \partial f_2(x_1,x_2,t)/\partial x_2$ となる.

上式を初期値 $x_1(0)=u_0$, $x_2(0)=v_0$, $x_3(0)=1$, $x_4(0)=0$, $x_5(0)=0$, $x_6(0)=1$ として $t=0$ から $t=t_\omega$ まで数値積分し,$x_1(t_\omega)$ ~ $x_6(t_\omega)$ を求める.これらの値を用いて式(3.11)のニュートン法の右辺の各項がつぎのように求まる.

$$p = x_3(t_\omega) - 1,\ q = x_5(t_\omega),\ r = x_4(t_\omega),\ s = x_6(t_\omega) - 1,$$
$$g_1(u_0, v_0) = x_1(t_\omega) - u_0,\ g_2(u_0, v_0) = x_2(t_\omega) - v_0 \quad (3.17)$$

以上をもとに,更新された不動点 (u_1, v_1) が計算される.つぎに $x_1(0)=u_1$, $x_2(0)=v_1$ ($x_3(0)$ ~ $x_6(0)$ は前と同じ) を初期値として式(3.16)を再び $t=0$ から $t=t_\omega$ まで解き,同様にしてニュートン法の右辺の各項を計算す

ることにより，新たな $(u,v) = (u_2, v_2)$ が求まる。これを繰り返し行えばニュートン法はある値 (u_f, v_f) に収束する。この収束したときの値 $x_3(t_\omega) \sim x_6(t_\omega)$ から式 (3.6) の値はそれぞれつぎのように計算される。

$$a = x_3(t_\omega), b = x_5(t_\omega), c = x_4(t_\omega), d = x_6(t_\omega) \tag{3.18}$$

これをもとに，式 (3.7) より**特性乗数**が計算される。この方法の特徴は過渡解を計算することなく，定常周期解のみを正確に計算できる点で大変優れている。また，普通のシミュレーション計算では求まらない不安定不動点[†]も求められ，不動点の型も特性乗数から知ることができる。

例題 3.1 ダフィング方程式 $\dot{x}_1 = x_2, \dot{x}_2 = -kx_2 - x_1^3 + B\cos t$ のポアンカレ平面 $\Sigma = \{(x_1, x_2, t) \in R^1 \times R^1 \times S^1 | t = 0\}$ 上の不動点を求めるアルゴリズムを示せ。

【解答】
- 1. 平面 Σ 上の不動点の近似値を $(x_1, x_2) = (u, v)$ とする。
- 2. 式 (3.16) よりつぎのような原方程式と変分方程式の連立微分方程式

$\dot{x}_1 = x_2$
$\dot{x}_2 = -kx_2 - x_1^3 + B\cos t$
$\dot{x}_3 = x_4$
$\dot{x}_4 = -3x_1^2 x_3 - kx_4$
$\dot{x}_5 = x_6$
$\dot{x}_6 = -3x_1^2 x_5 - kx_6$

を初期値，$(x_1(0), x_2(0), x_3(0), x_4(0), x_5(0), x_6(0)) = (u, v, 1, 0, 0, 1)$ として $t = 0$ から $t = 2\pi (= t_\omega)$ まで数値積分して，$(x_1(t_\omega), x_2(t_\omega), x_3(t_\omega), x_4(t_\omega), x_5(t_\omega), x_6(t_\omega)) = (U, V, a, c, b, d)$ を求め，$g_1(u, v) = U - u, g_2(u, v) =$

[†] 不安定不動点を求めるにはまずパラメータを安定不動点の領域に設定し，後述の連続変形法により順次パラメータをずらしながら不安定不動点が存在するパラメータまで移動する方法や，カオスの中の不安定不動点を求める場合などはカオス軌道があらゆる不安定不動点の近傍に接近する性質を使い，カオス時系列を追いかけていき，その移動速度がきわめて遅くなった付近に不動点があるとして，この値をニュートン法の初期値に使うなど，いくつかの方法がある。

$V - v, p = a - 1, q = b, r = c, s = d - 1$ を計算する。
- 3. ニュートン法のアルゴリズム

$$\begin{bmatrix} u' \\ v' \end{bmatrix} = \begin{bmatrix} u \\ v \end{bmatrix} - \begin{bmatrix} p & q \\ r & s \end{bmatrix}^{-1} \begin{bmatrix} U - u \\ V - v \end{bmatrix}$$

により修正された初期値 (u', v') を求める。そして，これを新たな (u, v) として2に戻る。

　以上を数回繰り返すと初期値が不動点に近ければ，その不動点に収束する。この不動点の安定性はアルゴリズムが収束したときの a, b, c, d と式 (3.7) を用いて求められる。しかし，初期値が悪いと発散する場合もある。初期値は k または B を固定してシミュレーションにより1-パラメータ分岐図などを描くことにより求められる[†]。 ◇

3.2　自律系の場合

　前節では2次元非自律系を一例としてポアンカレ写像法による不動点の意義と具体的な求め方について述べた。一般に，ポアンカレ写像とは図 **3.3** のように n 次元空間の中にフローに対して横断的な $n-1$ 次元の**超平面** Π を考え，この超平面をフローがつらぬく位置に順次番号をふり，隣接する2点間に写像関係を定めたものである。したがって，n 次元のフローに対するポアンカレ写像は $n-1$ 次元の点列となる。これより，カオスの研究が最もよく行われている3次元自律系 ($n = 3$) の場合，ポアンカレ写像は2次元平面上の点列となる。自律系の場合も1巻の周期解はポアンカレ写像の不動点，p 巻の周期解は **p 周期点**，概周期解（2トーラス）は**不変曲線**，カオス解は**フラクタル集合**というようにポアンカレ写像を観察することによって解の性質を正確に分類することができる。特に不動点の型とその安定性はカオスにいたる分岐過程を知る上で重要であるが，非自律系の場合と異なり，ポアンカレ平面を打つ時間

[†] この方法の特徴は不動点が不安定であっても初期値が適当であれば収束することである。それゆえ，安定な不動点から出発してあるパラメータで収束した最終値をわずかにパラメータを変えた系の初期値として与えるという方法を繰り返し用いることにより，不動点が不安定となる領域まで追跡することができる。この方法を連続変形法という。

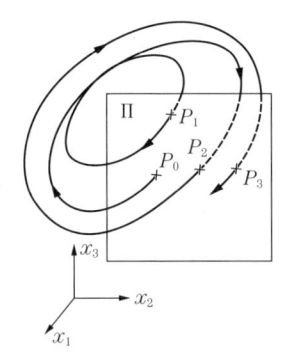

図 3.3 自律系のポアンカレ写像

間隔が一定ではないので，不動点の計算のアルゴリズムはやや複雑となる．

以下，n 次元自律系の場合のポアンカレ写像の不動点の求め方について述べる．n 次元位相空間の中に超平面 Π（$\boldsymbol{a}$ は Π の単位法線ベクトル，b は原点から Π までの距離）

$$\Pi : \boldsymbol{a} \cdot \boldsymbol{x} = b,\, \boldsymbol{a}, \boldsymbol{x} \in R^n, b \in R^1 \tag{3.19}$$

を考え Π 上の点 $\xi \in R^n$ を出発したフローが再び超平面 Π を打つ点を $\xi' = T(\xi) \in R^n$ とする（**図 3.4** 参照）．このとき，つぎのような写像 $T(x)$

$$T : R^n \to R^n : \xi \to \xi' \tag{3.20}$$

が定義される†．不動点とは $\xi' = \xi = \xi_f$ を満たす点である．まず，力学系，式 (1.13) の時刻 $t = 0$ において初期値 $\xi \in R^n$ から出発する解の時刻 t における値を

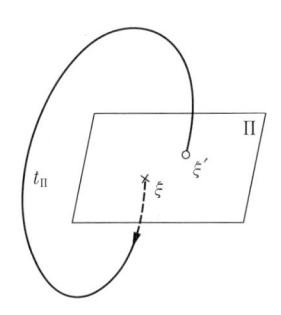

図 3.4 ポアンカレ平面と不動点（n 次元の場合）

---

† ξ, ξ' は Π 上にあるので，実際には $n-1$ 次元であるが，ここでは n 次元として考える．

$$x = \Phi(\xi, t) \in R^n \tag{3.21}$$

と書くことにする。

一般に，不動点は Π 上の初期値 ξ_f から出発したフローが時間 t_Π（軌道が1周して戻ってくるまでの時間）後に再び ξ_f に戻ってくるつぎのような条件から計算される。

$$\left. \begin{array}{l} g_1(\xi_f, t_\Pi) = \Phi(\xi_f, t_\Pi) - \xi_f = 0 \in R^n \\ g_2(\xi_f, t_\Pi) = \boldsymbol{a} \cdot \xi_f - b = 0 \in R^1 \end{array} \right\} \tag{3.22}$$

式 (3.22) は適当な初期値 $(\xi_{f0}, t_{\Pi 0})$ を与え，つぎのような $n+1$ 次元のニュートン法のアルゴリズムにより解くことができる。なお，ここでは簡単のため $\xi_f = \xi, t_\Pi = t$ とおきなおしてある。

$$\begin{bmatrix} \xi \\ t \end{bmatrix} \leftarrow \begin{bmatrix} \xi \\ t \end{bmatrix} - \begin{bmatrix} \dfrac{\partial g_1}{\partial \xi} & \dfrac{\partial g_1}{\partial t} \\ \dfrac{\partial g_2}{\partial \xi} & \dfrac{\partial g_2}{\partial t} \end{bmatrix}^{-1} \begin{bmatrix} g_1(\xi, t) \\ g_2(\xi, t) \end{bmatrix} \tag{3.23}$$

ここにおいて各偏微分はつぎのようなものの $t = t_\Pi$ における値である。

$$\left. \begin{array}{l} \dfrac{\partial g_1}{\partial \xi} = \left(\dfrac{\partial \Phi(\xi, t)}{\partial \xi} - I \right) \in R^{n \times n} \\[6pt] \dfrac{\partial g_1}{\partial t} = \dfrac{\partial \Phi(\xi, t)}{\partial t} = f(\Phi(\xi, t)) \in R^n \text{（縦ベクトル）} \\[6pt] \dfrac{\partial g_2}{\partial \xi} = \boldsymbol{a} \in R^n \text{（横ベクトル）} \\[6pt] \dfrac{\partial g_2}{\partial t} = 0 \in R^1 \end{array} \right\} \tag{3.24}$$

式 (3.24) において $\partial \Phi(\xi, t)/\partial \xi = M(t) \in R^{n \times n}$ は変分方程式の解で，実際にはもとの微分方程式と連立させてつぎのような形で $t = 0 \sim t_\Pi$ まで解き $M(t_\Pi)$ を用いる。

$$\left. \begin{array}{l} \dot{x} = f(x) \\ \dot{M} = Df(x) M \\ x(0) = \xi, M(0) = I \end{array} \right\} \tag{3.25}$$

式 (3.23) で与えられるニュートン法のアルゴリズムが収束したときの行列 M の固有値が不動点（すなわち周期解）の特性乗数となる。自律系の周期解の特性乗数は必ず一つ 1 となるが，これは解軌道の方向の摂動に対しては復元しない性質に対応している[†]。

例題 3.2 つぎのような 3 階自律系の不動点を求めるアルゴリズムを具体的に示せ。ただし，ポアンカレ断面は $x_3 = 0$ とする。

【解答】
$$\left.\begin{array}{l}\dot{x}_1 = x_2 \\ \dot{x}_2 = x_3 \\ \dot{x}_3 = f_3(x_1, x_2, x_3)\end{array}\right\} \quad (3.26)$$

式 (3.26) の変分系は次式で与えられる。

$$\frac{dM}{dt} = \begin{bmatrix} 0 & 1 & 0 \\ 0 & 0 & 1 \\ \frac{\partial f_3}{\partial x_1} & \frac{\partial f_3}{\partial x_2} & \frac{\partial f_3}{\partial x_3} \end{bmatrix} M, \, M = \begin{bmatrix} x_4 & x_7 & x_{10} \\ x_5 & x_8 & x_{11} \\ x_6 & x_9 & x_{12} \end{bmatrix}, M(0) = I \quad (3.27)$$

式 (3.24) において

$$\left.\begin{array}{l}\dfrac{\partial g_1}{\partial \xi} = \left(\dfrac{\partial \Phi(\xi,t)}{\partial \xi} - I\right) = M - I \\ \dfrac{\partial g_1}{\partial t} = \dfrac{\partial \Phi(\xi,t)}{\partial t} = f(\Phi(\xi,t)) = (x_2, x_3, f_3(x_1, x_2, x_3))^T \\ \dfrac{\partial g_2}{\partial \xi} = \boldsymbol{a} = (0,0,1) \\ \dfrac{\partial g_2}{\partial t} = 0 \end{array}\right\} \quad (3.28)$$

となる。したがって，式 (3.26) と式 (3.27) を適当な初期値と一周期の時間，$(\xi_1, \xi_2, \xi_3, t_\Pi)$ から出発して $t = t_\Pi$ における x_1 から x_{12} を計算し，つぎのようなニュートン法のアルゴリズムを計算することにより更新された $(\xi_1, \xi_2, \xi_3,$

[†] このようにして計算された $n = 2$ における 1 でない特性乗数は式 (2.33) より計算される 2 次元自律系のリミットサイクルの特性指数 λ と $e^{\lambda T}$（T：周期）の関係にある。

t_Π) を得ることができる ($x_i = x_i(t_\Pi), i = 1, 2, 3, \cdots, 12$)。

$$\begin{bmatrix} \xi_1 \\ \xi_2 \\ \xi_3 \\ t_\Pi \end{bmatrix} \leftarrow \begin{bmatrix} \xi_1 \\ \xi_2 \\ \xi_3 \\ t_\Pi \end{bmatrix} - \begin{bmatrix} x_4 - 1 & x_7 & x_{10} & x_2 \\ x_5 & x_8 - 1 & x_{11} & x_3 \\ x_6 & x_9 & x_{12} - 1 & f_3(x_1, x_2, x_3) \\ 0 & 0 & 1 & 0 \end{bmatrix}^{-1} \begin{bmatrix} x_1 - \xi_1 \\ x_2 - \xi_2 \\ x_3 - \xi_3 \\ \xi_3 \end{bmatrix}$$
(3.29)

式 (3.29) のアルゴリズムが収束したときの行列 M の固有値が対応する周期解に対する特性乗数となる。自律系の場合，軌道の進行方向のずれに対しては復元しない性質を反映して特性乗数の一つは必ず 1 となる。したがって，1 を除く特性乗数の分類は 3.1 節の非自律系の場合の ① から ④ と同様となる。　◇

3.3 変分方程式

n 次元の微分方程式 (1.13) の解を $t = 0$ における初期値 ξ から出発した解軌道の時刻 t における値として

$$x = \Phi(\xi, t) \in R^n \tag{3.30}$$

と表現したとき，解軌道 Φ の初期値 ξ に対する偏微分 $\partial\Phi/\partial\xi$ について考えてみよう。**図 3.5** のように初期値が $\Delta\xi$ だけ異なる 2 本の解軌道の時刻 t における差ベクトル $\Delta\Phi(t)$ の時間発展を考える。

$$\Delta\Phi(t) = \Phi(\xi + \Delta\xi, t) - \Phi(\xi, t) \tag{3.31}$$

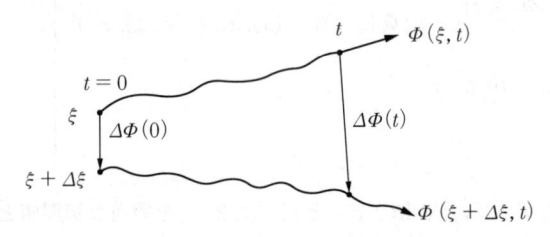

図 3.5　初期値の異なる解軌道の時間発展と
　　　　差ベクトル $\Delta\Phi(t)$

これより，偏微分 $\partial\Phi/\partial\xi$ は，$\Delta\xi \to 0$ とした極限における $\Delta\Phi(t)/\Delta\xi = (\Delta\Phi(t)/\Delta\Phi(0))$ であることがわかる。このような初期値に対する偏微分は，$n \times n$ 次元の行列となり，これを M で表すとき M の満たすべき微分方程式を

変分方程式といい，これは原方程式(1.13)の両辺を初期値で偏微分した方程式

$$\dot{M} = Df(x)\,M, \quad Df(x): f(x)のヤコビ行列 \qquad (3.32)$$

で与えられる。式（1.13）と式（3.32）を連立した $n(n+1)$ 次元の微分方程式を解くことにより解軌道のすべての方向に対する偏微分を計算することができる。なお，変分方程式の初期値は $M(0)(=\varDelta\varPhi(0)/\varDelta\varPhi(0))=I$ となることは明らかである。3.1節，3.2節で述べた不動点の計算アルゴリズムにはこの方法が用いられている。

4 カオス力学系

近年,種々の分野でカオスの研究が活発に進められている。回路の分野でのカオスの研究は 1960 年代初頭の上田による**ダフィング方程式(鉄共振回路)**の研究など,他分野に先駆けての研究があり,その後の研究においてもいくつかの注目すべき成果が得られている。本章ではカオス力学系を研究するためのいくつかの方法とカオス発生回路の具体例を述べる。

4.1 リヤプノフ指数

力学系のフローのカオス性を調べる上で,広く用いられている方法はリヤプノフ指数の計算である[1), 2)]。この方法は n 次元の力学系のフローの局所的な不安定性を数値的に求めることができる。リヤプノフ指数はカオスのみならず,その他の極限集合(アトラクタ)に対しても適用でき,平衡点の場合は**固有値**,周期解の場合は**特性指数**を与える。また,概周期解,カオスに対しては一般化された固有値に対応する量を表す。カオスの特徴は少なくとも一つのリヤプノフ指数が正となることであり,これはカオスのもつ引き延ばしの構造を反映している。

つぎのような n 次元の力学系とその変分系を考える。

$$\left.\begin{array}{l} \dot{x} = f(x) \\ \dot{y} = Df(x)\,y \\ x, y \in R^n \\ f: R^n \to R^n \\ Df: R^n \to R^n \end{array}\right\} \qquad (4.1)$$

変分系は x を固定して考えれば線形時不変系となり,行列 $Df(x)$ の固有

値 $\lambda_1(x), \lambda_2(x), \cdots, \lambda_n(x)$ を考えることができる．x は時間的に変化する軌道であるので，これらの固有値も時間的に変化するが，その無限時間にわたる平均値がリヤプノフ指数となる．したがって，n 次元系のリヤプノフ指数は n 個存在する．しかし，数値計算では固有値の時間平均による方法では発散してしまい計算できないため，つぎのような特別の計算法を用いる．まず，最大リヤプノフ指数の求め方について考える．変分方程式の解は図 **4.1** のように基準となる軌道の周りの軌道の遠ざかる様子を定量的に表している．

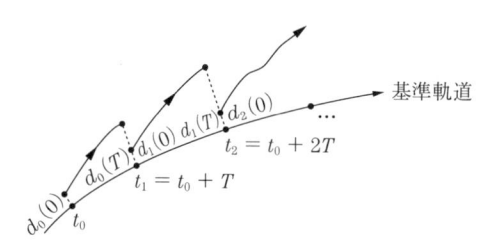

図 4.1 最大リヤプノフ指数の求め方

すなわち，$t = t_0$ において単位長のベクトル $d_0(0)$ だけ離れている軌道は短い時間 T 後には $d_0(T)$ となる．カオスでは少なくとも一つのリヤプノフ指数は正であるため，近接軌道が指数関数的に遠ざかる性質がある．そのため，ある程度，軌道が基準軌道から遠ざかると，$d_0(T)$ の方向は保持したまま，その長さを再び単位長さに戻し，$d_1(0) = d_0(T)/|d_0(T)|$ を初期値として T 時間後のベクトル $d_1(T)$ を求める．このようにして，順次ベクトル $d_k(0), d_k(T) \in R^n$ を求めると，ベクトルの方向は数回の繰返しの後，最も基準軌道から離れやすい方向となるため，このような T 時間内での軌道の拡大率の長時間平均を求めたものが最大リヤプノフ指数 λ_1 となる．なお，$d_k(0), d_k(T)$ は式 (4.1) の変分方程式に初期値として $y(0) = d_k(0)$ を与え，時間 T まで数値計算することにより $d_k(T)$ が求まる．したがって，**最大リヤプノフ指数** λ_1 は次式で与えられる．

$$\lambda_1 = \lim_{N \to \infty} \frac{1}{NT} \sum_{k=0}^{N-1} \log \frac{|d_k(T)|}{|d_k(0)|} \qquad (4.2)$$

つぎに，$\lambda_2 \sim \lambda_n$ の求め方について説明する。n 次元相空間のなかにたがいに直交する m 個の単位初期ベクトルの組

$$(d1_0(0), d2_0(0), \cdots, dm_0(0))$$

を用意し，これら m 個のベクトルを変分方程式によって時間発展させ T 秒後の値

$$(d1_0(T), d2_0(T), \cdots, dm_0(T))$$

を求める。このとき，最も大きくなったベクトルを $d1_0(T)$ と入れ換え $d1_0(T)$ が最大ベクトルとなるようにする。一般に，$d1_0(T), d2_0(T), \cdots, dm_0(T)$ はもはやたがいに直交していない。そこで，これら m 個のベクトルによってつくられる平行 m 面体の体積が変わらないようにグラム・シュミットの方法によってつぎのように直交化する。

$$\left.\begin{aligned}
d1_0'(T) &= d1_0(T) \\
d2_0'(T) &= d2_0(T) - \frac{(d2_0(T), d1_0'(T))}{|d1_0'(T)|^2} d1_0'(T) \\
d3_0'(T) &= d3_0(T) - \frac{(d3_0(T), d1_0'(T))}{|d1_0'(T)|^2} d1_0'(T) \\
&\quad - \frac{(d3_0(T), d2_0'(T))}{|d2_0'(T)|^2} d2_0'(T) \\
&\cdots \\
dm_0'(T) &= dm_0(T) - a_{m,1} d1_0'(T) - a_{m,2} d2_0'(T) \\
&\quad - \cdots - a_{m,m-1} d(m-1)_0'(T)
\end{aligned}\right\} \quad (4.3)$$

ここにおいて $a_{m,k} = (dm_0(T), dk_0'(T))/|dk_0'(T)|^2$ である。このように直交化された各ベクトルの長さを1に正規化し，$dk_1(0) = dk_0'(T)/|dk_0'(T)|$，$k = 1, 2, \cdots, m$ とおく。このような一連の操作により，**正規直交化**された新たな m 個の初期ベクトルの組

$$(d1_1(0), d2_1(0), \cdots, dm_1(0))$$

が得られる。以上のようにして $t = 0$ で単位体積の超立方体が時間 T 後に体積 $|d1_0(T) \wedge d2_0(T) \wedge \cdots \wedge dm_0(T)|$ と拡大することになる（$\wedge$ はベクトル外積で，各ベクトルを辺の長さとする平行 m 面体の体積を表す）。このよう

な操作を短い時間 T ごとに繰り返し行い m 次元体積拡大率の長時間平均を次式から計算すると $\lambda_1 + \lambda_2 + \cdots + \lambda_m$ が得られる。

$$\lambda_1 + \lambda_2 + \cdots + \lambda_m \\ = \lim_{N\to\infty} \frac{1}{NT} \sum_{k=0}^{N-1} \log \frac{|d1_k(T) \wedge d2_k(T) \wedge \cdots \wedge dm_k(T)|}{|d1_k(0) \wedge d2_k(0) \wedge \cdots \wedge dm_k(0)|} \quad (4.4)$$

この式において $m = 1, 2, 3, \cdots, n$ とすれば $\lambda_1, \lambda_1 + \lambda_2, \lambda_1 + \lambda_2 + \lambda_3, \cdots, \lambda_1 + \lambda_2 + \cdots + \lambda_n$ が順次求まり、これより個々のリヤプノフ指数 $\lambda_1 > \lambda_2 > \cdots > \lambda_n$ がすべて決定される。

自律系[†]において、周期アトラクタは $\lambda_1 = 0, \lambda_2 \sim \lambda_n < 0$ となる。概周期アトラクタ (m トーラス, $2 \leq m < n$) は、$\lambda_1, \lambda_2, \cdots, \lambda_m = 0, \lambda_{m+1} \sim \lambda_n < 0$ となり、通常のカオスアトラクタは $\lambda_1 > 0, \lambda_2 = 0, \lambda_3 \sim \lambda_n < 0$ となり、さらにハイパーカオスアトラクタは $2 \leq m \leq n-2$ として $\lambda_1 > \lambda_2 \cdots > \lambda_m > 0, \lambda_{m+1} = 0, \lambda_{m+2} \sim \lambda_n < 0$ となる。自律系においては軌道の進行方向の摂動に対しては復元しないから、この方向に対するリヤプノフ指数として必ず1個は 0 (= 中立安定) の指数が現れる。また、軌道がアトラクタとなるための条件としてすべてのリヤプノフ指数の和は負、すなわち $\sum_{k=1}^{N} \lambda_k < 0$ となる。また、アトラクタの次元の一つである**リヤプノフ次元** D_L は j を $\lambda_1 + \lambda_2 + \cdots + \lambda_j \geq 0$ となる最大の整数として

$$D_L = j + \frac{\lambda_1 + \cdots + \lambda_j}{|\lambda_{j+1}|} \quad (4.5)$$

と定義される。また、もしこのような j が存在しない場合、D_L は 0 となる。

例題 4.1 3次元自律系

$$\left.\begin{array}{l} \dot{x}_1 = f_1(x_1, x_2, x_3) \\ \dot{x}_2 = f_2(x_1, x_2, x_3) \\ \dot{x}_3 = f_3(x_1, x_2, x_3) \end{array}\right\} \quad (4.6)$$

に対してすべてのリヤプノフ指数(これをリヤプノフスペクトラムとい

---

† 非自律系の場合は 1.2 節で述べた変換によって自律系に変換する。

う) $\lambda_1, \lambda_2, \lambda_3$ を求めるアルゴリズムを示せ。

【解答】 式 (4.6) の変分系は次式で与えられる。

$$\left.\begin{aligned}\dot{M} &= CM, M = \begin{bmatrix} x_4 & x_7 & x_{10} \\ x_5 & x_8 & x_{11} \\ x_6 & x_9 & x_{12} \end{bmatrix}, C = [c_{ij}] \\ c_{ij} &= \frac{\partial f_i(x_1, x_2, x_3)}{\partial x_j} \end{aligned}\right\} \quad (4.7)$$

ここにおいて前述のベクトル $d1, d2, d3$ はつぎの関係にある。

$$\left.\begin{aligned} d1_k(t) &= (x_4(t), x_5(t), x_6(t))^T \\ d2_k(t) &= (x_7(t), x_8(t), x_9(t))^T \\ d3_k(t) &= (x_{10}(t), x_{11}(t), x_{12}(t))^T \\ k &= 0, 1, 2, 3, \cdots \end{aligned}\right\} \quad (4.8)$$

- Step 0：$k=0$，初期値を $(x_1(0), x_2(0), x_3(0)) = (x_0, y_0, z_0)$, $M(0) = [(d1_k(0), d2_k(0), d3_k(0))] = I$（単位行列）とする（$(x_0, y_0, z_0)$ は任意であるが，なるべくカオスアトラクタの近くに選ぶ）。
- Step 1：式 (4.6)，(4.7) を連立して $t=0 \sim T$ まで解き，これより，$(x_1(T), x_2(T), x_3(T)) = (a, b, c)$, $[d1_k(T), d2_k(T), d3_k(T)] \in R^{3\times 3}$ が計算される。
- Step 2：体積 V_k，面積 S_k，および長さ L_k の対数拡大率がそれぞれ $\log V_k = \log |d1_k(T) \wedge d2_k(T) \wedge d3_k(T)|$, $\log S_k = \log |d1_k(T) \wedge d2_k(T)|$, $\log L_k = \log |d1_k(T)|$ より計算される。
- Step 3：グラム・シュミットの直交化法により，$(d1_k(T), d2_k(T), d3_k(T))$ をたがいに直交するベクトル $(d1_k{}'(T), d2_k{}'(T), d3_k{}'(T))$ に変換し，さらに，これを長さ1に正規化したベクトル $(d1_k{}'(T)/|d1_k{}'(T)|, d2_k{}'(T)/|d2_k{}'(T)|, d3_k{}'(T)/|d3_k{}'(T)|) = [\boldsymbol{d}, \boldsymbol{e}, \boldsymbol{f}] \in R^{3\times 3}$ を作る。
- Step 4：$k \to k+1$，初期値を $(x_1(0), x_2(0), x_3(0)) = (a, b, c)$, $M(0) = [\boldsymbol{d}, \boldsymbol{e}, \boldsymbol{f}]$ として，Step 1 に戻る。

以上のようなルーチンを N 回繰り返し，つぎのような加算を行い，計算する。

$$\left.\begin{aligned} \lambda_1 &= \frac{1}{NT} \sum_{k=0}^{N-1} \log L_k \\ \lambda_1 + \lambda_2 &= \frac{1}{NT} \sum_{k=0}^{N-1} \log S_k \\ \lambda_1 + \lambda_2 + \lambda_3 &= \frac{1}{NT} \sum_{k=0}^{N-1} \log V_k \end{aligned}\right\} \quad (4.9)$$

回数 N は具体的にどの程度とは言い難いが各リヤプノフ指数が十分収束するまで行う。このような 3 次元系の場合，$\lambda_1 = 0, \lambda_2, \lambda_3 < 0$ ならば周期アトラクタ，$\lambda_1 = \lambda_2 = 0, \lambda_3 < 0$ ならば概周期アトラクタ，$\lambda_1 > 0, \lambda_2 = 0, \lambda_3 < 0$ ならばカオスアトラクタとなり，カオスアトラクタのリヤプノフ次元は，$D_L = 2 + \lambda_1/|\lambda_3|$ で与えられる。 ◇

4.2 分岐現象の解析

あるパラメータを境として一つのアトラクタ（定常解）が定性的に異なるアトラクタに変化するとき，そのパラメータ値を分岐点，またこのようなパラメータの全体を**分岐集合**という。カオスは通常のアトラクタの分岐によって現れた特殊なアトラクタと見ることができる。すなわち，カオスには通常のアトラクタからさまざまな分岐現象を経てカオスにいたる固有の**道筋** (route to chaos) があり，この道筋を知ることはカオスを解明する重要な手がかりと考えることができる。ここでは，固定点（＝特異点，平衡点，不動点）に関して起こりうる分岐の型とその条件について簡単に述べる[2),3),4)]。分岐について考えるとき，まず**連続力学系**の場合と**離散力学系**の場合を区別して考える必要があるが，最初に連続力学系の場合について述べ，つぎに離散力学系について述べる。分岐には**余次元**と呼ばれる概念が必要である。余次元とはその分岐が起こりうるパラメータ空間の最低の次元数のことでここでは余次元 1 の分岐，すなわち，基本的に一つのパラメータの変化で説明できる四つの分岐について説明する。

4.2.1 連続力学系の分岐

微分方程式は，固定点（＝特異点）の近傍では，適当な変数変換と級数展開によって解の振舞いが少数のパラメータに依存する小自由度の微分方程式で記述できることが証明されている。本文では基本的な分岐が含まれる唯一のパラメータ μ に依存する場合を考える。これらの分岐には**サドル・ノード分岐**，**トランスクリティカル分岐**，**ピッチフォーク分岐**，**ホップ分岐**の四つがある。

さらに，おのおのの分岐は非線形項の符号により**スーパークリティカル**（超臨界）な場合と**サブクリティカル**（亜臨界）な場合の2通りの場合が存在する。

まず最初にスーパークリティカルな場合について述べる。サドル・ノード分岐の標準形は $\dot{x} = \mu - x^2$ で表され，図 **4.2** のように，その固定点は $\mu > 0$ のとき $x = \pm\sqrt{\mu}$ となり，$x = \sqrt{\mu}$ は安定（ノード），$x = -\sqrt{\mu}$ は不安定（サドル）となり，これらは $\mu = 0$ で合体，消滅する。$\mu < 0$ では固定点は存在しない。トランスクリティカル分岐の標準形は $\dot{x} = \mu x - x^2$ で表され，図 **4.3** のように $\mu < 0$ では固定点 $x = 0$ が安定，$x = \mu$ は不安定となる。一方，$\mu > 0$ では固定点 $x = 0$ が不安定，$x = \mu$ は安定というように，$\mu = 0$ で二つの固定点の安定性が入れ替わる。ピッチフォーク分岐の標準形は $\dot{x} = \mu x - x^3$ と表され，図 **4.4** のように $\mu < 0$ では唯一の安定な固定点 $x = 0$ が存在，また $\mu > 0$ では安定な固定点 $x = \pm\sqrt{\mu}$ と不安定な固定点 $x = 0$ が存在する。つぎに，ホップ分岐の標準形は z を複素数として $\dot{z} = (\mu + i\gamma)z - z|z|^2$ と表される。これを $z = x + iy$ とおき，実数 x, y を使って表現すると $\dot{x} = [\mu - (x^2 + y^2)]x - \gamma y, \dot{y} = \gamma x + [\mu - (x^2 + y^2)]y$ となる。図 **4.5** に見るように $\mu < 0$ では原点が唯一の安定な固定点となっており，$\mu > 0$ となると原点が不安定化し，その周りに $|z|^2 = x^2 + y^2 = \mu$ なる半径 $\sqrt{\mu}$ のリミットサイクルが発生する。

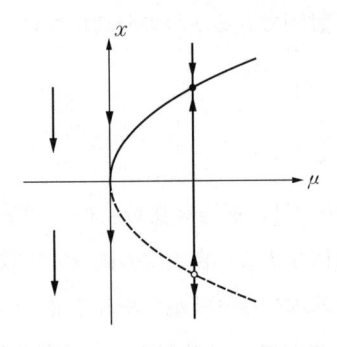

図 **4.2** サドル・ノード分岐（実線は安定解，破線は不安定解。超臨界の場合）

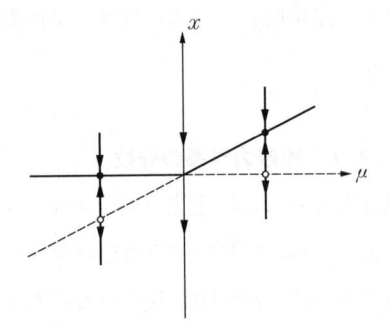

図 **4.3** トランスクリティカル分岐（実線は安定解，破線は不安定解。超臨界の場合）

4.2 分岐現象の解析　47

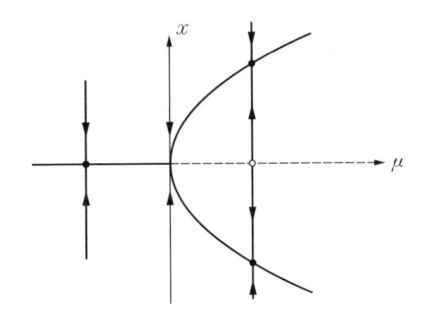

図 4.4 ピッチフォーク分岐（実線は安定解，破線は不安定解。超臨界の場合）

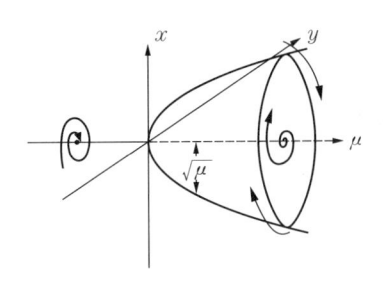

図 4.5 ホップ分岐（実線は安定解，破線は不安定解。超臨界の場合）

つぎにサブクリティカルな分岐について考察する。この場合，スーパークリティカルな分岐の分岐方程式の非線形部分の符号を変えることにより得られる方程式が分岐方程式となる。これより，実線を安定解，破線を不安定解としてサドル・ノード分岐は**図 4.6**，トランスクリティカル分岐は**図 4.7**，ピッチフォーク分岐は**図 4.8**，ホップ分岐は**図 4.9**のようになる。サドル・ノード分岐，トランスクリティカル分岐においては定性的にほとんど変わりはないが，ピッチフォーク分岐とホップ分岐はサブクリティカルな場合，スーパークリティカルな場合とは定性的に異なる分岐が現れる。

すなわち，サブクリティカルなピッチフォーク分岐の場合，$\mu > 0$ では唯一

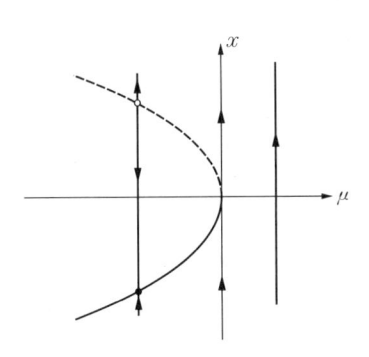

図 4.6 サドル・ノード分岐（実線は安定解，破線は不安定解。亜臨界の場合）

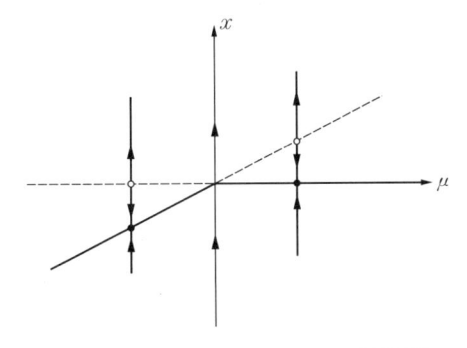

図 4.7 トランスクリティカル分岐（実線は安定解，破線は不安定解。亜臨界の場合）

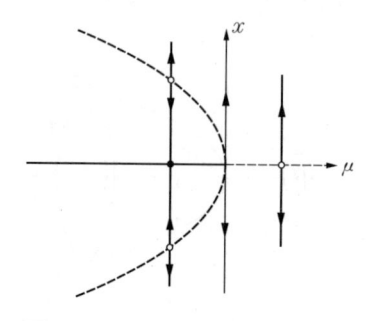

図 4.8 ピッチフォーク分岐(実線は安定解,破線は不安定解。亜臨界の場合)

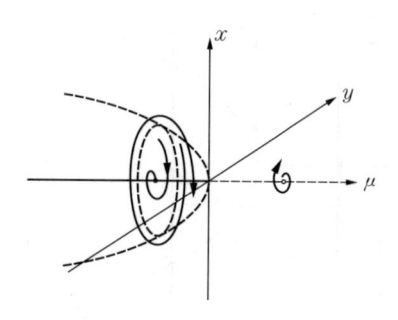

図 4.9 ホップ分岐(実線は安定解,破線は不安定解。亜臨界の場合)

の不安定な固定点 $x=0$ が存在し,$\mu<0$ では安定な固定点 $x=0$ と不安定な固定点 $x=\pm\sqrt{\mu}$ が存在する。また,サブクリティカルなホップ分岐では $\mu<0$ において不安定なリミットサイクルが安定な原点の周りに存在し,$\mu>0$ において原点が唯一の不安定な固定点となる。サドル・ノード,トランスクリティカル,ピッチフォーク分岐においては分岐点 $\mu=0$ の近傍では固定点の固有値の一つは実数で,分岐点においてそれは 0 となる。また,ホップ分岐においては,分岐点近傍で固定点の固有値は複素数で,分岐点をはさんで,その実部が負から正に変化する。

4.2.2 離散力学系の分岐

離散力学系 $x_{n+1}=f(x_n)$ の場合,固定点 $x=x_{n+1}=x_n$ の固有値が実数で 1 となる場合,連続力学系の場合のサドル・ノード,トランスクリティカル,ピッチフォークのいずれかの分岐が起こる。また,-1 の場合,**フリップ分岐**と呼ばれる連続力学系には見られなかった分岐が起こる。この分岐は見かけは図 4.4 のピッチフォーク分岐とよく似ているが $\mu>0$ となった場合,写像が繰り返されるごとに上下の枝を交互に打ち,固定点ではなくなる。すなわち,この分岐は別名,周期倍分岐と呼ばれるように $\mu>0$ となると固定点は不安定化し,その周りに 2 周期点が発生する。さらに,固定点の固有値が共役複素数で複素平面上の単位円を横切るとき,ホップ分岐と同様な分岐であるニーマ

ーク・サッカー分岐が起こる．これらの固定点の固有値の概略は図**4.10**に示される．離散力学系は，もとから離散的な現象を記述する場合以外に，連続力学系をポアンカレ写像を用いて離散化した場合も含まれる．この場合，固定点は周期解を表すため，サドル・ノード分岐は周期解の消滅，ピッチフォーク分岐は周期解の対称性の破れ，ニーマーク・サッカー分岐は周期解から概周期解への分岐，すなわち同期の破れなど，連続力学系として見れば**大域的分岐**に相当する現象も説明することができる．

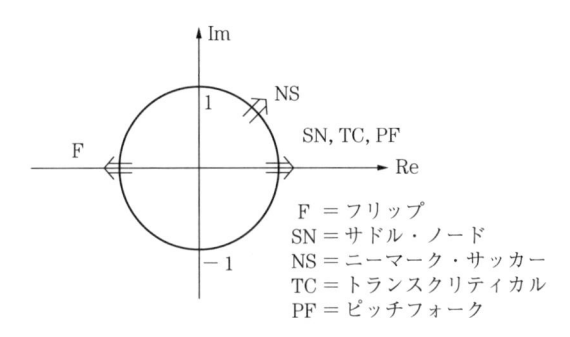

図 **4.10** 離散力学系の固有値と分岐

4.3 カオスに至る道筋

カオスに至る道筋にはいくつかのものが知られている．本節ではその中で代表的なものについて述べる[5]．

4.3.1 周期倍化分岐ルート

非線形回路においては周期解が分岐を起こし 2 倍の周期の周期解となる，いわゆる分数調波振動がしばしば観測される．この場合の分岐はフリップ分岐と呼ばれ，ポアンカレ写像上で周期解を観測したとき，これに対応する不動点の固有値の一つが -1 となる場合に起こる．カオスに至る一つのルートとしてこのようなフリップ分岐が無限回続けて起こり，ついにはカオスとなる場合が数多く観測されている．この場合，n 周期解の存在するパラメータの区間幅を $\mathit{\Delta}_n$ とし，$n+1$ 周期解の存在する区間幅を $\mathit{\Delta}_{n+1}$ とすると，n が十分大きくな

ったときの Δ_n/Δ_{n+1} の値は多くの場合,4.669 201 606$\cdots$に漸近することがファイゲンバウムによって示された。そこで,この定数を**ファイゲンバウム定数** δ と呼ぶ。

例題 4.2 ロジスティック写像 $x_{n+1} = ax_n(1-x_n), 0 < x_n < 1, 0 \leq a < 4$ における分岐現象について明らかにせよ。

【解答】 図 4.11 はコンピュータによって描いた分岐図である。

まず,不動点 $x_f = x_n = x_{n+1}$ の存在と安定性について吟味してみよう。不動点は方程式 $x = ax(1-x)$ を $0 < x < 1$ として解けば求まる。不動点の安定性は $f(x) = ax(1-x)$ として $|f'(x_f)|$ の値が 1 より小さいとき安定,大きいとき不安定,1 のときフリップ分岐が起こる。

まず,$0 < a < 1$ のとき $x_f = 0$ は $|f'(0)| = |a| < 1$ となり唯一の安定不動点。$1 < a < 3$ のとき不動点 $x_f = 0$ は $f'(0) = a > 1$ となり不安定。一方,不動点 $x_f = 1 - (1/a)$ は $f'(1-(1/a)) = 2 - a$ となり,$|f'(1-(1/a))| < 1$ であるから安定となる。しかし,$a = 3$ となると不動点 $x_f = 1 - (1/a)$ は固有値が $f'(1-(1/3)) = -1$ となりフリップ分岐により不安定化し,その周りに新たに安定な 2 周期点 $x_1 = 0.5 + (0.5/a) - (0.5/a)\sqrt{(a-3)(a+1)}$ と $x_2 = 0.5 + (0.5/a) + (0.5/a)\sqrt{(a-3)(a+1)}$ が発生する。この 2 周期点は 2 回写像の不動点 $f^2(x) = x$ を計算して求まる。また,$|(f^2(x_1))'| $ が 1 より小さい条件より,この 2 周期解が安定となる範囲は $3 < a < 1 + \sqrt{6}$ となる。さらに $a > 1 + \sqrt{6}$ となると,この 2 周期解もフリップ分岐を起こし不安定化し,その周りに安定な 4 周期解が発生する。この 4 周期解を求めるには $f^4(x) = x$ を解き,安定性は $|(f^4(x))'| < 1$ となる a の範囲を求めればよい。しかし,計算がきわめて複雑となるので省略する。

以後,フリップ分岐によりつぎつぎと 2^n-周期解が現れ,安定な区間幅は前の区間幅の約 $1/\delta$ となる。このようにすると $a_\infty = 3.569\,945\,6\cdots$ において周期倍化分岐は無限回まで進展し,その後,$a_\infty < a < 4$ においては,基本的にカオス状態となるが,一部,ウインドウと呼ばれる周期解が現れる場所も存在するなど,その振舞いは複雑である。

$a_\infty < a < 4$ の領域では過渡カオスが現れるため,たとえウインドウの領域でも,一般に収束するまでには長い時間がかかり,カオス領域と見間違う場合があるので注意を要する。

(a) $0 \leq a \leq 4$ の範囲の分岐図

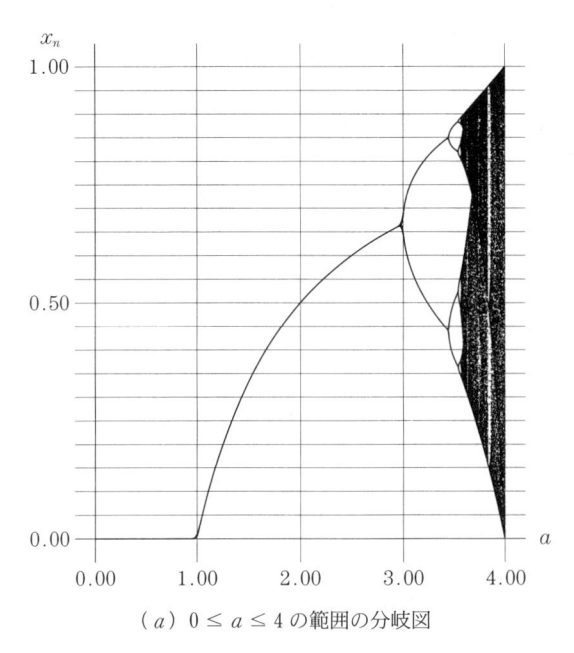

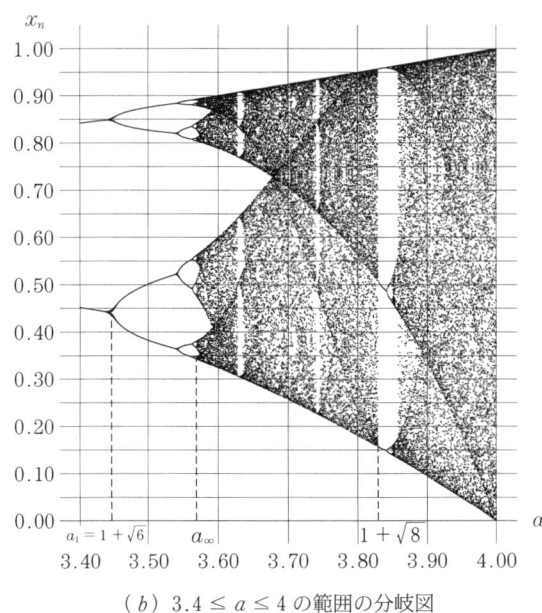

(b) $3.4 \leq a \leq 4$ の範囲の分岐図

図 4.11 ロジスティック写像の分岐図

例題 4.3 ロジスティック写像においてフリップ（周期倍）分岐が無限回まで進展したときの a の値 a_∞ の（近似）値を求めよ[6),7)]。

【解答】 ロジスティック写像 $x_{n+1} = ax_n(1-x_n)$ に変数変換 $x_n = (1-a^{-1}) - (1-2a^{-1})\bar{x}_n$ を行うと $\bar{x}_{n+1} = \bar{a}\bar{x}_n(1-\bar{x}_n), \bar{a} = 2-a$ となる。変換された式と元のロジスティック方程式はまったく同じ形をしているからロジスティック写像は $a=1$ のまわりで対称性がある点に注意する。さて，前問より不動点は $x=0$ と $x=1-a^{-1}$ でそれぞれの安定領域は $-1 < a < 1$ と $1 < a < 3$ である。いま，不動点 $x=0$ が $a=-1$ でフリップ分岐を起こす点に注目する。前問に示したように 2 周期点 x^+ と x^- は方程式 $x=f(f(x))$ から 1 周期点の解 $x=0$ と $1-a^{-1}$ を除いて求まる。すなわち，$x = a^2x(1-x)[1-ax(1-x)]$ より

$$x^2 - (1+a^{-1})x + (a^{-1}+a^{-2}) = 0$$

の 2 根が x^+ と x^- にあたる。つぎにロジスティック写像 $x_{n+1} = ax_n(1-x_n)$ において $x_n = x^+ + \eta_n, x_{n+1} = x^- + \eta_{n+1}$ とし，$x^- = ax^+(1-x^+)$ の関係を用いると

$$\eta_{n+1} = a(1-2x^+)\eta_n - a\eta_n^2$$

となる。さらにロジスティック写像を $x_{n+2} = ax_{n+1}(1-x_{n+1})$ として $x_{n+1} = x^- + \eta_{n+1}, x_{n+2} = x^+ + \eta_{n+2}$ とし，$x^+ = ax^-(1-x^-)$ の関係を用いると

$$\eta_{n+2} = a(1-2x^-)\eta_{n+1} - a\eta_{n+1}^2$$

となる。そして，η_{n+2} の式の右辺に η_{n+1} の式を代入し，$|\eta| \ll 1$ として η^2 のオーダーまで考慮すると次式が得られる。

$$\eta_{n+2} = a^2\eta_n(A - B\eta_n)$$
$$A = (1-2x^+)(1-2x^-), B = a(1-2x^+)^2 + (1-2x^-)$$

上式に $\bar{x}_n = \alpha\eta_n, \bar{a} = a^2A, \alpha = B/A$ と変数変換すると

$$\bar{x}_{n+2} = \bar{a}\bar{x}_n(1-\bar{x}_n)$$

となる。ここに $\bar{a}$ は 2 根 x^+, x^- を与える 2 次方程式の根と係数の関係より

$$\bar{a} = a^2(1-2x^+)(1-2x^-) = a^2[1-2(x^++x^-)+4x^+x^-]$$
$$= a^2[1-2(1+a^{-1})+4(a^{-1}+a^{-2})] = -a^2+2a+4$$

となる。

差分方程式 $\bar{x}_{n+2} = \bar{a}\bar{x}_n(1-\bar{x}_n)$ はロジスティック方程式 $x_{n+1} = ax_n(1-x_n)$ とまったく同じ形をしているから，$\bar{a} = -1$ で不動点 $\bar{x} = 0$ がフリップ分岐を起こす。そしてこれはロジスティック写像で 2 回目のフリップ分岐が起こる点である。すなわち $-1 = -a^2 + 2a + 4$ を解くことにより 2 回目のフリッ

プ分岐点は $a = 1 - \sqrt{6}$ ($\tilde{a} = 1 + \sqrt{6}$) となる。この関係は一般化することができ，フリップ分岐が k 回目に起こる a の値 a_k と $k+1$ 回目に起こる a_{k+1} は（近似的に）つぎの関係を満足する。

$$a_k = -a_{k+1}^2 + 2a_{k+1} + 4$$

これよりフリップ分岐が無限回まで進展したときの臨界的な a の値 a_∞ は $a_\infty = -a_\infty^2 + 2a_\infty + 4$ を解いて $a_\infty = (1 - \sqrt{17})/2 = -1.562\cdots$ と求められる。以上は不動点 $x = 0$ の $a = -1$ からはじまる $a < 0$ の方向の分岐であるが，最初に述べた対称性の関係を用いて $a > 0$ の方向の分岐に換算すると $\tilde{a}_\infty = 2 - a_\infty = 2 + 1.562\cdots = 3.562\cdots$ となり，あらためて $\tilde{a}_\infty$ を a_∞ とおけば $a_\infty = 3.562\cdots$ となり真の値 $3.569\,945\,6\cdots$ に近い値が得られる。　◇

4.3.2　サドル・ノード分岐（間欠カオス）ルート

図 **4.12** のように安定（ノード）不動点と不安定（サドル）不動点が対になって存在し，分岐パラメータを変化させたとき，ある点でこれらが合体消滅する分岐をサドル・ノード分岐という。分岐点における不動点の固有値の値の一つは 1 となる。また，この分岐が起こると安定，不安定不動点ともに存在しなくなる。しかし，消滅した直後では，不動点の**痕跡**があり，写像点はこの痕跡の部分に長く存在するため，相対的にこの部分の存在確率が高くなる。このような状態を**間欠性（インターミッテンシー）**と呼び[†]，カオス系の場合，弱いカオス状態に対応する。

この間欠性の領域からさらにパラメータを変化させると通常のカオスへと進展する。図 **4.13** は図 4.11 の 3 周期の窓を拡大したものである。3 周期の窓は $a_c = 1 + \sqrt{8} = 3.82\cdots$ 付近で起こっている。$a = a_c - \delta$, $\delta = 0.0001$ と

[†] 正確にはこの間欠性は Pomeau-Manneville によって見出された I 型の間欠性と呼ばれる[5]。この間欠性については 9.5 節で具体的に述べる。間欠性には，このほか，ストレンジアトラクタの核となる I 型不動点の不安定多様体と，これとペアで発生する D 型不動点の安定多様体の接触によって起こるカオスとカオスの間の間欠性であるクライシス，インデュースト，インターミッテンシー（11.3 節）やカオス同期に関連して発生するオン，オフ，インターミッテンシーなど，さまざまなものが存在する。

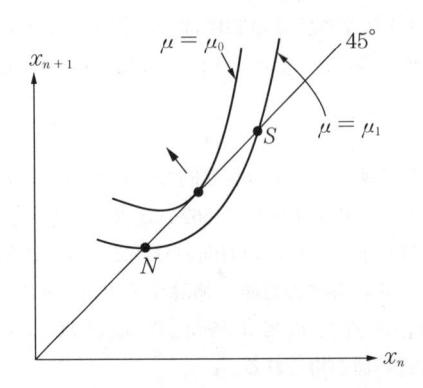

図 4.12 サドル・ノード分岐の説明図

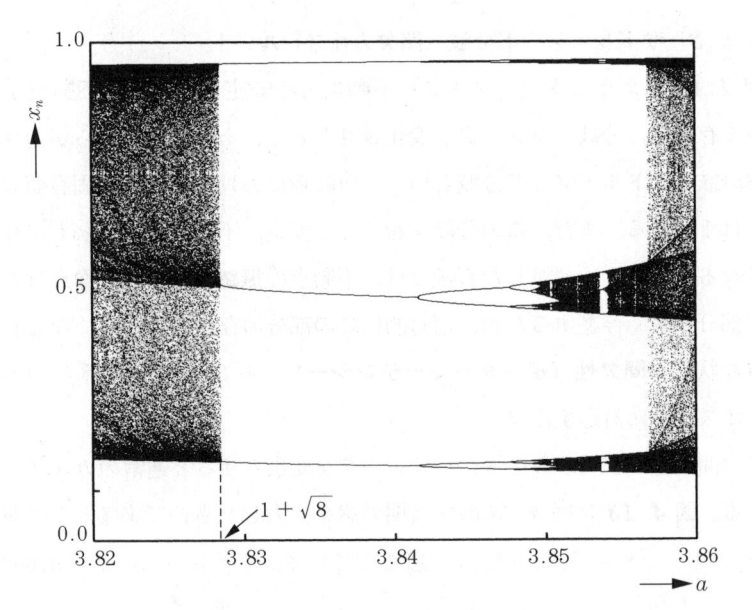

図 4.13 図 4.11 における 3 周期の窓中の定常軌道の拡大図[2]

すると，**図 4.14** に示すように軌道は長時間 3 周期軌道の上を動き，ときどきそこから飛び出してカオス状態となっている．この臨界点においては 3 周期解がサドル・ノード分岐を起こし，パラメータ $a < a_c$ とすると解が消滅している．しかし $\delta > 0$ が十分に小さければ，解の痕跡が残っているため，**図 4.15** のようにその部分に写像点が停留する確率が高くなる．

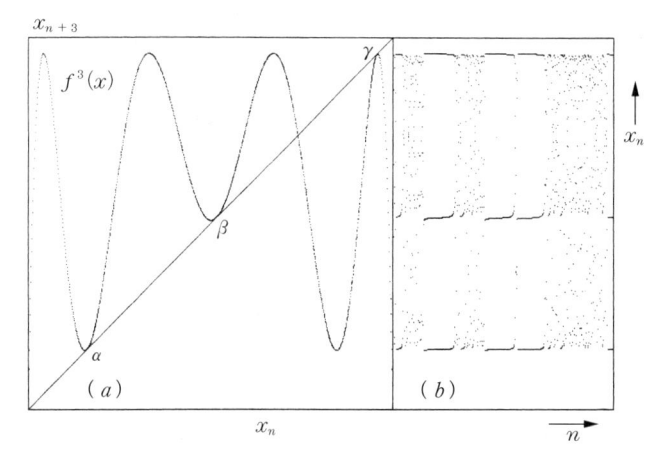

$$a = 1 + \sqrt{8} - \delta, \delta = 0.0001$$

図 4.14 3周期の窓の直前の間欠カオス[2]

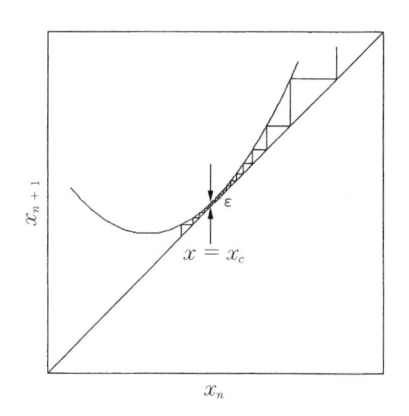

図 4.15 ラミナー部分の軌道の動き[2]

図 4.16 (a), (b), (c) は δ を変化させたときの解の変化の様子を示している。3周期解に拘束される傾向は (a) $\delta = 0.00001$ のときにはきわめて強く，(b) $\delta = 0.0001$ となると大分弱くなり，(c) $\delta = 0.001$ では軌道は多少3周期解のところに長くいる程度でほとんど一様にカオス的となっている様子がよくわかる。

(a) $\delta = 0.00001$

(b) $\delta = 0.0001$

(c) $\delta = 0.001$

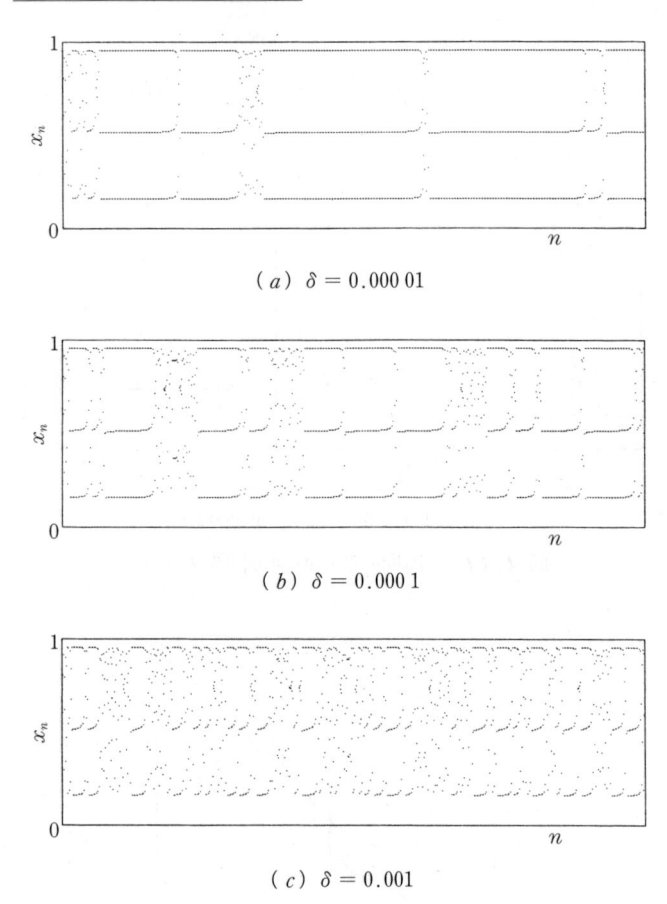

図 **4.16** δ の変化と間欠カオス $a = 1 + \sqrt{8} - \delta$ [2]

4.3.3 ホップ分岐の繰返しからカオスに至るルート

古くはランダウにより,ホップ分岐が繰り返し起こることにより大きな次数の n-Torus がカオスへと発展すると予測された。しかし,1978 年 Ruelle-Takens-Newhouse によって3トーラスはカオスになることが証明された[8]。すなわち,2回ホップ分岐が繰り返し2トーラスとなった後にさらにホップ分岐が起こればそれはカオスであることが証明された訳である。このことはベルナール対流の実験において示されている。

4.3.4 その他のルート

このほか，概周期アトラクタが周期アトラクタと交互に現れたり消えたりして最終的にストレンジアトラクタが現れる**トーラス崩壊ルート**や，ストレンジアトラクタの鞍形点との接触，崩壊による消滅や爆破につながる**クライシス**によるルートなどがある。

4.4 カオスを発生する電気回路

この節ではカオスを発生する電気回路のうち代表的なものをいくつか紹介する。カオスを発生する系にはここで紹介するもの以外にもロジスティック方程式，ローレンツ方程式，レスラー方程式などよく知られているものも多いが，ここでは自然な電気回路で実現できるものを紹介する。

4.4.1 非線形インダクタンスをもつ直列共振回路

図 4.17 に示す非線形インダクタンスをもつ直列共振回路は別名**鉄共振回路**とも呼ばれ，カオスを発生する回路として知られている。回路方程式は次式のようになる。

$$\left. \begin{array}{l} n\dfrac{d\phi}{dt} + R\,i_R = E \sin \omega t \\ R\,i_R = \dfrac{1}{C} \int i_C\,dt,\ i = i_R + i_C \end{array} \right\} \quad (4.10)$$

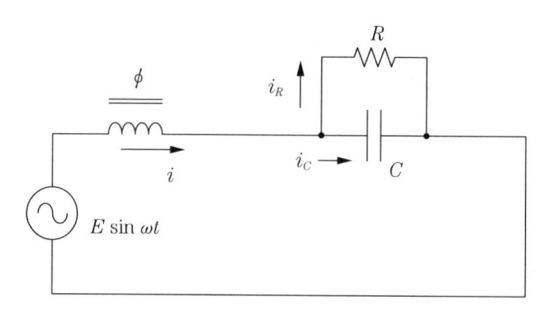

図 4.17 非線形インダクタンスをもつ直列共振回路

4. カオス力学系

ここに n はコイルの巻数であり，ϕ は鉄心中の磁束である。鉄心のヒステリシスを無視し，磁化特性は 3 次曲線

$$i = a\phi^3 \tag{4.11}$$

で表される場合を考える。磁束の無次元変数 x を次式

$$\phi = \Phi_n x \tag{4.12}$$

で導入する。ここに Φ_n は単位量であり，つぎの関係式を満たすように定めるものとする。

$$n\omega^2 C\Phi_n = a\Phi_n^3 \tag{4.13}$$

式 (4.10) から式 (4.13) で x に関する方程式を導けば，つぎのダフィング (Duffing) 方程式を得る。

$$\left. \begin{aligned} \frac{dx}{d\tau} &= y \\ \frac{dy}{d\tau} &= -ky - x^3 + B\cos\tau \end{aligned} \right\} \tag{4.14}$$

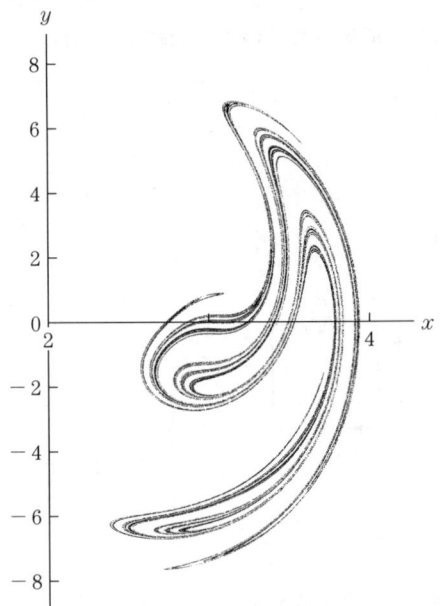

図 4.18 ストレンジアトラクタ〔方程式 (4.14)；$k = 0.1, B = 12.0$〕

ここに $\tau = \omega t - \tan^{-1} k, k = 1/(\omega CR), B = E\sqrt{1+k^2}/(n\omega \Phi_n)$ である。方程式 (4.14) において $k = 0.1, B = 12.0$ (初期値の例： $x(0) = 10, y(0) = 0$) とすると図 4.18 のようなストレンジアトラクタがポアンカレ断面上に描かれカオスを発生していることが確認できる。この方程式の詳しい解析は文献 9) を参照されたい。

4.4.2 周期信号の注入された負性抵抗発振回路

図 4.19 のような負性抵抗発振回路もカオスを発生することで知られている。回路方程式はつぎのようになる。

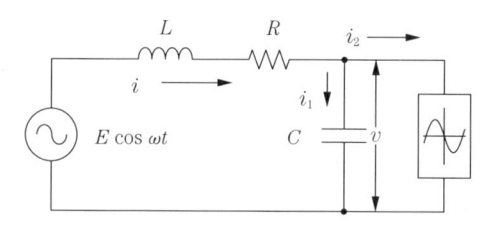

$$\left. \begin{aligned} L\frac{di}{dt} + Ri + v &= E\cos\omega t \\ i_1 = C\frac{dv}{dt}, \quad i &= i_1 + i_2 \end{aligned} \right\} \quad (4.15)$$

図 4.19 周期信号の注入された負性抵抗発振回路

負性抵抗素子の電圧・電流特性は 3 次曲線

$$i_2 = -Sv\left(1 - \frac{v^2}{V_s^2}\right), \quad S = \frac{1}{R} \quad (4.16)$$

で表される場合を考え，前の回路と同様に無次元変数を用いて整理すれば次式が得られる。

$$\left. \begin{aligned} \frac{dx}{d\tau} &= y \\ \frac{dy}{d\tau} &= \mu(1 - x^2)y - x^3 + B\cos\nu\tau \end{aligned} \right\} \quad (4.17)$$

ここにつぎのような変数変換と置換を行っている．

$$x = \sqrt{\gamma}\frac{v}{V_s}, \tau = \frac{t}{\sqrt{\gamma LC}}, B = \gamma\sqrt{\gamma}\frac{E}{V_s},$$

$$\nu = \sqrt{\gamma LC}\,\omega, \mu = \sqrt{\frac{3S}{C}(LS - RC)}, \gamma = \frac{3LS}{LS - RC}$$

式 (4.17) において $\mu = 0.2, B = 17.0, \nu = 4.0$ とすると，図 **4.20** のようなストレンジアトラクタが得られる．詳しい解析は，文献 10) を参照されたい．

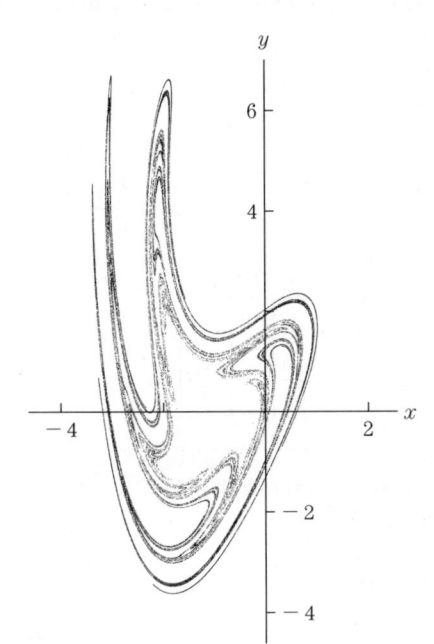

図 **4.20** ストレンジアトラクタ（方程式 (4.17)；$\mu = 0.2, B = 17.0, \nu = 4.0$）

4.4.3 ダブルスクロール回路

図 **4.21** 示す 3 階の自律系で表される回路は**ダブルスクロール回路**または**チュア**（Chua）**回路**と呼ばれ，2 区分線形の負性抵抗をもつカオスを発生する回路として知られている．この回路の方程式はつぎのように表される．

4.4 カオスを発生する電気回路

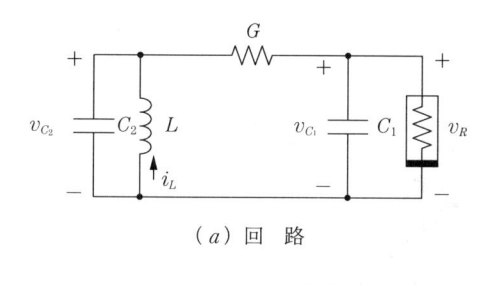

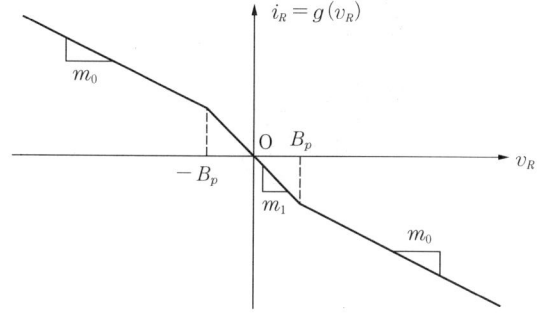

(a) 回路

(b) 非線形抵抗の特性

図 **4.21** ダブルスクロール回路

$$C_1 \frac{dv_{C_1}}{dt} = G(v_{C_2} - v_{C_1}) - g(v_{C_1})$$

$$C_2 \frac{dv_{C_2}}{dt} = G(v_{C_1} - v_{C_2}) + i_L \qquad (4.18)$$

$$L \frac{di_L}{dt} = -v_{C_2}$$

ここに $g(v_{C_1})$ は次式で与えられる非線形負性抵抗である。

$$g(v_{C_1}) = m_0 v_{C_1} + \frac{1}{2}(m_1 - m_0)|v_{C_1} + B_p|$$

$$+ \frac{1}{2}(m_0 - m_1)|v_{C_1} - B_p| \qquad (4.19)$$

式 (4.18), (4.19) においてつぎのようにパラメータを定めると図 **4.22** に示すようなストレンジアトラクタが得られる。

(a) $i_L - v_{c_1}$ 平面への射影

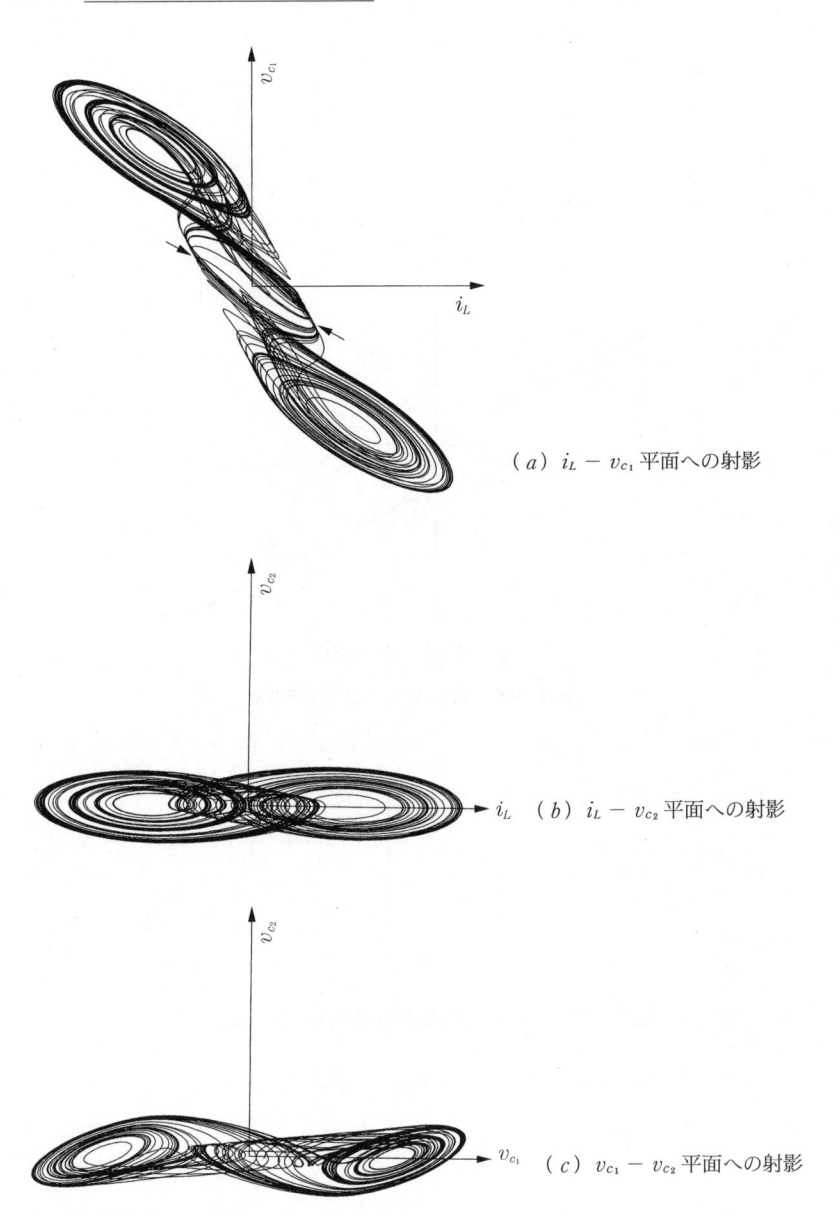

(b) $i_L - v_{c_2}$ 平面への射影

(c) $v_{c_1} - v_{c_2}$ 平面への射影

図 4.22 ダブルスクロールストレンジアトラクタ（式 (4.18)，初期値： $v_{c_1}(0) = 0.15264$, $v_{c_2}(0) = -0.02281$, $i_L(0) = 0.38127$，ルンゲ・クッタ法で刻み幅 0.04 として 10 000 回の繰返し）[11]

$$\frac{1}{C_1} = 9, \frac{1}{C_2} = 1, \frac{1}{L} = 7, G = 0.7, m_0 = -0.5, m_1 = -0.8,$$
$$B_p = 1$$

方程式 (4.18), (4.19) は正規化

$$x = \frac{v_{C_1}}{B_p}, y = \frac{v_{C_2}}{B_p}, z = \frac{i_L}{B_p G}, \tau = \frac{t\,G}{C_2},$$

$$a = \frac{m_1}{G}, b = \frac{m_0}{G}, \alpha = \frac{C_2}{C_1}, \beta = \frac{C_2}{LG^2}$$

によりつぎのように正規化される。

$$\left.\begin{aligned}\frac{dx}{d\tau} &= \alpha(y - x - f(x)) \\ \frac{dy}{d\tau} &= x - y + z \\ \frac{dz}{d\tau} &= -\beta y\end{aligned}\right\} \qquad (4.20)$$

ここに

$$f(x) = \begin{cases} bx + a - b, & x > 1 \\ ax, & |x| \leq 1 \\ bx - a + b, & x < -1 \end{cases} \qquad (4.21)$$

である。詳しい解析は文献 11) を参照されたい。

4.4.4 その他のカオス発生回路

その他の代表的なカオス発生回路としては，斎藤らのヒステリシスカオス発生回路[12]，合原らによるカオスニューロン回路[13]，Tse らによるパワーコンバータ回路[14]，遠藤らによる位相同期回路などがあるが，詳しくは文献を参照されたい。なお，位相同期回路については第 11 章に詳しい解説がある。

5 弱非線形系の近似解析法

　非線形な回路やシステムの中でも非線形性が比較的弱く，その出力波形が正弦波に近い系は**弱非線形系**と呼ばれ，平均化法，等価線形化法，摂動法，漸近法など，いくつかの近似解法によって解くことができる。中でも広く用いられている方法は**平均化法**と思われるので，以下，平均化法について説明する。そして平均化法を用い，種々の発振回路の解析を行う[1),2),3)]。

5.1 平均化法

　平均化法はつぎの形の2階の非線形微分方程式に適用されることが多いので，この場合について説明する。

$$\left. \begin{array}{l} \ddot{x} + x = \varepsilon f(x, \dot{x}) \\ \ddot{x} + x = \varepsilon f(t, x, \dot{x}) \end{array} \right\} \quad (5.1)$$

　上式において右辺の関数は非線形関数で，$\varepsilon > 0$ は微小な定数とする。関数 f が t を陽に含まない場合を自律系（autonomous system），含む場合を非自律系（nonautonomous system）といって区別するが，以下の説明は両者に共通するので非自律系の場合について説明する。

　式 (5.1) はつぎのような1階の連立微分方程式で表される。

$$\left. \begin{array}{l} \dot{x} = y \\ \dot{y} = \varepsilon f(t, x, y) - x \end{array} \right\} \quad (5.2)$$

　定数 $\varepsilon > 0$ は微小定数であるので，まず $\varepsilon = 0$ としたつぎのような線形方程式の解を求める。

$$\left. \begin{array}{l} \dot{x} = y \\ \dot{y} = -x \end{array} \right\} \quad (5.3)$$

簡単な線形微分方程式の計算により上式の解は
$$\left.\begin{array}{l} x = \rho \sin(t+\theta) \\ y = \rho \cos(t+\theta) \end{array}\right\} \quad (5.4)$$
と書ける。ここに ρ および θ は初期値により定まる定数である。$\varepsilon > 0$ が十分小さいとき原方程式 ($\varepsilon \neq 0$) の解は $\varepsilon = 0$ とした方程式の解である式 (5.4) に十分近いと考えることができる。そこで線形解の ρ を $\rho(t)$, θ を $\theta(t)$ のように時間の関数と考え，方程式 (5.2) につぎのような変数変換を行う。
$$\left.\begin{array}{l} x = \rho(t)\sin(t+\theta(t)) \\ y = \rho(t)\cos(t+\theta(t)) \end{array}\right\} \quad (5.5)$$
すなわち
$$\left.\begin{array}{l} \dot{\rho}(t)\sin(t+\theta(t)) + \rho(t)(1+\dot{\theta}(t))\cos(t+\theta(t)) \\ \quad = \rho(t)\cos(t+\theta(t)) \\ \dot{\rho}(t)\cos(t+\theta(t)) - \rho(t)(1+\dot{\theta}(t))\sin(t+\theta(t)) \\ \quad = \varepsilon f(t, \rho(t)\sin(t+\theta(t)), \rho(t)\cos(t+\theta(t))) \\ \quad - \rho(t)\sin(t+\theta(t)) \end{array}\right\}$$
となり整理すると
$$\left.\begin{array}{l} \dot{\rho}(t)\sin(t+\theta(t)) + \rho(t)\dot{\theta}(t)\cos(t+\theta(t)) = 0 \\ \dot{\rho}(t)\cos(t+\theta(t)) - \rho(t)\dot{\theta}(t)\sin(t+\theta(t)) \\ \quad = \varepsilon f(t, \rho(t)\sin(t+\theta(t)), \rho(t)\cos(t+\theta(t))) \end{array}\right\} \quad (5.6)$$
となる。これより，x と y に関する微分方程式 (5.2) はつぎのような ρ と θ に関する微分方程式に変換される。
$$\left.\begin{array}{l} \dot{\rho}(t) = \varepsilon f(t, \rho(t)\sin(t+\theta(t)), \rho(t)\cos(t+\theta(t))) \\ \quad \cdot \cos(t+\theta(t)) \\ \dot{\theta}(t) = -\dfrac{\varepsilon}{\rho} f(t, \rho(t)\sin(t+\theta(t)), \rho(t)\cos(t+\theta(t))) \\ \quad \cdot \sin(t+\theta(t)) \end{array}\right\}$$
$$(5.7)$$

平均化法の理論によれば，ある $\varepsilon = \varepsilon_r$ (小さい正数) が存在して $0 < \varepsilon < \varepsilon_r$ のとき，ρ と θ に関する上式の解は右辺の $\rho(t)$ と $\theta(t)$ をそれぞれ定数 ρ と θ として，$t = 0 \sim 2\pi$ で平均化したつぎの方程式の解で十分よく近似できることが知られている。

$$\left.\begin{aligned}\dot{\rho}(t) &= \frac{\varepsilon}{2\pi} \int_0^{2\pi} f(\phi - \theta, \rho \sin\phi, \rho \cos\phi) \cos\phi \, d\phi \\ \dot{\theta}(t) &= -\frac{\varepsilon}{2\pi\rho} \int_0^{2\pi} f(\phi - \theta, \rho \sin\phi, \rho \cos\phi) \sin\phi \, d\phi\end{aligned}\right\} \quad (5.8)$$

ここにおいて $\phi \equiv t + \theta$ とする。式 (5.8) を平均化方程式と呼び，原方程式のダイナミックスは ε が十分に小さいとき，式 (5.5) と平均化方程式のダイナミックスにより近似される。

式 (5.8) は一般につぎの形に計算される。

$$\left.\begin{aligned}\dot{\rho}(t) &= f_1(\rho, \theta) \\ \dot{\theta}(t) &= f_2(\rho, \theta)\end{aligned}\right\} \quad (5.9)$$

定常解を求める場合，定常状態においては振幅も位相も一定となるので，$\dot{\rho} = \dot{\theta} = 0$ とおいた

$$\left.\begin{aligned}f_1(\rho, \theta) &= 0 \\ f_2(\rho, \theta) &= 0\end{aligned}\right\} \quad (5.10)$$

より定常振幅と定常位相を求めることができる。また，求めた ρ_0, θ_0 の安定判別はつぎのヤコビ行列 J の固有値の実部がすべて負の場合に漸近安定，一つでも正のものがあれば不安定となる[†]。

$$J = \begin{vmatrix} f_{1\rho}{}'(\rho_0, \theta_0) & f_{1\theta}{}'(\rho_0, \theta_0) \\ f_{2\rho}{}'(\rho_0, \theta_0) & f_{2\theta}{}'(\rho_0, \theta_0) \end{vmatrix} \quad (5.11)$$

なお，自律系の場合，式 (5.8) において，f の第1成分はないものと考えればよい。したがって自律系の場合，式 (5.8) の右辺は ρ のみの関数となりつぎのように書ける。

---

† $f_{1\rho}{}'(\rho_0, \theta_0) = \partial f_1(\rho, \theta)/\partial \rho |_{\rho = \rho_0, \theta = \theta_0}$ を表す。以下同様。

$$\left.\begin{aligned}\dot{\rho}(t) &= \frac{\varepsilon}{2}f_1(\rho) \\ \dot{\theta}(t) &= -\frac{\varepsilon}{2\rho}f_2(\rho)\end{aligned}\right\} \quad (5.12)$$

自律系では平均化方程式が式 (5.12) のように書けることから,つぎのようにして近似解の概略を知ることができる。定常状態においては振幅は一定であるから,$\dot{\rho}=0$ となり,$f_1(\rho)=0$ より定常振幅 $\rho=\rho_0$ が求まる。さらに,この ρ_0 を位相の式の右辺に代入して積分することにより

$$\theta(t) = -\frac{\varepsilon}{2\rho_0}f_2(\rho_0)\,t + \theta_0$$

となるので,式 (5.5) より近似周期解

$$x = \rho_0 \sin\left\{\left(1 - \frac{\varepsilon}{2\rho_0}f_2(\rho_0)\right)t + \theta_0\right\} \quad (5.13)$$

が求まる。得られた解の安定性については**図 5.1** からわかるように $\varepsilon > 0$ として $f_1(\rho) > 0$ の部分では $\dot{\rho} > 0$ となり ρ は増加し,$f_1(\rho) < 0$ の部分では $\dot{\rho} < 0$ となり ρ は減少するから,$f_1'(\rho_0) < 0$ なら漸近安定であり,$f_1'(\rho_0) > 0$ なら不安定となる。以下,各節においてさまざまな発振器について平均化法を用いて解を求める。

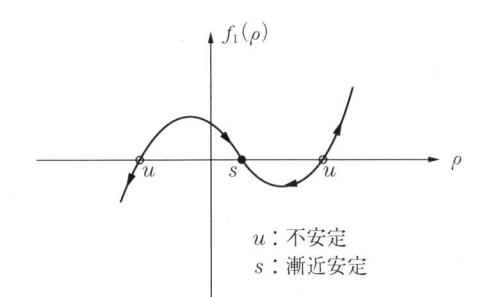

u:不安定
s:漸近安定

図 5.1 解の安定性

5.2 軟らかい発振器の解析—外力のない場合

多くの発振回路はつぎのようなファン・デル・ポールの方程式で表される(正規化された方程式の誘導については第 1 章を参照のこと)[†]。

$$\ddot{x} - \varepsilon(1-x^2)\dot{x} + x = 0 \tag{5.14}$$

式 (5.1) と比較すると

$$f(x,y) = (1-x^2)y \tag{5.15}$$

となるので原方程式の解を

$$\left.\begin{array}{l} x = \rho(t)\sin(t+\theta(t)) \\ y = \rho(t)\cos(t+\theta(t)) \end{array}\right\} \tag{5.16}$$

とおいたとき平均化法により $\rho(t), \theta(t)$ はつぎのように与えられる。

$$\left.\begin{array}{l} \dot{\rho}(t) = \dfrac{\varepsilon}{2\pi}\displaystyle\int_0^{2\pi} f(\rho\sin\phi, \rho\cos\phi)\cos\phi\,d\phi \\ \dot{\theta}(t) = -\dfrac{\varepsilon}{2\pi\rho}\displaystyle\int_0^{2\pi} f(\rho\sin\phi, \rho\cos\phi)\sin\phi\,d\phi \end{array}\right\} \tag{5.17}$$

ここにおいて $\phi \equiv t + \theta$ とする。式 (5.15) より上式はつぎのように計算される。

$$\left.\begin{array}{l} \dot{\rho} = \dfrac{1}{2}\varepsilon\rho\left(1 - \dfrac{1}{4}\rho^2\right) \\ \dot{\theta} = 0 \end{array}\right\} \tag{5.18}$$

以上より，上式は $0 < \varepsilon < \varepsilon_r$ の条件の下に方程式 (5.14) の平均化された近似方程式となる。一般に方程式 (5.14) は解析的には解けないが，平均化された方程式はつぎのように比較的簡単に解析的に解ける場合もある。

$$\int \frac{d\rho}{\rho(\rho+2)(\rho-2)} = -\frac{1}{8}\varepsilon \int dt$$

$$-\frac{1}{4}\int\frac{d\rho}{\rho} + \frac{1}{8}\int\frac{d\rho}{\rho+2} + \frac{1}{8}\int\frac{d\rho}{\rho-2} = -\frac{1}{8}\varepsilon t + C_1$$

$$-2\log\rho + \log(\rho+2) + \log(\rho-2) = -\varepsilon t + C_2 \tag{5.19}$$

上式において初期値を $t=0$ で $\rho = a$ とすると $\rho(t)$ は次式のように求められる。

$$\rho(t) = \frac{2a}{\sqrt{a^2 - (a^2-4)\exp(-\varepsilon t)}} \tag{5.20}$$

---

† （前ページの注） このような方程式で表される回路を本書では軟発振器と呼ぶ。

また，θ は一定値となり $\theta = \theta_0$ は初期値によって定まる任意定数である。図 **5.2** よりわかるようにこの解はノイズ等によって与えられる微小定数 $a > 0$ から出発して $\rho = 2$ に近づく。したがって，定常状態での発振振幅は $\rho_0 = 2$ となる。また定常状態のみを知りたいのであれば平均化された方程式 (5.18) において $\dot{\rho} = 0$ として平衡解 $\rho_0 = 0, 2$（$\rho = -2$ は $\rho = 2$ で θ_0 を $\theta_0 + \pi$ としたものと同じだから省略してもよい）を得る。各平衡解の安定性は $\rho = \rho_0 + \varDelta\rho$ として式 (5.18) に代入し，微少量 $\varDelta\rho$ に関してテイラー級数に展開し，その第 1 項のみをとって得られる変分方程式

$$\varDelta\dot{\rho} = \frac{1}{2}\varepsilon\left(1 - \frac{3}{4}\rho_0{}^2\right)\varDelta\rho \tag{5.21}$$

の解が $\lim_{t \to 0} \varDelta\rho(t) = 0$ となるものが**漸近安定**である。変分方程式 (5.21) の解は $\varDelta\rho(t) = Ke^{\lambda t}$ となり $\lambda = \varepsilon(1 - 3\rho_0{}^2/4)/2$ である。したがって，$\rho_0 = 0$ は $\lambda > 0$ となり不安定，$\rho_0 = 2$ は $\lambda < 0$ となり漸近安定であることがわかる。

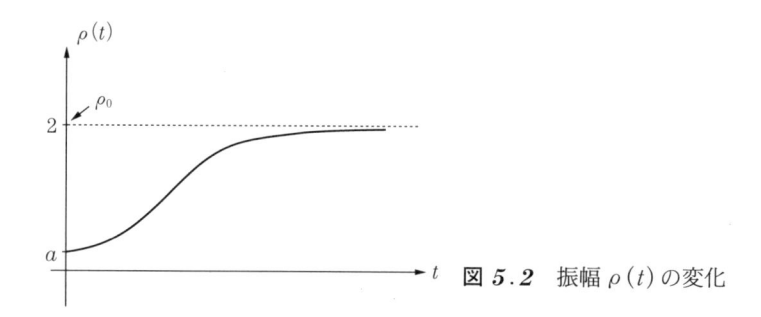

図 **5.2** 振幅 $\rho(t)$ の変化

5.3 軟らかい発振器の解析―周期的外力のある場合

発振器はその固有の発振周波数 f_0 と近接した発振周波数 f_p を外部から印加することにより，$f_0 \to f_p$ とすることができる。この現象を**同期**といい，電子通信工学においては広く用いられている。同期は f_p と f_0 の差（これを**離調**という）がある程度より小さいか，または注入する発振器の出力が大きい場合に起こりやすい。この同期現象を平均化法を使って解析する。注入同期発振器の

電気回路モデルは図 **5.3** のように角周波数 $\omega_0 (\simeq 1\sqrt{LC})$ で発振する単独の発振器に外部から角周波数 ω_p の独立した発振器の出力を加えた回路で表される。このとき，ω_0 の発振器は ω_p の発振器の影響を受けるが，ω_p の発振器は ω_0 の発振器の影響を受けない。このような同期方式を**注入同期**といい，後述の**相互同期**と区別される。

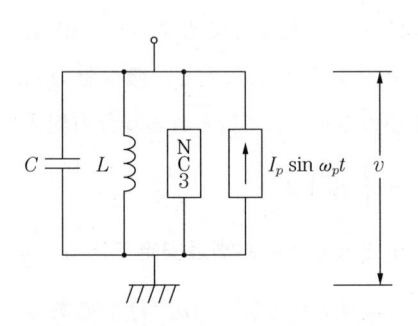

図 **5.3** 注入外力をもつ軟発振器

まず，基礎方程式を求める。図 5.3 にキルヒホッフの法則を適用すると，NC 3 を図 *1.5* のような 3 次の非線形コンダクタンスとして，つぎの関係式が得られる。

$$\frac{1}{L}\int v\,dt + C\frac{dv}{dt} + (-g_1 v + g_3 v^3) = I_p \sin \omega_p t \quad (5.22)$$

上式を 1 回微分して C で割り，整理する。

$$\frac{d^2 v}{dt^2} - \frac{g_1}{C}\left(1 - \frac{3g_3}{g_1}v^2\right)\frac{dv}{dt} + \frac{1}{CL}v = \frac{\omega_p I_p}{C}\cos \omega_p t \quad (5.23)$$

変数変換

$$v = \sqrt{\frac{g_1}{3g_3}}\, x,\ t = \frac{t'}{\omega_p} \quad (5.24)$$

を行うとつぎのような正規化された基礎方程式が得られる（$\cdot = d/dt',\ \cdot\cdot = d^2/dt'^2$）。

$$\ddot{x} - \varepsilon(1 - x^2)\dot{x} + (1 + \varepsilon\delta)x = \varepsilon p \cos t' \quad (5.25)$$

ここにおいて各パラメータはつぎのように定められる（$\omega_p \simeq \omega_0 = 1/\sqrt{LC}$）。

5.3 軟らかい発振器の解析—周期的外力のある場合

$$\varepsilon = \frac{g_1}{\omega_p C}, \varepsilon\delta = \frac{\omega_0{}^2 - \omega_p{}^2}{\omega_p{}^2} \simeq \frac{2(\omega_0 - \omega_p)}{\omega_p}, \varepsilon p = \frac{I_p}{\omega_p C}\sqrt{\frac{3g_3}{g_1}}$$
(5.26)

上式で t' を再び t とおきなおすと正規化された基礎方程式はつぎのように書くことができる．

$$\ddot{x} - \varepsilon(1-x^2)\dot{x} + x = -\varepsilon\delta x + \varepsilon p \cos t \qquad (5.27)$$

ここに $\varepsilon\delta$ は f_0 と f_p の間の離調に比例した微少量，εp は外力の微小な振幅である．式 (5.1) と比較すると，この場合，$f(t,x,y) = (1-x^2)y - \delta x + p\cos t$ なので，これを式 (5.8) に代入して

$$\left.\begin{aligned}\dot{\rho} &= \frac{\varepsilon}{2\pi}\int_0^{2\pi}\{(1-\rho^2\sin^2\phi)\rho\cos^2\phi - \delta\rho\cos\phi\sin\phi \\ &\quad + p\cos(\phi-\theta)\cos\phi\}d\phi \\ \dot{\theta} &= -\frac{\varepsilon}{2\pi}\int_0^{2\pi}\Big\{(1-\rho^2\sin^2\phi)\cos\phi\sin\phi - \delta\sin^2\phi \\ &\quad + \frac{p}{\rho}\cos(\phi-\theta)\sin\phi\Big\}d\phi\end{aligned}\right\} \qquad (5.28)$$

となり右辺を具体的に計算すると

$$\left.\begin{aligned}\dot{\rho} &= \frac{1}{2}\varepsilon\left(\rho - \frac{1}{4}\rho^3 + p\cos\theta\right) \\ \dot{\theta} &= \frac{1}{2}\varepsilon\left(\delta - \frac{p}{\rho}\sin\theta\right)\end{aligned}\right\} \qquad (5.29)$$

となる．

定常状態では $\dot{\rho} = \dot{\theta} = 0$ となるので，上式の右辺を $= 0$ として θ を消去すれば

$$\left(1 - \frac{1}{4}\rho^2\right)^2 + \delta^2 = \frac{p^2}{\rho^2} \qquad (5.30)$$

の関係が得られる．これを外力の振幅 p をパラメータとして $\delta - \rho^2$ 平面に描くと図 **5.4** のようになる．さらに平均化された方程式 (5.29) の平衡点におけるヤコビ行列 J のすべての固有値の実部が負となる範囲が定常解の漸近安定となる領域であるので[†]，これを求める．

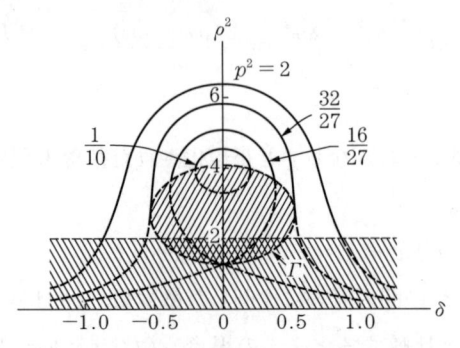

図 5.4 軟発振器の同期特性(斜線部分は不安定)

$$J = \frac{\varepsilon}{2}\begin{bmatrix} 1 - \dfrac{3}{4}\rho^2 & -p\sin\theta \\ \dfrac{p}{\rho^2}\sin\theta & -\dfrac{p}{\rho}\cos\theta \end{bmatrix} = \frac{\varepsilon}{2}\begin{bmatrix} 1 - \dfrac{3}{4}\rho^2 & -\rho\delta \\ \dfrac{\delta}{\rho} & 1 - \dfrac{1}{4}\rho^2 \end{bmatrix} \quad (5.31)$$

$$\left.\begin{aligned} &|J - \lambda I| = \lambda^2 + a\lambda + b = 0 \\ &a \equiv \frac{\varepsilon}{2}(\rho^2 - 2) > 0 \\ &b \equiv \frac{\varepsilon^2}{4}\left(1 - \rho^2 + \frac{3}{16}\rho^4 + \delta^2\right) > 0 \end{aligned}\right\} \quad (5.32)$$

以上より,定常解が安定となる領域は図 5.4 の斜線の領域の外側であることになる。この図より外力の振幅 p が大きいと同期範囲は広く p が小さいと狭くなることがわかる。

5.4 硬い発振器の解析―外力のない場合

軟発振器は微小な初期値からでも発振が誘起される。このため実際にはなん

---

† (前ページの注) 式 (5.29) の平衡点の安定性は,ρ_0, θ_0 を平衡点として $\rho = \rho_0 + \Delta\rho, \theta = \theta_0 + \Delta\theta$ として方程式に代入し,テイラー展開の第1項のみをとって得られる線形微分方程式の解の安定問題であるが,これは平衡点におけるヤコビ行列の固有値問題にほかならない。また,具体的な計算では定常解の条件:$p\sin\theta = \rho\delta, p\cos\theta = -\rho + (1/4)\rho^3$ の関係を使う。

5.4 硬い発振器の解析—外力のない場合

ら外部から外乱を与えなくてもスイッチを入れるだけで自然に存在する微小ノイズなどを種として発振が立ち上がる。これに対し，非線形特性が図 **5.5** のような5次式： $i = g_1 v - g_3 v^3 + g_5 v^5$; $g_1, g_3, g_5 > 0$ で近似される発振器は硬い発振と呼ばれ，その特徴としてスイッチを入れただけでは発振が立ち上がらず，ある程度の大きさをもったトリガー電圧が発振を立ち上げるためには必要となる。図 **5.6** のような発振回路の電圧 v に関する方程式を求める。

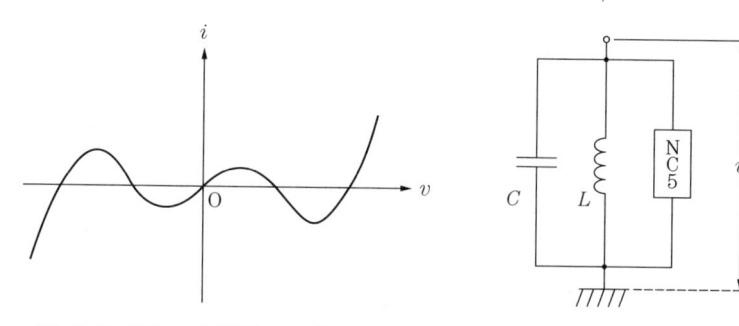

図 **5.5** 5次の非線形コンダクタンス　　図 **5.6** 硬発振器

$$\frac{d^2 v}{dt^2} + \frac{g_1}{C}\left(1 - \frac{3g_3}{g_1}v^2 + \frac{5g_5}{g_1}v^4\right)\frac{dv}{dt} + \frac{1}{LC}v = 0 \quad (5.33)$$

上式において，$t = \sqrt{LC}\, t'$, $v = \sqrt[4]{g_1/5g_5}\, x$ と変数変換し，$\varepsilon \equiv g_1\sqrt{L/C}$, $\beta \equiv 3g_3/\sqrt{5g_1 g_5}$ とおくと

$$\ddot{x} + \varepsilon(1 - \beta x^2 + x^4)\dot{x} + x = 0 \quad (5.34)$$

となる。ただし，$\cdot = d/dt'$ とする。また，$0 < \varepsilon \ll 1, \beta > 1$ とする。上式は軟発振器の場合と同様にして，平均化法によって近似解を求めることができる。すなわち，この式を *5.1* 節の式 (*5.1*) と比較すれば

$$f(x, y) = -(1 - \beta x^2 + x^4)y \quad (5.35)$$

となる。これより，解を式 (5.5) のようにおいたときの ρ と θ の振舞いは式 (5.17) を計算することにより，つぎの微分方程式で表される。

$$\left.\begin{array}{l}\dot{\rho} = \dfrac{1}{2}\varepsilon\rho\left(-1 + \dfrac{1}{4}\beta\rho^2 - \dfrac{1}{8}\rho^4\right) \\ \dot{\theta} = 0\end{array}\right\} \quad (5.36)$$

上式において $A \equiv \rho^2 > 0$ とおくと第1式は

$$\dot{A} = \varepsilon A \left(-1 + \frac{1}{4}\beta A - \frac{1}{8}A^2 \right) \tag{5.37}$$

となる．平衡点 A_e は $\dot{A} = 0$ として

$$A_e = 0, \beta - \sqrt{\beta^2 - 8}(\equiv u), \beta + \sqrt{\beta^2 - 8}(\equiv s) \tag{5.38}$$

の3個存在する．これらの安定性を図で判別するために式 (5.37) の特性をグラフに描くと**図 5.7** のようになる．ここにおいて $\dot{A} > 0$ のとき A は増大，$\dot{A} < 0$ のとき A は減少することに注意すると平衡点 0 と s はたとえ外乱によって平衡点からずれても再び平衡点に押し戻される方向に力が働くことがわかる．これに対し，平衡点 u はわずかでもずれると 0 か s に向かい発散していくことがわかる．以上より，平衡点 0 と s は漸近安定，u は不安定となる．硬い発振における定常解（＝リミットサイクル）を式 (5.38) より位相平面上に描くと**図 5.8** のようになる．この位相平面図より，初期値 $(x(0), y(0))$ が破線で示された不安定なリミットサイクルの内側にあれば定常解は 0 に，また外側にあれば安定なリミットサイクルに収束することがわかる．つまり，不安定なリミットサイクルは発振が立ち上がるか否かを決める分水嶺になっていることになる．

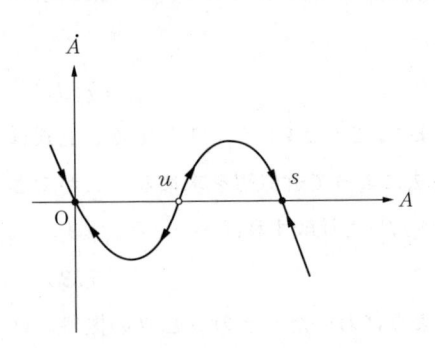

図 5.7 硬発振の安定判別

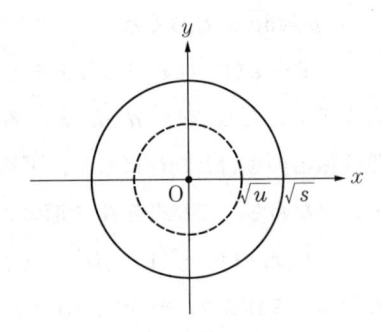

図 5.8 硬い発振の位相平面図（破線は不安定なリミットサイクル，実線は安定なリミットサイクルを表す）

5.5 硬い発振器の解析—周期的外力のある場合

図 5.6 のような硬い発振器に電流源形の強制外力 $I\sin\omega_p t$ が付加された回路を考える。端子電圧 v に関するこの回路の方程式は

$$\frac{d^2v}{dt^2} + \frac{g_1}{C}\left(1 - \frac{3g_3}{g_1}v^2 + \frac{5g_5}{g_1}v^4\right)\frac{dv}{dt} + \frac{v}{LC} = \frac{I\omega_p}{C}\cos\omega_p t \tag{5.39}$$

となる。ここで変数変換 $t' = \omega_p t$, $v = \sqrt[4]{g_1/5g_5}\, x$ を行い，t' を再び t とおきなおすと上式は，$\cdot = d/dt$ として

$$\ddot{x} + \varepsilon(1 - \beta x^2 + x^4)\dot{x} + x = \varepsilon\delta x + \varepsilon p \cos t \tag{5.40}$$

となる。ここに $\varepsilon = g_1/C\omega_p$, $\beta = 3g_3/\sqrt{5g_1g_5}$, $\varepsilon\delta = 1 - (\omega_0/\omega_p)^2$, $\varepsilon p = (I/C\omega_p)\sqrt[4]{5g_5/g_1}$, $\omega_0 = 1/\sqrt{LC}$ と定める。上式を式 (5.1) と比較すると，この場合

$$f(t, x, y) = -(1 - \beta x^2 + x^4)y + \delta x + p\cos t \tag{5.41}$$

と考えればよい。基本解を式 (5.5) のようにおいたときの $\rho(t), \theta(t)$ の振舞いを記述する平均化方程式は式 (5.8) を計算することにより

$$\left.\begin{aligned}\dot{\rho} &= \frac{1}{2}\varepsilon\left(-\rho + \frac{1}{4}\beta\rho^3 - \frac{1}{8}\rho^5 + p\cos\theta\right) \\ \dot{\theta} &= -\varepsilon\left(\frac{1}{2}\delta + \frac{p}{2\rho}\sin\theta\right)\end{aligned}\right\} \tag{5.42}$$

となる。前節と同様にして平衡点を求めると $\dot{\rho} = \dot{\theta} = 0$ より

$$\left(-1 + \frac{1}{4}\beta\rho^2 - \frac{1}{8}\rho^4\right)^2 + \delta^2 = \frac{p^2}{\delta^2} \tag{5.43}$$

となり，また安定条件は

$$\left.\begin{aligned}&1 - \beta\rho^2 + \left(\frac{3}{16}\beta^2 + \frac{3}{4}\right)\rho^4 - \frac{1}{4}\beta\rho^6 + \frac{5}{64}\rho^8 + \delta^2 > 0 \\ &2 - \beta\rho^2 + \frac{3}{4}\rho^4 > 0\end{aligned}\right\} \tag{5.44}$$

となる。図 5.9 は $\beta = 3.0$ として種々の外力 p に対して同期特性を描いたも

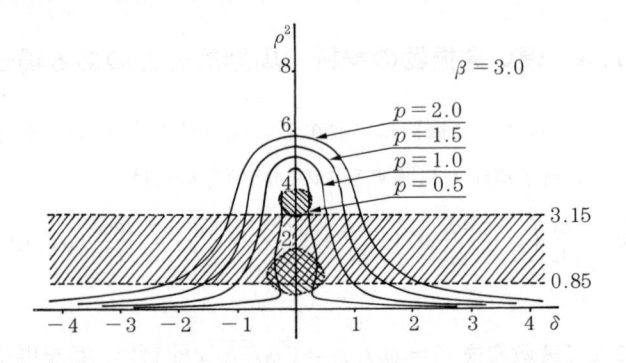

図 5.9 硬発振器の同期特性（斜線部分は不安定領域）[5]

のである。軟発振の同期特性，図 5.4 と硬発振の同期特性，図 5.9 を比較すると硬発振の場合，軟発振では存在しなかった ρ^2 の小さい（< 0.85）部分にも同期領域が存在することがわかる。この部分は $p=0$（外力なし）のときの安定な無発振状態が共振回路として働き，外力がこの回路で減衰されて同期出力として表れていると考えることができる。

5.6 周期的外力のある硬い発振器の非同期状態の解析

図 5.9 の斜線の領域は同期解が不安定となる領域であるが，この領域ではどのようなことが起こっているのであろうか？ 簡単に言えば，自励発振と強制外力による発振が重畳し，概周期振動（= ビート状の振動）を起こしていると考えることができる。本節では，この領域を含む**非同期状態**を中心として解明する[4],[5]。

式（5.39）について前節とは別につぎのような変数変換を行う。

$$t' = \omega_0 t, \ v = \sqrt[4]{\frac{g_1}{5g_5}} x, \ \omega_0 = \frac{1}{\sqrt{LC}}$$

この正規化によりつぎのような基礎方程式が得られる（t' は混乱がないため再び t とおきなおす）。

$$\ddot{x} + \varepsilon(1 - \beta x^2 + x^4)\dot{x} + x = \nu q \sin \nu t \qquad (5.45)$$

ここにおいて

5.6 周期的外力のある硬い発振器の非同期状態の解析

$$\nu \equiv \frac{\omega_p}{\omega_0}, \beta \equiv \frac{3g_3}{\sqrt{5g_1g_5}}, \varepsilon \equiv \frac{g_1}{C\omega_0}, q \equiv LI\omega_0$$

とする。上式において $\varepsilon = 0$ とした線形微分方程式の解は一般に

$$x = B\cos(\nu t + \varphi) + \rho\sin(t + \theta) \tag{5.46}$$

と書くことができる。ここに B, φ は線形微分方程式の特解であるから

$$B = \frac{\nu q}{1 - \nu^2}, \varphi = 0 \tag{5.47}$$

と計算される。$\varepsilon \neq 0$ の場合，解を

$$x = B\cos\nu t + \chi \tag{5.48}$$

とおいて式 (5.45) に代入するとつぎのような χ についての方程式が得られる。

$$\begin{aligned}\ddot{\chi} + \chi = &-\varepsilon[1 - \beta B^2\cos^2\nu t + B^4\cos^4\nu t + (4B^3\cos^3\nu t \\ &- 2\beta B\cos\nu t)\chi + (6B\cos^2\nu t - \beta)\chi^2 + 4B\cos\nu t\chi^3 \\ &+ \chi^4](-B\nu\sin\nu t + \dot{\chi}) = \varepsilon f(t, \chi, \dot{\chi})\end{aligned} \tag{5.49}$$

上式に対して $\chi = \rho(t)\sin(t + \theta(t))$ とおき，前と同様にして平均化方程式を計算するとつぎのようになる。

$$\left.\begin{aligned}\dot{\rho} &= -\frac{1}{2}\varepsilon\rho\left\{1 - \frac{1}{2}\beta B^2 + \frac{3}{8}B^4 + \left(\frac{3}{4}B^2 - \frac{1}{4}\beta\right)\rho^2 + \frac{1}{8}\rho^4\right\} \\ \dot{\theta} &= 0\end{aligned}\right\} \tag{5.50}$$

となる。ここで $\dot{\theta}$ が 0 となるのは外力角周波数 ν と自励振動角周波数 1 がたがいに非共鳴であるとしていることによる。上式において $\dot{\rho} = 0$ として平衡点 ρ_0 を求め，これを安定判別すると以下の 3 通りの場合に分類される。ただし，$A \equiv 8 - 4\beta B^2 + 3B^4$, $C \equiv 6B^2 - 2\beta$, $D \equiv 6B^4 - 2\beta B^2 + \beta^2 - 8$ とする。

① $A > 0, C < 0, D > 0$：安定平衡点は $\rho_0 = 0, (-3B^2 + \beta + \sqrt{D})^{1/2}$，不安定平衡点は $\rho_0 = (-3B^2 + \beta - \sqrt{D})^{1/2}$。これは硬発振である。

② ②′ $A < 0, D > 0$：安定平衡点は $\rho_0 = (-3B^2 + \beta + \sqrt{D})^{1/2}$，不安定平衡点は $\rho_0 = 0$，これは軟発振である。

③ ③′ $D < 0$ または $A > 0, C > 0, D > 0$：安定平衡点は $\rho_0 = 0$。これ

は発振が抑圧，もしくは外力に引き込まれた状態である。

以上の領域，①，②，②′，③，③′ をパラメータ平面 (B^2, β) に図示すると**図 5.10** のようになる。ここで，$\beta \fallingdotseq 2.83\,(\beta^2 = 8)$ で領域を分割している理由は外力なしのとき，この値を境にして解の位相構造が変化するためである。すなわち，外力なしのとき $\beta < 2.83$ では発振が起こらず，$\beta > 2.83$ では発振が起こる。図 5.10 において解の位相構造が外力により変化する領域は②，②′，③′ であり，特に ②′ は**非同期励振**と呼ばれる。これは外力なしのとき無発振であったものが外力の影響により自励発振が誘発されることを意味し，大変興味深い。また，③′ は非同期抑圧と呼ばれる。これは外力なしのとき存在した自励発振のリミットサイクルが外力の影響により抑圧されることを意味する。この現象は同期のメカニズムの一つと考えられている。

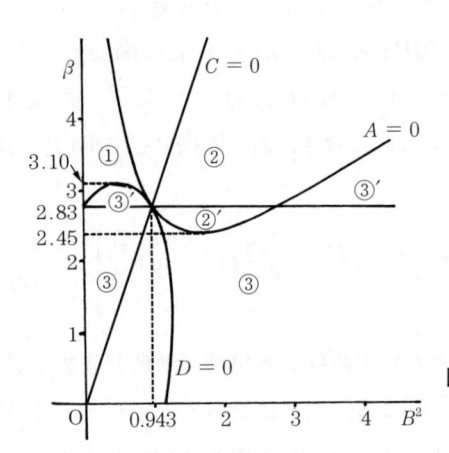

図 5.10 解の性質の変化を表すパラメータ平面[5)]

つぎに図 5.10 の各領域が共振曲線上のどの部分にあたるかについて考察する。**図 5.11** は $\varepsilon = 0.1, q = 0.2$ として $\beta = 3.3, 3.0, 2.6, 2.2$ の各場合に式 (5.47) を用いて，それぞれの共振曲線 $\nu - B^2$ 特性を描き，各領域の同期，非同期を含む発振のメカニズムの分類を記入したものである。具体的には，図 5.10 より β の値を定めると各領域の境界上の B^2 の値が求まる。この値を $B = \nu q/(1 - \nu^2)$ に代入すれば，対応する ν の値が求まる。この系は β の値により 4 種類の異なる同期特性を示し，$\beta > 3.10$ のとき図 5.11 (a)，

5.6 周期的外力のある硬い発振器の非同期状態の解析

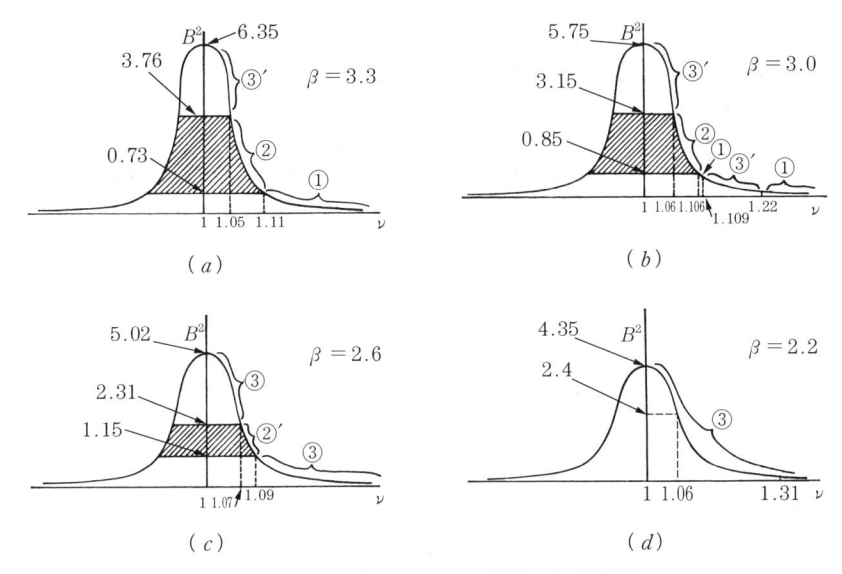

図 5.11 β の値に対する4種類の共振特性[4]

$3.10 > \beta > 2.82$ のとき図(b)，$2.82 > \beta > 2.45$ のとき図(c)，$2.45 > \beta > 0$ のとき図(d)のようになる．

この図において，斜線の領域は非同期領域，その他の領域は同期領域（または，同期，非同期が共存する領域）である．特に，図(b)のように同期領域であっても，①と③′に区別される場合があることは注意を要する．すなわち，①は同期，非同期状態が共存するのに対し，③′は同期状態が唯一存在する領域である．これより図(b)の②の非同期領域の下端部 $(1.106 < \nu < 1.109)$ および $\nu > 1.22$ の領域は初期値によって同期状態となったり，概周期状態となったりする，いわゆるヒステリシス特性をもつことを意味する．したがって，$\beta = 3.0$（共通）として，同期解をもとに同期，非同期領域を計算した図 5.9 と非同期解をもとに同様の計算をした図 5.11(b)は，いくつかの相違点が見られる．すなわち，前者は非同期解が共存しても同期解が存在すれば同期と判断するのに対し，後者は同期，非同期解が共存する場合，しない場合等より詳しい分類がなされる．

6 相互結合された発振器の平均化法による解析

前章では一方の発振器が他方の発振器に一方的に影響を与える一方向性結合の場合における発振器の同期現象について解析した。本章では二つの同様な発振器が相互に影響しあう相互同期現象について解析する。回路モデルは図 **6.1** のように二つの同様な発振器がインダクタンス L_0 で相互結合されている場合を考える。実際には二つの発振器の出力電圧，発振周波数が異なる場合，結合の強弱などさまざまな場合が考えられるが，ここでは最も基本的な場合について考える。特に，非線形特性の違いによる**軟発振器**の場合と**硬発振器**の場合について別々に解析を行い，その特性の違いを比較する（付録 A）。

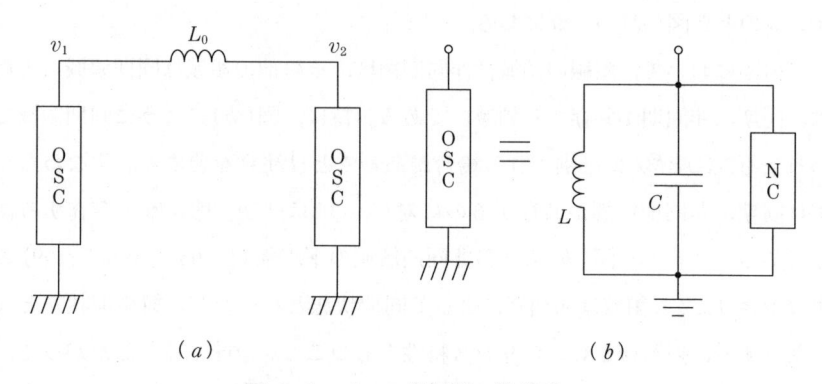

図 **6.1** 二つの発振器の結合系

6.1 二つの相互結合された軟発振器の解析

発振器の非線形負性コンダクタンスが3次式：$i = -g_1 v + g_3 v^3$, $g_1, g_3 > 0$ で与えられる場合は軟発振器と呼ばれる。本節ではこのような二つの発振器の結合系の解析を行う[1), 2)]。

まず,キルヒホッフの法則を図 6.1 の回路に適用するとつぎの関係が得られる。

$$\left.\begin{array}{l}\dfrac{1}{L}\int v_1\,dt + C\dfrac{dv_1}{dt} + (-g_1 v_1 + g_3 v_1{}^3) = \dfrac{1}{L_0}\int (v_2 - v_1)\,dt \\[2mm] \dfrac{1}{L}\int v_2\,dt + C\dfrac{dv_2}{dt} + (-g_1 v_2 + g_3 v_2{}^3) = \dfrac{1}{L_0}\int (v_1 - v_2)\,dt \end{array}\right\} \quad (6.1)$$

上式の両辺を 1 回微分して整理する。

$$\left.\begin{array}{l}\dfrac{d^2 v_1}{dt^2} - \dfrac{g_1}{C}\left(1 - \dfrac{3g_3}{g_1}v_1{}^2\right)\dfrac{dv_1}{dt} + \left(\dfrac{1}{CL} + \dfrac{1}{CL_0}\right)v_1 - \dfrac{1}{CL_0}v_2 = 0 \\[3mm] \dfrac{d^2 v_2}{dt^2} - \dfrac{g_1}{C}\left(1 - \dfrac{3g_3}{g_1}v_2{}^2\right)\dfrac{dv_2}{dt} + \left(\dfrac{1}{CL} + \dfrac{1}{CL_0}\right)v_2 - \dfrac{1}{CL_0}v_1 = 0 \end{array}\right\}$$
$$(6.2)$$

さらに変数変換

$$\left.\begin{array}{l} v_i = \sqrt{\dfrac{g_1}{3g_3}}\,x_i,\ i=1,2 \\[3mm] t = \dfrac{t'}{\sqrt{\dfrac{1}{CL} + \dfrac{1}{CL_0}}} \end{array}\right\} \quad (6.3)$$

を行うと,つぎのような正規化された 2 階の連立微分方程式が得られる。

$$\left.\begin{array}{l} \ddot{x}_1 - \varepsilon\left(1 - x_1{}^2\right)\dot{x}_1 + x_1 - \alpha x_2 = 0 \\ \ddot{x}_2 - \varepsilon\left(1 - x_2{}^2\right)\dot{x}_2 + x_2 - \alpha x_1 = 0 \end{array}\right\} \quad (6.4)$$

ここにおいて

$$\varepsilon = \dfrac{g_1}{\sqrt{\dfrac{C}{L} + \dfrac{C}{L_0}}},\ \alpha = \dfrac{L}{L+L_0},\ \dot{} = \dfrac{d}{dt'},\ \ddot{} = \dfrac{d^2}{dt'^2} \quad (6.5)$$

とする。

この方程式はつぎのような形の**ベクトル微分方程式**として表される。

$$\ddot{\boldsymbol{x}} + \boldsymbol{B}\boldsymbol{x} = \varepsilon\dot{\boldsymbol{x}} - \dfrac{1}{3}\varepsilon\dot{\boldsymbol{x}}_c \quad (6.6)$$

ここに

$$\boldsymbol{x} \equiv [\boldsymbol{x}_1, \boldsymbol{x}_2]^T, \boldsymbol{x}_c \equiv [\boldsymbol{x}_1{}^3, \boldsymbol{x}_2{}^3]^T, \boldsymbol{B} = \begin{bmatrix} 1 & -a \\ -a & 1 \end{bmatrix}$$

である。式 (6.6) に線形変換： $\boldsymbol{x} = P\boldsymbol{y}$ を行い，左から P^{-1} を乗ずると次式が得られる。

$$\ddot{\boldsymbol{y}} + (P^{-1}BP)\,\boldsymbol{y} = \varepsilon \dot{\boldsymbol{y}} - \frac{1}{3}\varepsilon P^{-1}\dot{\boldsymbol{x}}_c \tag{6.7}$$

上式において B の固有値は $\lambda_1 = 1 - a, \lambda_2 = 1 + a$ となる。したがって，λ_1 に対する長さ 1 の固有ベクトルを $p_1 = [\,1/\sqrt{2}, 1/\sqrt{2}\,]^T$，$\lambda_2$ に対するものを $p_2 = [\,1/\sqrt{2}, -1/\sqrt{2}\,]^T$ とすると，$P = [\,p_1\,|\,p_2\,] \in R^{2\times 2}$ と選ぶことにより，$P^{-1}BP$ は対角化されつぎのようになる。

$$P^{-1}BP = P^T BP = \begin{bmatrix} \lambda_1 & 0 \\ 0 & \lambda_2 \end{bmatrix} \tag{6.8}$$

ここにおいて B は実対称行列であるから，P^{-1} を P^T とすることができることに注意する（すなわち，実対称行列は直交行列によって対角化される）。このような対角化により式 (6.7) はつぎのようなスカラー形の微分方程式となる。

$$\left.\begin{array}{l} \ddot{y}_1 + \omega_1{}^2 y_1 = \varepsilon f_1(y_1, y_2, \dot{y}_1, \dot{y}_2) \\ \ddot{y}_2 + \omega_2{}^2 y_2 = \varepsilon f_2(y_1, y_2, \dot{y}_1, \dot{y}_2) \end{array}\right\} \tag{6.9}$$

ここに

$$\left.\begin{array}{l} \omega_1{}^2 \equiv \lambda_1,\ \omega_2{}^2 \equiv \lambda_2 \\ f_1(y_1, y_2, \dot{y}_1, \dot{y}_2) \equiv \dot{y}_1 - \dfrac{1}{3}g_1(y_1, y_2, \dot{y}_1, \dot{y}_2) \\ f_2(y_1, y_2, \dot{y}_1, \dot{y}_2) \equiv \dot{y}_2 - \dfrac{1}{3}g_2(y_1, y_2, \dot{y}_1, \dot{y}_2) \end{array}\right\} \tag{6.10}$$

とする。式 (6.10) において g_1, g_2 は次式で定義されている。

$$[g_1, g_2]^T = P^{-1}\dot{\boldsymbol{x}}_c = \frac{d\,(P^T \boldsymbol{x}_c)}{dt} \tag{6.11}$$

そしてつぎのように具体的に計算される。

6.1 二つの相互結合された軟発振器の解析

$$P^{-1} = P^T = \begin{bmatrix} \dfrac{1}{\sqrt{2}} & \dfrac{1}{\sqrt{2}} \\ \dfrac{1}{\sqrt{2}} & -\dfrac{1}{\sqrt{2}} \end{bmatrix}, \boldsymbol{x}_c = \begin{bmatrix} x_1{}^3 \\ x_2{}^3 \end{bmatrix} = \begin{bmatrix} \left(\dfrac{1}{\sqrt{2}} y_1 + \dfrac{1}{\sqrt{2}} y_2\right)^3 \\ \left(\dfrac{1}{\sqrt{2}} y_1 - \dfrac{1}{\sqrt{2}} y_2\right)^3 \end{bmatrix}$$

$$P^T \boldsymbol{x}_c = \begin{bmatrix} \dfrac{1}{\sqrt{2}} \left(\dfrac{1}{\sqrt{2}} y_1 + \dfrac{1}{\sqrt{2}} y_2\right)^3 + \dfrac{1}{\sqrt{2}} \left(\dfrac{1}{\sqrt{2}} y_1 - \dfrac{1}{\sqrt{2}} y_2\right)^3 \\ \dfrac{1}{\sqrt{2}} \left(\dfrac{1}{\sqrt{2}} y_1 + \dfrac{1}{\sqrt{2}} y_2\right)^3 - \dfrac{1}{\sqrt{2}} \left(\dfrac{1}{\sqrt{2}} y_1 - \dfrac{1}{\sqrt{2}} y_2\right)^3 \end{bmatrix}$$

$$= \begin{bmatrix} \dfrac{1}{2} y_1{}^3 + \dfrac{3}{2} y_1 y_2{}^2 \\ \dfrac{1}{2} y_2{}^3 + \dfrac{3}{2} y_1{}^2 y_2 \end{bmatrix} \tag{6.12}$$

以上より

$$\begin{bmatrix} g_1 \\ g_2 \end{bmatrix} = \dfrac{d\left(P^T \boldsymbol{x}_c\right)}{dt} = \begin{bmatrix} \dfrac{3}{2} y_1{}^2 \dot{y}_1 + \dfrac{3}{2} \dot{y}_1 y_2{}^2 + 3 y_1 y_2 \dot{y}_2 \\ \dfrac{3}{2} y_2{}^2 \dot{y}_2 + \dfrac{3}{2} \dot{y}_2 y_1{}^2 + 3 y_2 y_1 \dot{y}_1 \end{bmatrix}$$

となり，さらに

$$\begin{bmatrix} f_1 \\ f_2 \end{bmatrix} = \begin{bmatrix} \dot{y}_1 - \dfrac{1}{2} y_1{}^2 \dot{y}_1 - \dfrac{1}{2} \dot{y}_1 y_2{}^2 - y_1 y_2 \dot{y}_2 \\ \dot{y}_2 - \dfrac{1}{2} y_2{}^2 \dot{y}_2 - \dfrac{1}{2} \dot{y}_2 y_1{}^2 - y_2 y_1 \dot{y}_1 \end{bmatrix} \tag{6.13}$$

となる。

式 (6.9) において大切なことは $\varepsilon = 0$ とすると

$$\left.\begin{array}{l} y_1 = \rho_1 \sin(\omega_1 t + \theta_1),\ \dot{y}_1 = \rho_1 \omega_1 \cos(\omega_1 t + \theta_1) \\ y_2 = \rho_2 \sin(\omega_2 t + \theta_2),\ \dot{y}_2 = \rho_2 \omega_2 \cos(\omega_2 t + \theta_2) \end{array}\right\} \tag{6.14}$$

となり，y_1 と y_2 はたがいに独立（すなわち無結合）な解をもつことである。$\varepsilon \neq 0$ の場合，上式において，$\rho_i \to \rho_i(t), \theta_i \to \theta_i(t)$ として，これを式 (6.9) に代入すると，前章と同様にしてつぎのような $\rho_i(t)$ と $\theta_i(t)$ に関する微分方程式に変換される。

6. 相互結合された発振器の平均化法による解析

$$\left.\begin{aligned}\dot{\rho}_i &= \frac{\varepsilon f_i(y_1, y_2, \dot{y}_1, \dot{y}_2)\cos(\omega_i t + \theta_i)}{\omega_i} \\ \dot{\theta}_i &= \frac{-\varepsilon f_i(y_1, y_2, \dot{y}_1, \dot{y}_2)\sin(\omega_i t + \theta_i)}{\omega_i \rho_i} \\ i &= 1, 2 \end{aligned}\right\} \quad (6.15)$$

ここに $y_i, \dot{y}_i$ は式 (6.14) で与えられる $\sin, \cos$ を含む時間 t の関数である。平均化法の理論より，式 (6.15) は $\varepsilon > 0$ が十分小さければ，これらの式の右辺を (ρ_i, θ_i を一定として) 平均化したつぎのような方程式の解で近似されることが知られている。

$$\left.\begin{aligned}\dot{\rho}_i &= \lim_{T\to\infty}\frac{1}{T}\int_0^T \frac{\varepsilon f_i(y_1, y_2, \dot{y}_1, \dot{y}_2)\cos(\omega_i t + \theta_i)}{\omega_i}\,dt \\ \dot{\theta}_i &= \lim_{T\to\infty}\frac{-1}{T}\int_0^T \frac{\varepsilon f_i(y_1, y_2, \dot{y}_1, \dot{y}_2)\sin(\omega_i t + \theta_i)}{\omega_i \rho_i}\,dt \\ i &= 1, 2 \end{aligned}\right\} \quad (6.16)$$

上式の右辺の具体的な計算は一見複雑だが，いくつかの「こつ」を覚えれば意外と簡単である。まず簡単のため，$\psi_i(t) = \omega_i t + \theta_i, i = 1, 2$ とおくと，式 (6.13), (6.14) を用いて上式の右辺はつぎのように書くことができる。

$$\left.\begin{aligned}\dot{\rho}_i &= \frac{\varepsilon}{\omega_i}\Big[\omega_i\rho_i\langle\cos^2\psi_i\rangle - \frac{1}{2}\omega_i\rho_i{}^3\langle\sin^2\psi_i\cos^2\psi_i\rangle \\ &\quad - \frac{1}{2}\omega_i\rho_i\rho_{i+1}{}^2\langle\cos^2\psi_i\sin^2\psi_{i+1}\rangle - \omega_{i+1}\rho_i\rho_{i+1} \\ &\quad \cdot\langle\sin\psi_i\sin\psi_{i+1}\cos\psi_i\cos\psi_{i+1}\rangle\Big] \\ \dot{\theta}_i &= \frac{-\varepsilon}{\omega_i}\Big[\omega_i\langle\sin\psi_i\cos\psi_i\rangle - \frac{1}{2}\omega_i\rho_i{}^2\langle\sin^3\psi_i\cos\psi_i\rangle \\ &\quad - \frac{1}{2}\omega_i\rho_{i+1}{}^2\langle\cos\psi_i\sin\psi_i\sin^2\psi_{i+1}\rangle - \omega_{i+1}\rho_{i+1}{}^2 \\ &\quad \cdot\langle\sin^2\psi_i\sin\psi_{i+1}\cos\psi_{i+1}\rangle\Big]\end{aligned}\right\} \quad (6.17)$$

上式において〈 〉はカッコ内の時間関数の無限時間に渡る平均，すなわち

$$\langle p(t) \rangle = \lim_{T \to \infty} \frac{1}{T} \int_0^T p(t) dt$$

を表すものとする。また，$i = 1, 2$ とし $i = 3$ は 1 と読みかえるものとする。上式，右辺の計算はつぎのような三角関数の性質を用いれば比較的簡単である。ただし，仮定として角周波数 ω_1, ω_2 の比は無理数（すなわち非同期）とする。実際問題としては，$\omega_1/\omega_2 = m/n$ としたとき，m, n が小さな整数とならなければ，以下の計算結果はほぼ成立すると考えてよい。

$$
\left.
\begin{aligned}
&\langle \cos^2 \psi_i(t) \rangle = \langle \frac{1}{2} + \frac{1}{2} \cos 2\psi_i(t) \rangle = \frac{1}{2} \\
&\langle \sin \psi_i(t) \cos \psi_i(t) \rangle = \langle \frac{1}{2} \sin 2\psi_i(t) \rangle = 0 \\
&\langle \sin^2 \psi_i(t) \cos^2 \psi_i(t) \rangle = \langle \frac{1}{8} - \frac{1}{8} \cos 4\psi_i(t) \rangle = \frac{1}{8} \\
&\langle \sin^2 \psi_{i+1}(t) \cos^2 \psi_i(t) \rangle = \frac{1}{4} \langle 1 + \cos 2\psi_i(t) \\
&\quad - \cos 2\psi_{i+1}(t) - \cos 2\psi_i(t) \cos 2\psi_{i+1}(t) \rangle = \frac{1}{4} \\
&\langle \sin \psi_i(t) \sin \psi_{i+1}(t) \cos \psi_i(t) \cos \psi_{i+1}(t) \rangle \\
&\quad = \langle \frac{1}{4} \sin 2\psi_i(t) \sin 2\psi_{i+1}(t) \rangle = 0 \\
&\langle \sin^2 \psi_i(t) \rangle = \langle \frac{1}{2} - \frac{1}{2} \cos 2\psi_i(t) \rangle = \frac{1}{2} \\
&\langle \sin^3 \psi_i(t) \cos \psi_i(t) \rangle = \langle \frac{1}{4} \sin 2\psi_i(t) - \frac{1}{8} \sin 4\psi_i(t) \rangle = 0 \\
&\langle \sin \psi_i(t) \cos \psi_i(t) \sin^2 \psi_{i+1}(t) \rangle = \langle \frac{1}{4} \sin 2\psi_i(t) \\
&\quad - \frac{1}{4} \sin 2\psi_i(t) \cos 2\psi_{i+1}(t) \rangle = 0 \\
&\langle \sin^2 \psi_i(t) \sin \psi_{i+1}(t) \cos \psi_{i+1}(t) \rangle = \langle \frac{1}{4} \sin 2\psi_{i+1}(t) \\
&\quad - \frac{1}{4} \sin 2\psi_{i+1}(t) \cos 2\psi_i(t) \rangle = 0
\end{aligned}
\right\} \quad (6.18)
$$

上式において $i=1,2$ であるが $i+1$ が 3 になった場合には 1 と読みかえるものとする。以上より，$\dot{\rho}_1, \dot{\theta}_1, \dot{\rho}_2, \dot{\theta}_2$ に関する平均化された方程式はつぎのように求められる。

$$\left.\begin{aligned} \dot{\rho}_1 &= \frac{1}{16}\varepsilon\rho_1(8-\rho_1{}^2-2\rho_2{}^2) \\ \dot{\rho}_2 &= \frac{1}{16}\varepsilon\rho_2(8-\rho_2{}^2-2\rho_1{}^2) \\ \dot{\theta}_1 &= 0 \\ \dot{\theta}_2 &= 0 \end{aligned}\right\} \tag{6.19}$$

位相に関する項の微分が 0 となるのは，式 (6.9) で定義された y についての解において，y_1 と y_2 はたがいに独立であることを意味している。すなわち角周波数成分 ω_1, ω_2 の間には**非共鳴**の仮定がなされているのでなんら干渉はなく，したがって θ_1, θ_2 は初期値により自由に決められる定数であることを意味している。

さて，つぎに平均化された方程式 (6.19) を解析して，結合発振器においてどのような解が安定に存在するか調べてみよう。ここでは，振幅の平衡点 (すなわち，微分が 0 になる点＝定常状態) に着目する。平衡点としては $(\rho_{1s}, \rho_{2s}) = (0,0), (2\sqrt{2}, 0), (0, 2\sqrt{2}), (\sqrt{8/3}, \sqrt{8/3})$ が存在する。これらの平衡点は，振幅に関する平均化方程式 (6.19) 右辺のヤコビ行列のすべての固有値の実部が負のときに限り漸近安定となる。ヤコビ行列 J はつぎのようになる。

$$J = \frac{1}{16}\varepsilon \begin{bmatrix} 8-3\rho_{1s}{}^2-2\rho_{2s}{}^2 & -4\rho_{1s}\rho_{2s} \\ -4\rho_{1s}\rho_{2s} & 8-2\rho_{1s}{}^2-3\rho_{2s}{}^2 \end{bmatrix} \tag{6.20}$$

安定判別の結果，$\varepsilon > 0$ として漸近安定な平衡点として，$(2\sqrt{2}, 0)$，$(0, 2\sqrt{2})$ があり，ほかはすべて不安定であることがわかる。すなわち，前者に対応する y 領域の定常解は

$$y_1 = 2\sqrt{2}\sin(\omega_1 t + \theta_1), y_2 = 0 \tag{6.21}$$

後者に対応するそれは

$$y_1 = 0, y_2 = 2\sqrt{2}\sin(\omega_2 t + \theta_2) \tag{6.22}$$

となり，これらを x 領域の解に書きなおすと

$$\boldsymbol{x} = P\boldsymbol{y}, P = \begin{bmatrix} \dfrac{1}{\sqrt{2}} & \dfrac{1}{\sqrt{2}} \\ \dfrac{1}{\sqrt{2}} & -\dfrac{1}{\sqrt{2}} \end{bmatrix} \tag{6.23}$$

の関係からつぎのようになる．

- 平衡点 $(2\sqrt{2}, 0)$ に対する解（＝同相解）： $x_1 = x_2 = 2\sin(\omega_1 t + \theta_1)$
- 平衡点 $(0, 2\sqrt{2})$ に対する解（＝逆相解）： $x_1 = -x_2 = 2\sin(\omega_2 t + \theta_2)$

ここにおいて，$\omega_1 = \sqrt{1-\alpha}, \omega_2 = \sqrt{1+\alpha}$ であり，θ_1, θ_2 は任意定数である．

以上のように結合発振器は $0 < \varepsilon \ll 1$ の場合，図 **6.2** のように与えられた初期値により二つの発振器の出力電圧が同相に同期した状態と逆相に同期した状態の二つの定常状態が共存していることがわかる．

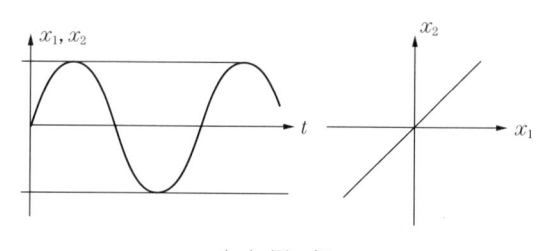

(a) 同　相

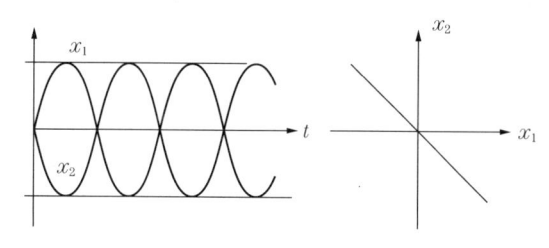

(b) 逆　相

図 **6.2** 軟発振器の結合系における安定なモード

6.2 二つの相互結合された硬発振器の解析

前節では軟発振器の結合系について解析した．本節では，各発振器が硬発振器となった場合について同様の解析を行う[3),4)]．図 6.1 の回路において各発振器が図 5.6 のような硬発振器である場合，キルヒホッフの法則より，つぎの関係が得られる．

$$\left.\begin{aligned}
&\frac{1}{L}\int v_1\, dt + C\frac{dv_1}{dt} + (g_1 v_1 - g_3 v_1{}^3 + g_5 v_1{}^5)\\
&\quad = \frac{1}{L_0}\int (v_2 - v_1)\, dt\\
&\frac{1}{L}\int v_2\, dt + C\frac{dv_2}{dt} + (g_1 v_2 - g_3 v_2{}^3 + g_5 v_2{}^5)\\
&\quad = \frac{1}{L_0}\int (v_1 - v_2)\, dt
\end{aligned}\right\} \quad (6.24)$$

上式の両辺を 1 回微分して C で割り整理する．

$$\left.\begin{aligned}
&\frac{d^2 v_1}{dt^2} + \frac{g_1}{C}\left(1 - \frac{3g_3}{g_1}v_1{}^2 + \frac{5g_5}{g_1}v_1{}^4\right)\frac{dv_1}{dt} + \left(\frac{1}{CL} + \frac{1}{CL_0}\right)v_1\\
&\quad - \frac{1}{CL_0}v_2 = 0\\
&\frac{d^2 v_2}{dt^2} + \frac{g_1}{C}\left(1 - \frac{3g_3}{g_1}v_2{}^2 + \frac{5g_5}{g_1}v_2{}^4\right)\frac{dv_2}{dt} - \frac{1}{CL_0}v_1\\
&\quad + \left(\frac{1}{CL} + \frac{1}{CL_0}\right)v_2 = 0
\end{aligned}\right\} \quad (6.25)$$

変数変換

$$\left.\begin{aligned}
&v_i = \sqrt[4]{\frac{g_1}{5g_5}}\, x_i,\ i = 1, 2\\
&t = \frac{t'}{\sqrt{\dfrac{1}{CL} + \dfrac{1}{CL_0}}}
\end{aligned}\right\} \quad (6.26)$$

を行うとつぎのような基礎方程式が得られる．

6.2 二つの相互結合された硬発振器の解析

$$\left.\begin{aligned}\ddot{x}_1 + \varepsilon\left(1 - \beta x_1{}^2 + x_1{}^4\right)\dot{x}_1 + x_1 - ax_2 = 0 \\ \ddot{x}_2 + \varepsilon\left(1 - \beta x_2{}^2 + x_2{}^4\right)\dot{x}_2 - ax_1 + x_2 = 0\end{aligned}\right\} \quad (6.27)$$

ここにおいて

$$\varepsilon = \frac{g_1}{\sqrt{\dfrac{C}{L} + \dfrac{C}{L_0}}},\ \alpha = \frac{L}{L+L_0},\ \beta = \frac{3g_3}{\sqrt{5g_1 g_5}},\ \cdot = \frac{d}{dt'},$$

$$\cdot\cdot = \frac{d^2}{dt'^2} \quad (6.28)$$

とする。

この方程式はつぎのような形のベクトル微分方程式として表される。

$$\ddot{\boldsymbol{x}} + B\boldsymbol{x} = -\varepsilon\dot{\boldsymbol{x}} + \frac{1}{3}\varepsilon\dot{\boldsymbol{x}}_c - \frac{1}{5}\varepsilon\dot{\boldsymbol{x}}_f \quad (6.29)$$

ここに

$$\boldsymbol{x} = [x_1, x_2]^T,\ \boldsymbol{x}_c = [x_1{}^3, x_2{}^3]^T,\ \boldsymbol{x}_f = [x_1{}^5, x_2{}^5]^T,\ B = \begin{bmatrix} 1 & -\alpha \\ -\alpha & 1 \end{bmatrix}$$

である。上式に線形変換：$\boldsymbol{x} = P\boldsymbol{y}$ を行い，左から P^{-1} をかけると次式が得られる。

$$\ddot{\boldsymbol{y}} + (P^{-1}BP)\boldsymbol{y} = -\varepsilon\dot{\boldsymbol{y}} + \frac{1}{3}\varepsilon P^{-1}\dot{\boldsymbol{x}}_c - \frac{1}{5}\varepsilon P^{-1}\dot{\boldsymbol{x}}_f \quad (6.30)$$

上式において B の**固有値**は $\lambda_1 = 1 - \alpha, \lambda_2 = 1 + \alpha$ となる。前節と同様にして対角化することにより，上式はつぎのような（スカラー形の）微分方程式となる。

$$\left.\begin{aligned}\ddot{y}_1 + \omega_1{}^2 y_1 = \varepsilon f_1(y_1, y_2, \dot{y}_1, \dot{y}_2) \\ \ddot{y}_2 + \omega_2{}^2 y_2 = \varepsilon f_2(y_1, y_2, \dot{y}_1, \dot{y}_2)\end{aligned}\right\} \quad (6.31)$$

ここに，$\omega_1{}^2 \equiv \lambda_1, \omega_2{}^2 \equiv \lambda_2$

$$\left.\begin{aligned}f_1(y_1, y_2, \dot{y}_1, \dot{y}_2) \equiv -\dot{y}_1 + \frac{1}{3}g_1(y_1, y_2, \dot{y}_1, \dot{y}_2) - \frac{1}{5}h_1(y_1, y_2, \dot{y}_1, \dot{y}_2) \\ f_2(y_1, y_2, \dot{y}_1, \dot{y}_2) \equiv -\dot{y}_2 + \frac{1}{3}g_2(y_1, y_2, \dot{y}_1, \dot{y}_2) - \frac{1}{5}h_2(y_1, y_2, \dot{y}_1, \dot{y}_2)\end{aligned}\right\}$$

$$(6.32)$$

となる。さらに，g_1, g_2, h_1, h_2 は次式で定義される[†]。

$$[\,g_1, g_2\,]^T \equiv P^{-1}\dot{\boldsymbol{x}}_c = \frac{d\,(P^T\boldsymbol{x}_c)}{dt},\ [\,h_1, h_2\,]^T \equiv P^{-1}\dot{\boldsymbol{x}}_f = \frac{d\,(P^T\boldsymbol{x}_f)}{dt} \tag{6.33}$$

これらは具体的につぎのように計算される。

$$\begin{bmatrix} g_1 \\ g_2 \end{bmatrix} = \begin{bmatrix} \dfrac{3}{2}y_1{}^2\dot{y}_1 + \dfrac{3}{2}\dot{y}_1 y_2{}^2 + 3y_1 y_2 \dot{y}_2 \\[2mm] \dfrac{3}{2}y_2{}^2\dot{y}_2 + \dfrac{3}{2}\dot{y}_2 y_1{}^2 + 3y_2 y_1 \dot{y}_1 \end{bmatrix} \tag{6.34}$$

$$\begin{bmatrix} h_1 \\ h_2 \end{bmatrix} = \begin{bmatrix} \dfrac{5}{2\sqrt{2}}y_1{}^4\dot{y}_1 + \dfrac{15}{\sqrt{2}}y_1{}^2\dot{y}_1 y_2{}^2 + \dfrac{10}{\sqrt{2}}y_1{}^3 y_2 \dot{y}_2 \\[2mm] \dfrac{5}{2\sqrt{2}}y_2{}^4\dot{y}_2 + \dfrac{15}{\sqrt{2}}y_2{}^2\dot{y}_2 y_1{}^2 + \dfrac{10}{\sqrt{2}}y_2{}^3 y_1 \dot{y}_1 \end{bmatrix}$$

$$+ \begin{bmatrix} \dfrac{5}{2\sqrt{2}}\dot{y}_1 y_2{}^4 + \dfrac{10}{\sqrt{2}}y_1 y_2{}^3 \dot{y}_2 \\[2mm] \dfrac{5}{2\sqrt{2}}\dot{y}_2 y_1{}^4 + \dfrac{10}{\sqrt{2}}y_2 y_1{}^3 \dot{y}_1 \end{bmatrix} \tag{6.35}$$

式 (6.31) の解を式 (6.14) のようにおき，$\rho_i \to \rho_i(t), \theta_i \to \theta_i(t)$ として平均化法の理論をもとに ρ および θ に関して平均化された方程式 (6.16) を式 (6.32) の f_1, f_2 を用いて具体的に計算する（角周波数 ω_1, ω_2 の比は無理数とする）。平均化方程式は $U_1 \equiv \rho_1{}^2, U_2 \equiv \rho_2{}^2$ とおくとつぎのようになる。

$$\left.\begin{aligned}
\dot{U}_1 &= -\varepsilon U_1\left(1 - \frac{1}{8}\beta U_1 - \frac{1}{4}\beta U_2 + \frac{1}{32}U_1{}^2 + \frac{3}{32}U_2{}^2 + \frac{3}{16}U_1 U_2\right) \\
\dot{U}_2 &= -\varepsilon U_2\left(1 - \frac{1}{8}\beta U_2 - \frac{1}{4}\beta U_1 + \frac{1}{32}U_2{}^2 + \frac{3}{32}U_1{}^2 + \frac{3}{16}U_2 U_1\right) \\
\dot{\theta}_1 &= 0 \\
\dot{\theta}_2 &= 0
\end{aligned}\right\} \tag{6.36}$$

[†] B は実対称行列であるから，直交行列で対角化できる。すなわち，$P^{-1} = P^T$ となる。

位相に関する項の微分が 0 となるのは，式 (6.14) で定義された解において，y_1, y_2 はたがいに独立であることを意味している。角周波数成分 ω_1, ω_2 の間には非共鳴の仮定がなされているのでなんら干渉はなく，したがって θ_1, θ_2 は初期値により自由に決められる定数であるのは前節と同様である。さて，つぎに平均化された方程式 (6.36) を解析して，結合硬発振器においてどのような解が安定に存在するか調べてみよう。ここでは振幅の**平衡点**（すなわち微分が 0 になる点 = 定常状態）に着目する。平衡点としては，以下の 9 個が存在する（復号同順）。

$$(U_{1s}, U_{2s}) = (0,0), (2\beta \pm 2\sqrt{\beta^2 - 8}, 0), (0, 2\beta \pm 2\sqrt{\beta^2 - 8}),$$
$$\left(\frac{3\beta \pm \sqrt{9\beta^2 - 80}}{5}, \frac{3\beta \pm \sqrt{9\beta^2 - 80}}{5}\right),$$
$$(\beta \pm \sqrt{16 - \beta^2}, \beta \mp \sqrt{16 - \beta^2}) \tag{6.37}$$

これらの平衡点の安定性は式 (6.36) 右辺の振幅に関するヤコビ行列のすべての固有値の実部が負のときに限り漸近安定となる。安定判別の結果，安定な平衡点として

$$(0,0), (2\beta + 2\sqrt{\beta^2 - 8}, 0), (0, 2\beta + 2\sqrt{\beta^2 - 8}),$$
$$\left(\frac{3\beta + \sqrt{9\beta^2 - 80}}{5}, \frac{3\beta + \sqrt{9\beta^2 - 80}}{5}\right)$$

があり，ほかはすべて不安定であることがわかる。平衡点 $(0,0)$ は無発振状態が安定であることを意味する。つぎの二つの平衡点のうち，前者に対応する y 領域の定常解は

$$y_1 = \sqrt{2\beta + 2\sqrt{\beta^2 - 8}} \sin(\omega_1 t + \theta_1), y_2 = 0$$

後者に対応するものは

$$y_1 = 0, y_2 = \sqrt{2\beta + 2\sqrt{\beta^2 - 8}} \sin(\omega_2 t + \theta_2)$$

となり，これを x 領域の解にかきなおすと，$x_1 = y_1/\sqrt{2} + y_2/\sqrt{2}, x_2 = y_1/\sqrt{2} - y_2/\sqrt{2}$ の関係からつぎのようになる。

- 平衡点 $(2\beta + 2\sqrt{\beta^2 - 8}, 0)$ に対する解（= 同相解），安定領域 $\beta^2 > 8$

$$x_1 = x_2 = \sqrt{\beta + \sqrt{\beta^2 - 8}}\,\sin(\omega_1 t + \theta_1) \tag{6.38}$$

- 平衡点 $(0, 2\beta + 2\sqrt{\beta^2 - 8})$ に対する解（＝逆相解），安定領域 $\beta^2 > 8$

$$x_1 = -x_2 = \sqrt{\beta + \sqrt{\beta^2 - 8}}\,\sin(\omega_2 t + \theta_2) \tag{6.39}$$

同様にして最後の平衡点に対応する解はつぎのように求められる。

- 平衡点 $((3\beta + \sqrt{9\beta^2 - 80})/5, (3\beta + \sqrt{9\beta^2 - 80})/5)$ に対する解（＝2重モード解），安定領域 $4\sqrt{5}/3 < \beta < 4$

$$\left.\begin{aligned}
x_1 &= \sqrt{0.3\beta + 0.3\sqrt{\beta^2 - \frac{80}{9}}}\,\sin(\omega_1 t + \theta_1) \\
&\quad + \sqrt{0.3\beta + 0.3\sqrt{\beta^2 - \frac{80}{9}}}\,\sin(\omega_2 t + \theta_2) \\
x_2 &= \sqrt{0.3\beta + 0.3\sqrt{\beta^2 - \frac{80}{9}}}\,\sin(\omega_1 t + \theta_1) \\
&\quad - \sqrt{0.3\beta + 0.3\sqrt{\beta^2 - \frac{80}{9}}}\,\sin(\omega_2 t + \theta_2)
\end{aligned}\right\} \tag{6.40}$$

ここにおいて $\omega_1 = \sqrt{1-\alpha}$, $\omega_2 = \sqrt{1+\alpha}$ であり，θ_1, θ_2 は任意定数である。

(a) 同　相

(b) 逆　相

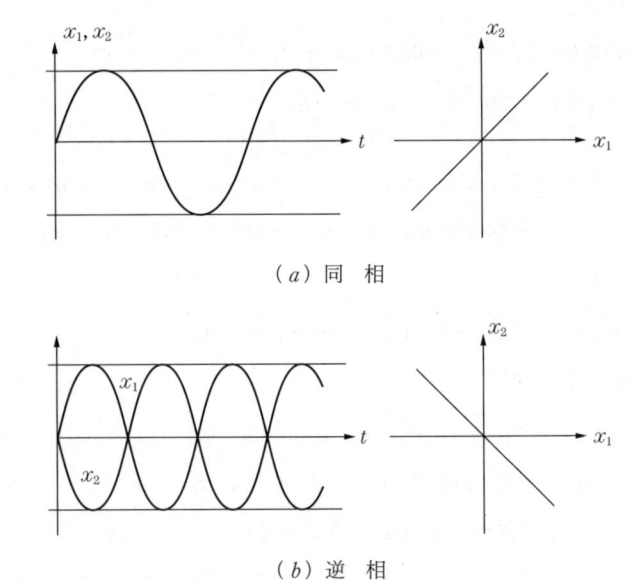

図 **6.3**　硬発振器の結合系における安定なモード

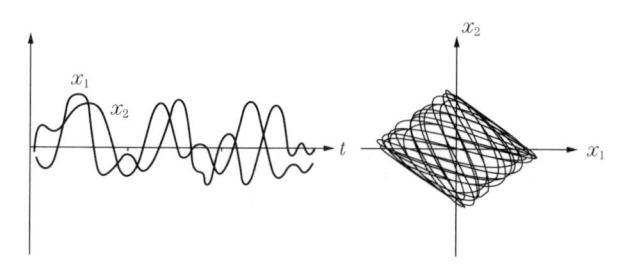

(c) 2 重モード

図 6.3 （つづき）

以上のように結合硬発振器は $0 < \varepsilon \ll 1$ の場合，図 6.3 のように，与えられた初期値により二つの発振器の出力電圧が同相に同期した状態と逆相に同期した状態，さらにはこれらの混在した概周期振動を表す 2 重モード解の三つの定常状態が共存していることがわかる．図 6.4 は $\beta = 3.3$ における式（6.36）の振幅に関する位相平面で各安定平衡点の引き込み領域は鞍形平衡点の**安定多様体（セパラトリックス）**によって区切られている様子がよくわかる．

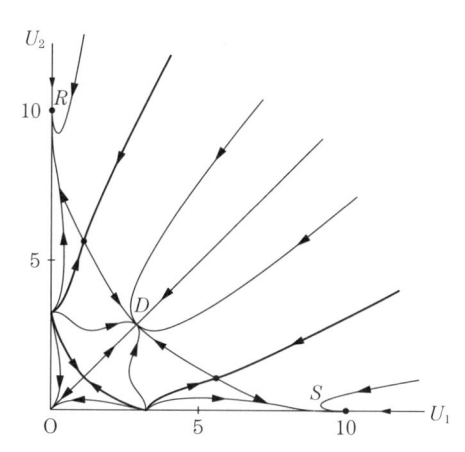

S：同相解の平衡点，R：逆相解の平衡点
D：2 重モード解の平衡点
太線はサドルの安定多様体を表す

図 6.4 硬発振器の平均化方程式の位相平面図（$\beta = 3.3$）

7 発振器の環状結合系の平均化法による解析

この章では N 個の軟発振器をインダクタンスで環状に結合した系の平均化法による解析について述べる。例として 4 個および 5 個の軟発振器の**環状結合系**について具体的な解析を行い，結果を比較してその相違を明らかにする[1), 2)]。

7.1 基礎方程式の導出

図 7.1 のように N 個の軟発振器を環状に結合した系では，つぎのような関係が導かれる。

$$\left. \begin{aligned} v_k - v_{k+1} &= L_0 \frac{di_k}{dt} \\ i_{k-1} - i_k &= \frac{1}{L} \int v_k dt + C \frac{dv_k}{dt} + i_k' \\ i_k' &= -g_1 v_k + g_3 v_k^3 \end{aligned} \right\} \quad (7.1)$$

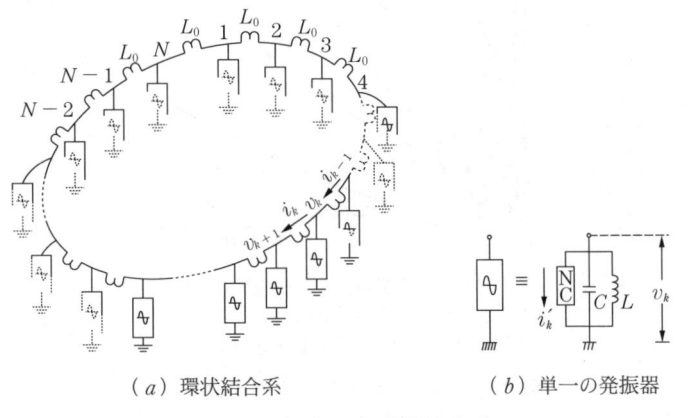

(a) 環状結合系   (b) 単一の発振器

図 7.1 発振器の環状結合系

この三つの式をひとまとめにすると次式となる。

$$\frac{d^2 v_k}{dt^2} - \frac{g_1}{C}\left(1 - \frac{3g_3}{g_1}{v_k}^2\right)\frac{dv_k}{dt} + \frac{1}{C}\left(\frac{1}{L} + \frac{2}{L_0}\right)v_k - \frac{1}{CL_0}v_{k-1}$$

$$- \frac{1}{CL_0}v_{k+1} = 0 \tag{7.2}$$

時間と振幅を

$$t = \frac{\tau}{\sqrt{\dfrac{1}{CL} + \dfrac{1}{CL_0}}},\ v_k = \sqrt{\frac{g_1}{3g_3}}\,x_k$$

と変数変換し,簡単のため τ を再び t におきなおすと,式 (7.2) は次式のように正規化された方程式となる。

$$\ddot{x}_k - \varepsilon(1 - {x_k}^2)\dot{x}_k + (1+\alpha)x_k - \alpha x_{k-1} - \alpha x_{k+1} = 0 \tag{7.3}$$

ここに,$\cdot = d/dt$,$\cdot\cdot = d^2/dt^2$,$\alpha = L/(L+L_0)$,$\varepsilon = g_1\sqrt{L(1-\alpha)/C}$ とし,α は結合係数,$\varepsilon > 0$ は非線形特性の強さを表すパラメータとする。

ここにおいて正規化電圧ベクトル

$$\boldsymbol{x} = [x_1, x_2, \cdots, x_N]^T \in R^N$$

と正規化非線形電圧ベクトル

$$\boldsymbol{x}_c = [{x_1}^3, {x_2}^3, \cdots, {x_N}^3]^T \in R^N$$

を定義する。

ベクトル $\boldsymbol{x}$ と $\boldsymbol{x}_c$ を用いると式 (7.3) はつぎのようなベクトル微分方程式として書くことができる。

$$\ddot{\boldsymbol{x}} + B_N \boldsymbol{x} = \varepsilon \dot{\boldsymbol{x}} - \frac{1}{3}\varepsilon \dot{\boldsymbol{x}}_c \tag{7.4}$$

ここに B_N は例えば $N=5$ の場合,つぎのようになる。

$$B_N = \begin{bmatrix} 1+\alpha & -\alpha & 0 & 0 & -\alpha \\ -\alpha & 1+\alpha & -\alpha & 0 & 0 \\ 0 & -\alpha & 1+\alpha & -\alpha & 0 \\ 0 & 0 & -\alpha & 1+\alpha & -\alpha \\ -\alpha & 0 & 0 & -\alpha & 1+\alpha \end{bmatrix} \tag{7.5}$$

この方程式は見かけ上，二つの相互結合された発振器を表す式（6.6）と同じ形をしている。式（7.4）は一般に結合行列 B_N を変えることで線状，面上，環状結合など，さまざまな場合に対応させることができる。また，本書ではすべての発振器が同じとしているが，異なる場合でも同様の定式化が可能である。

7.2 平均化法による解析

式（7.4）に線形変換
$$\boldsymbol{x} = P\boldsymbol{y}, \boldsymbol{y} = [y_1, y_2, \cdots, y_N]^T$$
を行い，左から $P^{-1}(=P^T)$ をかけると次式が得られる（ここで $P^{-1} = P^T$ となるのは B_N が実対称行列であるから直交行列で対角化できることによる）。

$$\ddot{\boldsymbol{y}} + (P^T B_N P)\boldsymbol{y} = \varepsilon \dot{\boldsymbol{y}} - \frac{1}{3}\varepsilon P^T \dot{\boldsymbol{x}}_c \qquad (7.6)$$

ここにおいて B_N の固有値は

$$\left. \begin{array}{l} \lambda_j = 1 + \alpha - 2\alpha \cos \dfrac{2\pi(j-1)}{N} \\ j = 1, 2, \cdots, N \end{array} \right\} \qquad (7.7)$$

となり，B_N を対角化する P は各列を λ_j に対する単位長の固有ベクトルに選ぶことにより，つぎのように求められる。

$$\left. \begin{array}{l} p_{i1} = \sqrt{\dfrac{1}{N}},\ p_{i,(N/2)+1} = (-1)^i \sqrt{\dfrac{1}{N}} \\[4pt] p_{ij} = \sqrt{2N}\cos\dfrac{2\pi i(j-1)}{N},\ j = 2, 3, \cdots, [(N+1)/2] \\[4pt] p_{ij} = \sqrt{\dfrac{2}{N}}\sin\dfrac{2\pi i(j-1)}{N},\ j = [(N/2)+2], \cdots, N-1, N, \\[4pt] i = 1, 2, \cdots, N \end{array} \right\} \qquad (7.8)$$

ここに $[x]$ は $n \leq x < 1$ を満たす整数 n とする。このような固有値，固有ベクトルを用いると，式（7.4）はつぎのような各固有周波数に分解された形となる。

7.2 平均化法による解析

$$\left.\begin{aligned}&\ddot{y}_i + \omega_i{}^2 y_i = \varepsilon f_i(\boldsymbol{y}, \dot{\boldsymbol{y}}) \\ &\omega_i{}^2 = \lambda_i \\ &f_i(\boldsymbol{y}, \dot{\boldsymbol{y}}) = \dot{y}_i - \frac{1}{3} g_i(\boldsymbol{y}, \dot{\boldsymbol{y}}) \\ &[g_1, g_2, \cdots, g_N]^T = \frac{d\left(P^T x_c\right)}{dt} \\ &i = 1, 2, 3, \cdots, N \end{aligned}\right\} \quad (7.9)$$

第 6 章で示した平均化法の理論を用い,式 (7.9) の解は

$$\left.\begin{aligned}&y_i = \rho_i(t) \sin\left(\omega_i t + \theta_i(t)\right), \dot{y}_i = \rho_i(t) \omega_i \cos\left(\omega_i t + \theta_i(t)\right) \\ &i = 1, 2, \cdots, N \end{aligned}\right\}$$
$$(7.10)$$

と書くことができる。前章で示したように式 (7.10) の $\rho_i(t)$ と $\theta_i(t)$ の振舞いはつぎの平均化方程式で記述される。

$$\left.\begin{aligned}&\dot{\rho}_i = \lim_{T \to \infty} \frac{1}{T} \int_0^T \varepsilon f_i(\boldsymbol{y}, \dot{\boldsymbol{y}}) \frac{\cos\left(\omega_i t + \theta_i\right)}{\omega_i} dt \\ &\dot{\theta}_i = - \lim_{T \to \infty} \frac{1}{T} \int_0^T \varepsilon f_i(\boldsymbol{y}, \dot{\boldsymbol{y}}) \frac{\sin\left(\omega_i t + \theta_i\right)}{\omega_i \rho_i} dt \\ &i = 1, 2, \cdots, N \end{aligned}\right\} \quad (7.11)$$

ここで注意することは

$$\left.\begin{aligned}&\lambda_2 = \lambda_N \\ &\lambda_3 = \lambda_{N-1} \\ &\lambda_4 = \lambda_{N-2} \\ &\cdots\cdots\cdots\cdots \\ &\lambda_{[(N+1)/2]} = \lambda_{[(N/2)+2]} \end{aligned}\right\} \quad (7.12)$$

というように λ_1 と $\lambda_{(N/2)+1}$ (N が偶数の場合) を除く固有値はほかに等しいものが存在することになる。このようなほかに等しいものがある固有値を**退化固有値**,ほかに等しいものがない固有値を**非退化固有値**といい,それらに対応する振動モードをそれぞれ**退化モード**,**非退化モード**と呼んで区別する。平均化方程式の計算において非退化モードについては各モード周波数が非共鳴の仮定

があるので,位相を考える必要はないが,退化モードについては,その間の位相を考慮する必要があり,そのため非退化モードと退化モードの計算は分けてやる必要がある.さて,上の式を前章のように計算すると非退化モード, $i = 1, N/2+1$ に対しては

$$\left.\begin{array}{l}\dot{\rho}_i = \dfrac{1}{2}\,\varepsilon\rho_i\left(1 - \dfrac{1}{4}g_{ii}\rho_i{}^2 - \dfrac{1}{2}\sum\limits_{l=1,l\neq i}^{N}g_{il}\rho_l{}^2\right) \\ \dot{\theta}_i = 0 \end{array}\right\} \qquad (7.13)$$

となる.また,退化モード, $i = 2, 3, \cdots, N,\ i \neq N/2+1,\ \bar{i} \equiv N - i + 2$ に対しては

$$\left.\begin{array}{l}\dot{\rho}_i = \dfrac{1}{2}\,\varepsilon\rho_i\left(1 - \dfrac{1}{4}g_{ii}\rho_i{}^2 - \dfrac{1}{2}\sum\limits_{l=1,l\neq i,\bar{i}}^{N}g_{il}\rho_l{}^2\right. \\ \qquad \left. - \dfrac{1}{2}g_{i,\bar{i}}\rho_{\bar{i}}{}^2\cos^2(\theta_{\bar{i}} - \theta_i) - \dfrac{1}{4}g_{i,\bar{i}}\rho_{\bar{i}}{}^2\right) \\ \dot{\theta}_i = -\dfrac{1}{8}\,\varepsilon g_{i,\bar{i}}\rho_{\bar{i}}{}^2\sin 2(\theta_{\bar{i}} - \theta_i) \end{array}\right\} \qquad (7.14)$$

となる.ここに g_{ij} は

$$g_{ij} = \sum_{s=1}^{N} g_{si}{}^2 g_{sj}{}^2 \qquad (7.15)$$

で定義されるものとする.平均化された方程式 (7.13), (7.14) を用いることにより,さまざまな個数 ($=N$) の発振器の結合系に可能なモードパターンを具体的に求めることができる.なお,解の形とその安定性はつぎの定理によって判別することができる.

定理 7.1

振幅の平均化された方程式 $\dot{\rho} = \varepsilon R(\rho, \theta)$ において平衡解 ρ_0 が θ に無関係に $R(\rho_0, \theta) = R(\rho_0) = 0$ を満足し,かつ,ヤコビ行列 $D_\rho R(\rho_0, \theta)$ も θ に依存せず $D_\rho R(\rho_0)$ と書けるものとする.このとき,特性方程式 $|D_\rho R(\rho_0) - \lambda I| = 0$ の根のすべての実部が負であれば ρ_0 は漸近安定,一つでも実部が正の根があれば不安定となる.また θ は任意の定数となる.

7.3　4個および5個の環状結合系の場合の具体的計算

ここでは例として発振器の個数 N が $N=4$ および $N=5$ の場合について漸近安定となるモードを求める。

（1）　$N=4$ の場合　　式（7.13），（7.14）より平均化方程式はつぎのようになる。

$$\left.\begin{aligned}
\dot{\rho}_1 &= \frac{1}{2}\,\varepsilon\rho_1\,(1 - 0.25g_{11}\rho_1{}^2 - 0.5g_{12}\rho_2{}^2 - 0.5g_{13}\rho_3{}^2 - 0.5g_{14}\rho_4{}^2) \\
\dot{\rho}_2 &= \frac{1}{2}\,\varepsilon\rho_2\,(1 - 0.5g_{21}\rho_1{}^2 - 0.25g_{22}\rho_2{}^2 - 0.5g_{23}\rho_3{}^2 - 0.25g_{24}\rho_4{}^2 \\
&\quad - 0.5g_{24}\rho_4{}^2\cos^2(\theta_4 - \theta_2)) \\
\dot{\rho}_3 &= \frac{1}{2}\,\varepsilon\rho_3\,(1 - 0.5g_{31}\rho_1{}^2 - 0.5g_{32}\rho_2{}^2 - 0.25g_{33}\rho_3{}^2 - 0.5g_{34}\rho_4{}^2) \\
\dot{\rho}_4 &= \frac{1}{2}\,\varepsilon\rho_4\,(1 - 0.5g_{41}\rho_1{}^2 - 0.25g_{42}\rho_2{}^2 - 0.5g_{42}\rho_2{}^2\cos^2(\theta_2 - \theta_4) \\
&\quad - 0.5g_{43}\rho_3{}^2 - 0.25g_{44}\rho_4{}^2)
\end{aligned}\right\}$$

$$(7.16)$$

$$\left.\begin{aligned}
\dot{\theta}_1 &= 0 \\
\dot{\theta}_2 &= -\frac{1}{8}\,\varepsilon g_{24}\rho_4{}^2\sin 2(\theta_4 - \theta_2) \\
\dot{\theta}_3 &= 0 \\
\dot{\theta}_4 &= -\frac{1}{8}\,\varepsilon g_{42}\rho_2{}^2\sin 2(\theta_2 - \theta_4)
\end{aligned}\right\} \quad (7.17)$$

また，$[g_{ij}]$ はつぎのように計算される。

$$[g_{ij}]_4 = \begin{bmatrix} 0.25 & 0.25 & 0.25 & 0.25 \\ 0.25 & 0.5 & 0.25 & 0 \\ 0.25 & 0.25 & 0.25 & 0.25 \\ 0.25 & 0 & 0.25 & 0.5 \end{bmatrix} \quad (7.18)$$

以上より平均化方程式はつぎのようになる。

$$\left.\begin{aligned}\dot{\rho}_1 &= \frac{1}{2}\varepsilon\rho_1\left(1-\frac{1}{16}\rho_1{}^2-\frac{1}{8}\rho_2{}^2-\frac{1}{8}\rho_3{}^2-\frac{1}{8}\rho_4{}^2\right)\\ \dot{\rho}_2 &= \frac{1}{2}\varepsilon\rho_2\left(1-\frac{1}{8}\rho_1{}^2-\frac{1}{8}\rho_2{}^2-\frac{1}{8}\rho_3{}^2\right)\\ \dot{\rho}_3 &= \frac{1}{2}\varepsilon\rho_3\left(1-\frac{1}{8}\rho_1{}^2-\frac{1}{8}\rho_2{}^2-\frac{1}{16}\rho_3{}^2-\frac{1}{8}\rho_4{}^2\right)\\ \dot{\rho}_4 &= \frac{1}{2}\varepsilon\rho_4\left(1-\frac{1}{8}\rho_1{}^2-\frac{1}{8}\rho_3{}^2-\frac{1}{8}\rho_4{}^2\right)\end{aligned}\right\} \quad (7.19)$$

$$\dot{\theta}_1 = \dot{\theta}_2 = \dot{\theta}_3 = \dot{\theta}_4 = 0 \quad (7.20)$$

式 (7.19) には三つの漸近安定な平衡解がある。

① 平衡解 $\rho_{01} = (\rho_1, \rho_2, \rho_3, \rho_4) = (4, 0, 0, 0)$: $|D_\rho R(\rho_{01}) - \lambda I|$
$= (\lambda + \varepsilon)(\lambda + 0.5\varepsilon)^3 = 0, \lambda = -\varepsilon, -0.5\varepsilon, -0.5\varepsilon, -0.5\varepsilon < 0$

② 平衡解 $\rho_{03} = (\rho_1, \rho_2, \rho_3, \rho_4) = (0, 0, 4, 0)$: $|D_\rho R(\rho_{03}) - \lambda I|$
$= (\lambda + \varepsilon)(\lambda + 0.5\varepsilon)^3 = 0, \lambda = -\varepsilon, -0.5\varepsilon, -0.5\varepsilon, -0.5\varepsilon < 0$

③ 平衡解 $\rho_{024} = (\rho_1, \rho_2, \rho_3, \rho_4) = (0, 8, 0, 8)$: $|D_\rho R(\rho_{024}) - \lambda I|$
$= (\lambda + \varepsilon)^2(\lambda + 0.5\varepsilon)^2 = 0, \lambda = -\varepsilon, -\varepsilon, -0.5\varepsilon, -0.5\varepsilon < 0$

以上において，ρ_{01}, ρ_{03} は単一モード解，ρ_{024} は 2 重モード解である。

さて，つぎに平衡解 $\rho_{01}, \rho_{03}, \rho_{024}$ を時間波形として表現する。

$$[p_{ij}]_4 = \begin{bmatrix} \frac{1}{2} & 0 & -\frac{1}{2} & -\frac{1}{\sqrt{2}} \\ \frac{1}{2} & -\frac{1}{\sqrt{2}} & \frac{1}{2} & 0 \\ \frac{1}{2} & 0 & -\frac{1}{2} & \frac{1}{\sqrt{2}} \\ \frac{1}{2} & \frac{1}{\sqrt{2}} & \frac{1}{2} & 0 \end{bmatrix} \quad (7.21)$$

であることを利用し，ρ_{01} は式 (7.10) と $\boldsymbol{x} = P\boldsymbol{y}$ より $\omega_1 = \sqrt{1-\alpha}$ としてつぎのように書ける。

$$x_i = p_{i1}\rho_1 \sin \omega_1 t = 2 \sin \omega_1 t, \quad i = 1, 2, 3, 4 \quad (7.22)$$

これより ρ_{01} は図 **7.2**(*a*) のように 4 個の発振器がすべて**同相**に同期する

7.3 4個および5個の環状結合系の場合の具体的計算

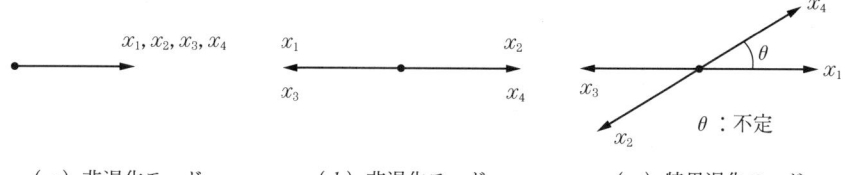

(a) 非退化モード　　　(b) 非退化モード　　　(c) 特異退化モード

図 7.2 4個の発振器の環状結合系の3種類の安定な振動モード

振動モードであることがわかる。

同様にして ρ_{03} は $\omega_3 = \sqrt{1+3a}$ として

$$\begin{bmatrix} x_1 \\ x_2 \\ x_3 \\ x_4 \end{bmatrix} = \begin{bmatrix} p_{13} \\ p_{23} \\ p_{33} \\ p_{43} \end{bmatrix} \rho_3 \sin \omega_3 t = \begin{bmatrix} -\dfrac{1}{2} \\ \dfrac{1}{2} \\ -\dfrac{1}{2} \\ \dfrac{1}{2} \end{bmatrix} 4 \sin \omega_3 t = \begin{bmatrix} -2 \sin \omega_3 t \\ 2 \sin \omega_3 t \\ -2 \sin \omega_3 t \\ 2 \sin \omega_3 t \end{bmatrix}$$

(7.23)

となる。この振動は隣り合う二つの発振器がすべて**逆相**となる図(b)のような振動モードである。最後に ρ_{024} は**特異退化モード**と呼ばれ，$\omega_d \equiv \omega_2 = \omega_4 = \sqrt{1+a}$ かつ θ を不定定数としてつぎのようになる。

$$\begin{bmatrix} x_1 \\ x_2 \\ x_3 \\ x_4 \end{bmatrix} = \begin{bmatrix} p_{12} \\ p_{22} \\ p_{32} \\ p_{42} \end{bmatrix} \rho_2 \sin(\omega_d t + \theta) + \begin{bmatrix} p_{14} \\ p_{24} \\ p_{34} \\ p_{44} \end{bmatrix} \rho_4 \sin(\omega_d t)$$

$$= \begin{bmatrix} 0 \\ -\dfrac{1}{\sqrt{2}} \\ 0 \\ \dfrac{1}{\sqrt{2}} \end{bmatrix} \sqrt{8} \sin(\omega_d t + \theta) + \begin{bmatrix} -\dfrac{1}{\sqrt{2}} \\ 0 \\ \dfrac{1}{\sqrt{2}} \\ 0 \end{bmatrix} \sqrt{8} \sin(\omega_d t)$$

$$= \begin{bmatrix} 0 \\ -2 \\ 0 \\ 2 \end{bmatrix} \sin(\omega_d t + \theta) + \begin{bmatrix} -2 \\ 0 \\ 2 \\ 0 \end{bmatrix} \sin(\omega_d t)$$

(7.24)

図(c)に見るように特異退化モードではそれぞれの固有周波数が同一の発振器をインダクタンスで強く結合しているにもかかわらず，対角線上にある発振器は逆相に同期するが，隣り合う発振器は同期しないという珍しい構造をとっている．

(2) $N=5$ の場合　式(7.13)，(7.14)より平均化方程式はつぎのようになる．

$$\begin{aligned}
\dot{\rho}_1 &= \frac{\varepsilon \rho_1}{2}\left(1 - \frac{g_{11}\rho_1^2}{4} - \frac{g_{12}\rho_2^2}{2} - \frac{g_{13}\rho_3^2}{2} - \frac{g_{14}\rho_4^2}{2} - \frac{g_{15}\rho_5^2}{2}\right) \\
\dot{\rho}_2 &= \frac{\varepsilon \rho_2}{2}\left(1 - \frac{g_{21}\rho_1^2}{2} - \frac{g_{22}\rho_2^2}{4} - \frac{g_{23}\rho_3^2}{2} - \frac{g_{24}\rho_4^2}{2} - \frac{g_{25}\rho_5^2}{4}\right. \\
&\quad \left. - \frac{g_{25}\rho_5^2 \cos^2(\theta_5 - \theta_2)}{2}\right) \\
\dot{\rho}_3 &= \frac{\varepsilon \rho_3}{2}\left(1 - \frac{g_{31}\rho_1^2}{2} - \frac{g_{32}\rho_2^2}{2} - \frac{g_{33}\rho_3^2}{4} - \frac{g_{34}\rho_4^2}{4}\right. \\
&\quad \left. - \frac{g_{34}\rho_4^2 \cos^2(\theta_4 - \theta_3)}{2} - \frac{g_{35}\rho_5^2}{2}\right) \\
\dot{\rho}_4 &= \frac{\varepsilon \rho_4}{2}\left(1 - \frac{g_{41}\rho_1^2}{2} - \frac{g_{42}\rho_2^2}{2} - \frac{g_{43}\rho_3^2}{4} - \frac{g_{43}\rho_3^2 \cos^2(\theta_3 - \theta_4)}{2}\right. \\
&\quad \left. - \frac{g_{44}\rho_4^2}{4} - \frac{g_{45}\rho_5^2}{2}\right) \\
\dot{\rho}_5 &= \frac{\varepsilon \rho_5}{2}\left(1 - \frac{g_{51}\rho_1^2}{2} - \frac{g_{52}\rho_2^2}{4} - \frac{g_{52}\rho_2^2 \cos^2(\theta_2 - \theta_5)}{2} - \frac{g_{53}\rho_3^2}{2}\right. \\
&\quad \left. - \frac{g_{54}\rho_4^2}{2} - \frac{g_{55}\rho_5^2}{4}\right)
\end{aligned}$$

(7.25)

7.3 4個および5個の環状結合系の場合の具体的計算

$$
\left.\begin{aligned}
\dot{\theta}_1 &= 0 \\
\dot{\theta}_2 &= -\frac{\varepsilon g_{25}\rho_5^{\,2}\sin 2(\theta_5-\theta_2)}{8} \\
\dot{\theta}_3 &= -\frac{\varepsilon g_{34}\rho_4^{\,2}\sin 2(\theta_4-\theta_3)}{8} \\
\dot{\theta}_4 &= -\frac{\varepsilon g_{43}\rho_3^{\,2}\sin 2(\theta_3-\theta_4)}{8} \\
\dot{\theta}_5 &= -\frac{\varepsilon g_{52}\rho_2^{\,2}\sin 2(\theta_2-\theta_5)}{8}
\end{aligned}\right\} \tag{7.26}
$$

また $[g_{ij}]$ はつぎのように計算される。

$$
[g_{ij}] = \begin{bmatrix} 0.2 & 0.2 & 0.2 & 0.2 & 0.2 \\ 0.2 & 0.3 & 0.2 & 0.2 & 0.1 \\ 0.2 & 0.2 & 0.1 & 0.3 & 0.2 \\ 0.2 & 0.2 & 0.1 & 0.3 & 0.2 \\ 0.2 & 0.1 & 0.2 & 0.2 & 0.3 \end{bmatrix} \tag{7.27}
$$

式 (7.25), (7.26) にはつぎの三つの漸近安定な平衡解がある。式 (7.25) の振幅に関する方程式を $\dot{\rho}=\varepsilon R(\rho,\theta)$ と考え定理 7.1 を適用する。

① 平衡解 $\rho_{01}=(\rho_1,\rho_2,\rho_3,\rho_4,\rho_5)=(2\sqrt{5},0,0,0,0)$: $|D_\rho R(\rho_{01})-\lambda I|=(\lambda+\varepsilon)(\lambda+0.5\varepsilon)^4, \lambda=-\varepsilon,-0.5\varepsilon,-0.5\varepsilon,-0.5\varepsilon,-0.5\varepsilon<0$

つぎに $\rho_2,\rho_5\neq 0$ で $\rho_1,\rho_3,\rho_5=0$ となるモードの安定性を考えるに当り、$\rho_6=\theta_2-\theta_5$ とおき、式 (7.26) の第5式から第2式を差し引いたつぎのような式を考える。

$$
\dot{\rho}_6 = \frac{1}{8}\varepsilon(g_{25}\rho_5^{\,2}+g_{52}\rho_2^{\,2})\sin 2\rho_6 \tag{7.28}
$$

この式を振幅の方程式に付加し、拡張された振幅方程式:$\dot{\tilde{\rho}}=\varepsilon R(\tilde{\rho},\tilde{\theta}),\tilde{\rho}=[\rho_1,\cdots,\rho_6]$ とする。一方、位相方程式からは、θ_5 に関する式を削除して $\tilde{\theta}=[\theta_1,\cdots,\theta_4]$ とおく。このような操作をしても全体の方程式の枠組は変わらない。

以上のように拡張された振幅方程式の平衡解を考えるとつぎのものがある。

②　平衡解 $\tilde{\rho}_{0d1} = (\rho_1, \rho_2, \rho_3, \rho_4, \rho_5, \rho_6) = (0, \sqrt{10}, 0, 0, \sqrt{10}, \pm\pi/2)$:
$|D_{\tilde{\rho}} - \lambda I| = (\lambda + 0.5\varepsilon)^5(\lambda + \varepsilon) = 0, \lambda = -\varepsilon, -0.5\varepsilon, -0.5\varepsilon, -0.5\varepsilon, -0.5\varepsilon, -0.5\varepsilon < 0$

最後に，$\rho_3, \rho_4 \neq 0, \rho_1, \rho_2, \rho_5 = 0$ となるモードの安定性を考える．この場合，$\rho_6 \equiv \theta_3 - \theta_4$ とおき

$$\dot{\rho}_6 = \frac{1}{8}\varepsilon(g_{34}\rho_4{}^2 + g_{43}\rho_3{}^2)\sin 2\rho_6 \tag{7.29}$$

なる式を振幅の方程式に付加した拡張された**振幅方程式**：$\dot{\tilde{\rho}} = \varepsilon R(\tilde{\rho}, \tilde{\theta})$ を考え，**位相方程式**からは θ_4 に関する式を削除する．このように拡張された振幅方程式の平衡点を考えるとつぎのようになる．

③　$\tilde{\rho}_{0d2} = (\rho_1, \rho_2, \rho_3, \rho_4, \rho_5, \rho_6) = (0, 0, \sqrt{10}, \sqrt{10}, 0, \pm\pi/2)$:
$|D_{\tilde{\rho}}R(\tilde{\rho}_{0d2}) - \lambda I| = (\lambda + 0.5\varepsilon)^5(\lambda + \varepsilon) = 0 : \lambda = -\varepsilon, -0.5\varepsilon, -0.5\varepsilon, -0.5\varepsilon, -0.5\varepsilon, -0.5\varepsilon < 0$

最後に漸近安定な平衡解 $\rho_{01}, \rho_{0d1}, \rho_{0d2}$ の時間領域での表現を求める．まず，最初に行列 $[p_{ij}]$ を求める．
$[p_{ij}] =$

$$\begin{bmatrix} \frac{1}{\sqrt{5}} & \sqrt{\frac{2}{5}}\cos\frac{2}{5}\pi & \sqrt{\frac{2}{5}}\cos\frac{4}{5}\pi & -\sqrt{\frac{2}{5}}\sin\frac{4}{5}\pi & -\sqrt{\frac{2}{5}}\sin\frac{2}{5}\pi \\ \frac{1}{\sqrt{5}} & \sqrt{\frac{2}{5}}\cos\frac{4}{5}\pi & \sqrt{\frac{2}{5}}\cos\frac{8}{5}\pi & -\sqrt{\frac{2}{5}}\sin\frac{8}{5}\pi & -\sqrt{\frac{2}{5}}\sin\frac{4}{5}\pi \\ \frac{1}{\sqrt{5}} & \sqrt{\frac{2}{5}}\cos\frac{6}{5}\pi & \sqrt{\frac{2}{5}}\cos\frac{12}{5}\pi & -\sqrt{\frac{2}{5}}\sin\frac{12}{5}\pi & -\sqrt{\frac{2}{5}}\sin\frac{6}{5}\pi \\ \frac{1}{\sqrt{5}} & \sqrt{\frac{2}{5}}\cos\frac{8}{5}\pi & \sqrt{\frac{2}{5}}\cos\frac{16}{5}\pi & -\sqrt{\frac{2}{5}}\sin\frac{16}{5}\pi & -\sqrt{\frac{2}{5}}\sin\frac{8}{5}\pi \\ \frac{1}{\sqrt{5}} & \sqrt{\frac{2}{5}}\cos\frac{10}{5}\pi & \sqrt{\frac{2}{5}}\cos\frac{20}{5}\pi & -\sqrt{\frac{2}{5}}\sin\frac{20}{5}\pi & -\sqrt{\frac{2}{5}}\sin\frac{10}{5}\pi \end{bmatrix}$$
(7.30)

以上をもとに計算すると平衡解 ρ_{01} の時間波形は同相同期を示し，$\omega_1 = \sqrt{1-\alpha}$ としてつぎのようになる．

7.3 4個および5個の環状結合系の場合の具体的計算

$$\left.\begin{array}{l} x_i = p_{i1}\rho_1 \sin \omega_1 t = \dfrac{1}{\sqrt{5}} 2\sqrt{5} \sin \omega_1 t = 2 \sin \omega_1 t \\ i = 1, 2, 3, 4, 5 \end{array}\right\} \quad (7.31)$$

平衡解 ρ_{0d1} の時間波形は $\omega_{d1} = \omega_2 = \omega_5 = \sqrt{1 + \alpha - 2\alpha \cos(2/5)\pi}$, $\theta_2 = 0, \theta_5 = \pm \pi/2$ としてつぎのようになる。

$$\begin{aligned} x_i &= p_{i2}\rho_2 \sin \omega_{d1} t + p_{i5}\rho_5 \sin(\omega_{d1} t + \theta_5) \\ &= \sqrt{\dfrac{2}{5}} \cos \dfrac{2}{5} \pi i \sqrt{10} \sin \omega_{d1} t \pm \sqrt{\dfrac{2}{5}} \sin \dfrac{2}{5} \pi i \sqrt{10} \cos \omega_{d1} t \\ &= 2 \sin \left(\omega_{d1} t \pm \dfrac{2}{5} \pi i \right), i = 1, 2, 3, 4, 5 \end{aligned} \quad (7.32)$$

平衡解 ρ_{0d2} の時間波形は $\omega_{d2} = \omega_3 = \omega_4 = \sqrt{1 + \alpha - 2\alpha \cos(4/5)\pi}$, $\theta_3 = 0, \theta_4 = \pm \pi/2$ としてつぎのようになる。

$$\begin{aligned} x_i &= p_{i3}\rho_3 \sin \omega_{d2} t + p_{i4}\rho_4 \sin(\omega_{d2} t + \theta_4) \\ &= \sqrt{\dfrac{2}{5}} \cos \dfrac{4}{5} \pi i \sqrt{10} \sin \omega_{d2} t \pm \sqrt{\dfrac{2}{5}} \sin \dfrac{4}{5} \pi i \sqrt{10} \cos \omega_{d2} t \\ &= 2 \sin \left(\omega_{d2} t \pm \dfrac{4}{5} \pi i \right), i = 1, 2, 3, 4, 5 \end{aligned} \quad (7.33)$$

以上のような漸近安定となる三つの平衡解をベクトル図で表現すると図 **7.3** (a), (b), (c)のようになる。

非退化モード　$\omega_1 = \sqrt{1-\alpha}$
(a)

正規退化モード　$\omega_{d1} = \sqrt{1+\alpha-2\alpha\cos(2/5)\pi}$
(b)

正規退化モード　$\omega_{d2} = \sqrt{1+\alpha-2\alpha\cos(4/5)\pi}$
(c)

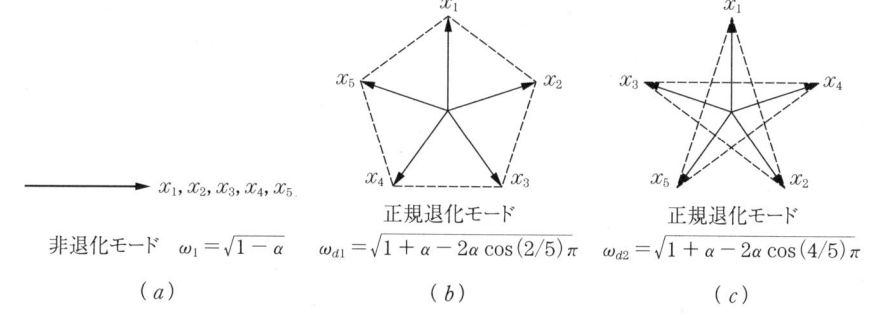

図 7.3 5個の発振器の環状結合系の3種類の安定な振動モード

8 発振器の結合系における分岐現象
—非線形性を強めた場合

　本章では2個および3個の同一な軟発振器および硬発振器のインダクタンスによる結合系において，弱非線形の場合に安定な種々の周期解，概周期解が非線形特性の強さを大きくしていったとき，どの程度まで安定に存続するか，また不安定化する場合，どのような分岐を起こすかについて具体的に研究する。周期解に対してはニュートン法による不動点アルゴリズムを用いて正確な安定性と分岐の型を求める。また，概周期解に対してはFFTアルゴリズムにより周波数成分を分析する[1),2),3)]。

8.1　ε を大きくした場合の結合発振器の分岐現象

　発振器の結合系については古くからさまざまな研究があるが，弱非線形系を仮定して平均化法を用いた解析が多く行われているようである。このような系は非線形性の強さを表すパラメータ $\varepsilon > 0$ を式中に含み，ε が十分に小さいとき，平均化法による解析の結果が成り立つということが主張されている[†]。一方，ε がしだいに大きくなっていったとき，平均化法で漸近安定とされた解にどのような変化が現れるかについては研究された例が少なく，これについて具体的に研究することは分岐問題としても興味ある研究課題と考えられる。本章では2個および3個のまったく同一の軟発振器または硬発振器のインダクタンスによる結合系をモデルとして，ε を次第に大きくしていったとき，弱非線形系において漸近安定である解（＝アトラクタ）の**分岐**など，定性的変化につ

---

† 平均化法の理論によれば，ある $\varepsilon_r > 0$ が存在して $0 < \varepsilon < \varepsilon_r$ のとき，結果が成立するとある。

いて研究する。すなわち，ニュートン法による**不動点計算アルゴリズム**[†]など
を使って ε の増大に伴う，**同相解，逆相解**，および**多重モード解**の定性的変
化を具体的に明らかにする。

8.2　平均化法による解析の結果

基本回路は**図 8.1** のように与えられる。非線形素子（NC）の電圧・電流
特性は 3 次の非線形特性の場合

$$i_{\mathrm{NC}} = -g_1 v + g_3 v^3 \quad (g_1, g_3 > 0) \tag{8.1}$$

5 次の非線形特性の場合

$$i_{\mathrm{NC}} = g_1 v - g_3 v^3 + g_5 v^5 \quad (g_1, g_3, g_5 > 0) \tag{8.2}$$

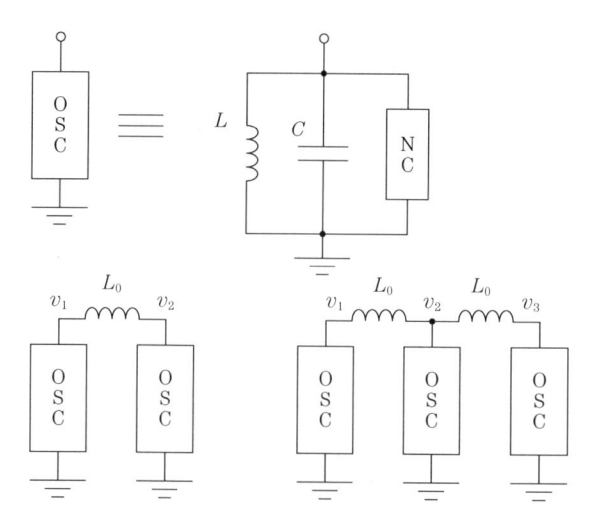

図 8.1　2 個および 3 個の発振器の結合系

[†] これは 3.2 節で述べた考え方で，系は 4 次元または 6 次元の自律系であるこ
とを踏まえ，周期解をポアンカレ写像上の不動点として捉え，適当な初期値を
与え，不動点をニュートン法により求め，このときの行列 M の固有値から分
岐に関する情報が得られる。なお，あるパラメータで収束した不動点の値をわ
ずかに変化させたパラメータ値における初期値として使うというプロセスを繰
り返すことによってしだいに分岐点に近づき分岐点と分岐の型を求めることが
できる。これを連続変形法という。

で与えられ，それぞれ図 $8.2(a)$，(b) のようなグラフで表される。以後，簡単のため，3次のNCをもつ発振器を軟発振器，5次のものを硬発振器と呼ぶことにする。

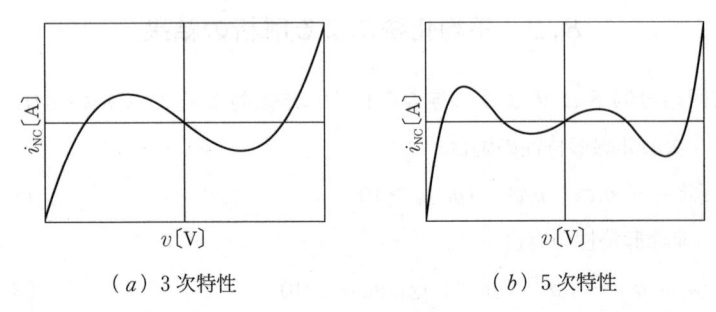

(a) 3次特性 　　　　　(b) 5次特性

図 8.2　3次および5次の非線形負性コンダクタンスの電圧・電流特性

2個の相互結合された軟発振器の基礎方程式は式 (6.4) で与えられる。この式において，$x_1 = y_1, \dot{x}_1 = y_2, x_2 = y_3, \dot{x}_2 = y_4$ とおくと次式となる。

$$\left.\begin{aligned}
\dot{y}_1 &= y_2 \\
\dot{y}_2 &= -\varepsilon(y_1^2 - 1)y_2 - y_1 + \alpha y_3 \\
\dot{y}_3 &= y_4 \\
\dot{y}_4 &= -\varepsilon(y_3^2 - 1)y_4 - y_3 + \alpha y_1
\end{aligned}\right\} \quad (8.3)$$

つぎに2個の相互結合された硬発振器の基礎方程式は式 (6.27) で与えられる。この式に同様の変数のおきかえを行うと次式が得られる。

$$\left.\begin{aligned}
\dot{y}_1 &= y_2 \\
\dot{y}_2 &= -\varepsilon(1 - \beta y_1^2 - y_1^4)y_2 - y_1 + \alpha y_3 \\
\dot{y}_3 &= y_4 \\
\dot{y}_4 &= -\varepsilon(1 - \beta y_3^2 - y_3^4)y_4 - y_3 + \alpha y_1
\end{aligned}\right\} \quad (8.4)$$

3個の軟発振器の結合系の基礎方程式は次式で与えられる（付録 B）。

$$\left.\begin{aligned}
\ddot{x}_1 - \varepsilon(1 - x_1^2)\dot{x}_1 + x_1 - \alpha x_2 &= 0 \\
\ddot{x}_2 - \varepsilon(1 - x_2^2)\dot{x}_2 + (1 + \alpha)x_2 - \alpha x_1 - \alpha x_3 &= 0 \\
\ddot{x}_3 - \varepsilon(1 - x_3^2)\dot{x}_3 + x_3 - \alpha x_2 &= 0
\end{aligned}\right\} \quad (8.5)$$

上式において，$x_1 = y_1, \dot{x}_1 = y_2, x_2 = y_3, \dot{x}_2 = y_4, x_3 = y_5, \dot{x}_3 = y_6$ とおくと次式が得られる。

$$\left.\begin{aligned}
\dot{y}_1 &= y_2 \\
\dot{y}_2 &= -\varepsilon(y_1{}^2 - 1)y_2 - y_1 + \alpha y_3 \\
\dot{y}_3 &= y_4 \\
\dot{y}_4 &= -\varepsilon(y_3{}^2 - 1)y_4 - (1+\alpha)y_3 + \alpha y_1 + \alpha y_5 \\
\dot{y}_5 &= y_6 \\
\dot{y}_6 &= -\varepsilon(y_5{}^2 - 1)y_6 + \alpha y_3 - y_5
\end{aligned}\right\} \quad (8.6)$$

最後に3個の硬発振器の結合系の方程式は次式となる[†]。

$$\left.\begin{aligned}
\ddot{x}_1 + \varepsilon(1 - \beta x_1{}^2 + x_1{}^4)\dot{x}_1 + x_1 - \alpha x_2 &= 0 \\
\ddot{x}_2 + \varepsilon(1 - \beta x_2{}^2 + x_2{}^4)\dot{x}_2 + (1+\alpha)x_2 - \alpha x_1 - \alpha x_3 &= 0 \\
\ddot{x}_3 + \varepsilon(1 - \beta x_3{}^2 + x_3{}^4)\dot{x}_3 + x_3 - \alpha x_2 &= 0
\end{aligned}\right\} \quad (8.7)$$

この式に同様の変数変換を行うと次式が得られる。

$$\left.\begin{aligned}
\dot{y}_1 &= y_2 \\
\dot{y}_2 &= -\varepsilon(1 - \beta y_1{}^2 + y_1{}^4)y_2 - y_1 + \alpha y_3 \\
\dot{y}_3 &= y_4 \\
\dot{y}_4 &= -\varepsilon(1 - \beta y_3{}^2 + y_3{}^4)y_4 - (1+\alpha)y_3 + \alpha y_1 + \alpha y_5 \\
\dot{y}_5 &= y_6 \\
\dot{y}_6 &= -\varepsilon(1 - \beta y_5{}^2 + y_5{}^4)y_6 + \alpha y_3 - y_5
\end{aligned}\right\} \quad (8.8)$$

以上をまとめ，変数を $y_i = x_i, i = 1, 2, 3, 4, 5, 6$ と再びおきなおすと，それ

[†] 軟発振器の場合と同様にしてキルヒホッフの法則より次式が得られる。

$$\frac{d^2v_1}{dt^2} + \frac{g_1}{C}\left(1 - \frac{3g_3}{g_1}v_1{}^2 + \frac{5g_5}{g_1}v_1{}^4\right)\frac{dv_1}{dt} + \left(\frac{1}{CL} + \frac{1}{CL_0}\right)v_1 - \frac{1}{CL_0}v_2 = 0,$$

$$\frac{d^2v_2}{dt^2} + \frac{g_1}{C}\left(1 - \frac{3g_3}{g_1}v_2{}^2 + \frac{5g_5}{g_1}v_2{}^4\right)\frac{dv_2}{dt} - \frac{1}{CL_0}v_1 + \left(\frac{1}{CL} + \frac{2}{CL_0}\right)v_2 - \frac{1}{CL_0}v_3$$

$$= 0, \frac{d^2v_3}{dt^2} + \frac{g_1}{C}\left(1 - \frac{3g_3}{g_1}v_3{}^2 + \frac{5g_5}{g_1}v_3{}^4\right)\frac{dv_3}{dt} - \frac{1}{CL_0}v_2 + \left(\frac{1}{CL} + \frac{1}{CL_0}\right)v_3 = 0$$

これらの式に二つの硬発振器の場合と同様の変数変換を行うと式 (8.7) が得られる。

ぞれの場合の基礎方程式はつぎのようにまとめられる。

2個の発振器の結合系の基礎方程式は次式で与えられる。

$$\left.\begin{aligned}\dot{x}_1 &= x_2 \\ \dot{x}_2 &= -\varepsilon f(x_1) x_2 - x_1 + \alpha x_3 \\ \dot{x}_3 &= x_4 \\ \dot{x}_4 &= -\varepsilon f(x_3) x_4 - x_3 + \alpha x_1 \end{aligned}\right\} \quad (8.9)$$

また，3個の発振器の結合系の基礎方程式は次式で与えられる。

$$\left.\begin{aligned}\dot{x}_1 &= x_2 \\ \dot{x}_2 &= -\varepsilon f(x_1) x_2 - x_1 + \alpha x_3 \\ \dot{x}_3 &= x_4 \\ \dot{x}_4 &= -\varepsilon f(x_3) x_4 + \alpha x_1 - (1+\alpha) x_3 + \alpha x_5 \\ \dot{x}_5 &= x_6 \\ \dot{x}_6 &= -\varepsilon f(x_5) x_6 + \alpha x_3 - x_5 \end{aligned}\right\} \quad (8.10)$$

ここにおいて，$f(x)$ は3次の NC の場合

$$f(x) = -1 + x^2 \quad (8.11)$$

5次の NC の場合

$$f(x) = 1 - \beta x^2 + x^4 \quad (8.12)$$

で与えられる。さらに x_{2k-1} を k 番目の発振器の正規化された出力電圧，α は結合係数（$0 < \alpha < 1$，$\alpha = 0$ は無結合，$\alpha = 1$ は最大結合），β は振幅に関するパラメータ，$0 < \varepsilon \ll 0$ は非線形性の強さを表すパラメータとする。式 (8.9) は x_1 と x_3 および x_2 と x_4 を入れ替えても不変な性質，すなわち対称性をもつから，後述のように解においてもこの対称性が現れる点に注意する。同様の対称性は式 (8.10) において x_1 と x_5 および x_2 と x_6 の入れ替えに対しても存在する。

平均化法を用いてつぎの形のモードがそれぞれ2個および3個の発振器の結合系において存在することを示すことができる。

a) 2個の発振器の結合系の場合

mode 1（同相モード）：

$$x_1 = x_3 = \frac{1}{\sqrt{2}} \rho_1 \cos(\omega_1 t + \theta_1) \qquad (8.13)$$

mode 2（逆相モード）：

$$x_1 = -x_3 = \frac{1}{\sqrt{2}} \rho_2 \cos(\omega_2 t + \theta_2) \qquad (8.14)$$

b) 3個の発振器の結合系の場合

mode 1（同相モード）

$$x_1 = x_3 = x_5 = \frac{1}{\sqrt{3}} \rho_1 \cos(\omega_1 t + \theta_1) \qquad (8.15)$$

mode 2（逆相モード）

$$x_1 = -x_5 = \frac{1}{\sqrt{2}} \rho_2 \cos(\omega_2 t + \theta_2), x_3 = 0 \qquad (8.16)$$

mode 3

$$x_1 = x_5 = \frac{1}{\sqrt{6}} \rho_3 \cos(\omega_3 t + \theta_3), x_3 = -\frac{2}{\sqrt{6}} \rho_3 \cos(\omega_3 t + \theta_3) \qquad (8.17)$$

ここで $\omega_1 = \sqrt{1-\alpha}$, $\omega_2 = 1$, $\omega_3 = \sqrt{1+2\alpha}$ となり $\theta_1, \theta_2, \theta_3$ は任意の定数，$\rho_1, \rho_2, \rho_3 (> 0)$ は平均化方程式の平衡点より求まる定数とする．

以上の各モードは単独で安定となる場合（＝**単一周期モード**），組み合わせて安定となる場合（＝**多重周期モード**）があるが，どのようなモードが漸近安定となるかは平均化方程式の平衡点の安定性を調べることによって明らかとなる．平均化法による解析の結果，それぞれの場合，**表 8.1** の各モードが漸近安定となることがわかっている．

表 8.1 漸近安定なモード

	軟発振器	硬発振器
$N=2$	mode 1	mode 0（安定領域：$\beta > 0$）
	mode 2	mode 1, mode 2（安定領域：$\beta > 2\sqrt{2}$）
		mode 1 + mode 2（安定領域：$4\sqrt{5}/3 < \beta < 4$）
$N=3$	mode 1	mode 0（安定領域：$\beta > 0$）
	mode 2 +	mode 1, mode 2（安定領域：$\beta > 2\sqrt{2}$）
	mode 3	mode 1 + mode 2 + mode 3（安定領域：$3.081 < \beta < 3.390$）

8.3 2個の発振器の結合系の分岐

8.3.1 軟発振の場合

2個の軟発振器の結合系の場合，表 8.1 より $\varepsilon > 0$ が十分に小さいとき 2 種類の周期解が共存する。mode 1 は二つの発振器の出力電圧が同相に同期した同相周期解，mode 2 はこれらが逆相に同期した逆相周期解に相当する。いずれも周期解であるので，適当なポアンカレ断面上の不動点となる。ここでは超平面 $\Sigma : \{x_2 = 0 \,|\, (x_1, x_3, x_4)\}$ を軌道が $x_2 = 0$ を＋から－に貫く方向をポアンカレ断面として不動点の位置と安定性をさまざまな ε と α に対してニュートン法による不動点アルゴリズムを使って求めた結果，逆相解は $0 < \alpha < 1$ および $0 < \varepsilon < 5$ の範囲ではすべて漸近安定となった。一方，同相解は図 8.3 のように $\alpha - \varepsilon$ 平面の曲線より下側の領域で漸近安定，上側の領域で不安定となった。同相周期解が不安定化する分岐を調べた結果，α が約 0.27 より小さな部分では亜臨界（サブクリティカル）なピッチフォーク分岐を，α が約 0.27 より大きな部分では超臨界（スーパークリティカル）なピッチフォーク分岐を起こしていることがわかった。

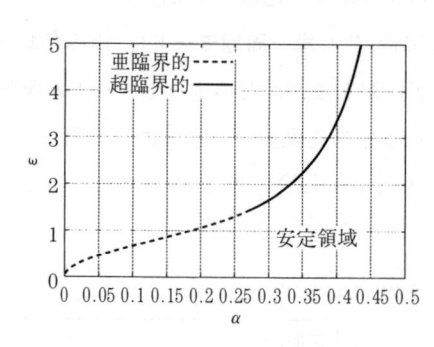

図 8.3 2個の軟発振器の結合系の同相解の安定領域[4]

図 8.4 は $\alpha = 0.1$ における亜臨界なピッチフォーク分岐の例で，安定周期解（太線）のまわりを不安定周期解（細線）が取り囲む形の分岐が現れる。この例で見ると，$\varepsilon \approx 0.285$ 付近から不安定解が現れ，しだいに同相解の**ベイシン**（引き込み領域）が狭められ，$\varepsilon \approx 0.673$ 付近で不安定化する。この分岐で

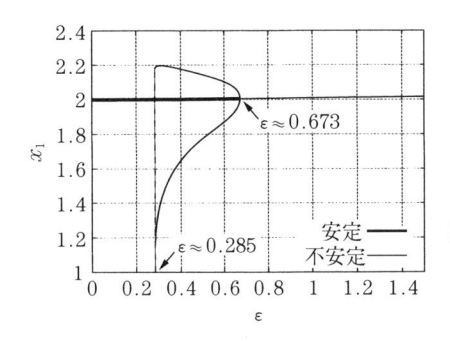

図 8.4 2個の軟発振器の結合系の同相解の亜臨界型ピッチフォーク分岐 ($a = 0.1$)[4]

は分岐線を越えて ε を大きくすると同相解は突然不安定となり，他の安定な解，すなわち逆相解が現れる．

一方，**図 8.5**(a) は $a = 0.35$ における超臨界なピッチフォーク分岐の例で，同相解が不安定化すると，その周りに少し位相のずれた"ずれ同相解"が現れる．したがって，この場合，分岐線を越えて ε を大きくすると同相解の位相が徐々にずれだす現象が見られる．方程式の対称性から"ずれ同相解"は

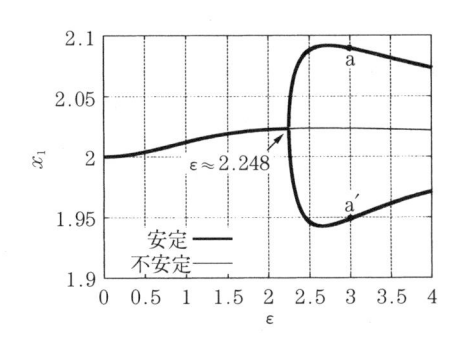

(a) 分岐図

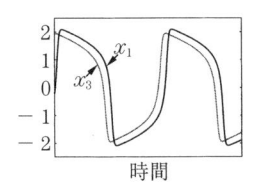

(b) 点 a における波形 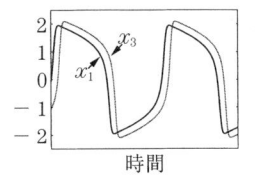　　(c) 点 a′ における波形

図 8.5 2個の軟発振器の結合系の同相解の超臨界型ピッチフォーク分岐 ($a = 0.35$)[4]

図(b),(c)のように x_1 が位相が進む場合と x_3 が位相が進む場合の2通りの場合がある†。

8.3.2 硬発振の場合

2個の硬発振器結合系の場合,表8.1より $\varepsilon > 0$ が十分小さいとき4種類の解(アトラクタ)が共存する。すなわち無発振解として mode 0,同相周期解として mode 1,逆相周期解として mode 2,およびこれらが重畳された2重モード(概周期)解として mode 1 + mode 2 である。mode 0,mode 2 については $0 < a < 1$ および $0 < \varepsilon < 5$ の範囲ではすべて漸近安定であった。同相解は基本的に ε が大きくなると軟発振の場合と同様に亜臨界または超臨界なピッチフォーク分岐によって不安定化し,これをさまざまな β の値をパラメータとして $a - \varepsilon$ 平面に描くと図8.6のようになった。安定領域は各曲線の下側である。この場合も亜臨界なピッチフォーク分岐と同様に超臨界なピッチフォーク分岐も起こる。特に亜臨界なピッチフォーク分岐は a が比較的小さな場合に,一方,超臨界なピッチフォーク分岐は a が比較的大きな場合によく見られる。

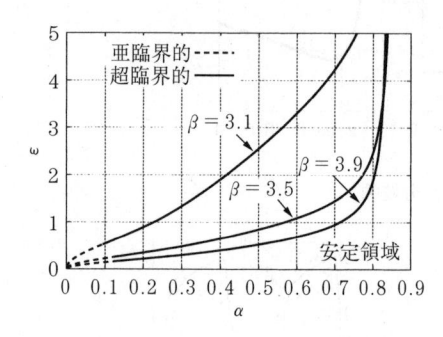

図8.6 2個の硬発振器の結合系の同相解の安定領域[4]

---

† ずれ同相解は分岐線を越えて ε を大きくした場合,少なくとも $\varepsilon = 10$ ぐらいまで安定に存続する場合と途中で不安定化する場合があった。a が亜臨界と超臨界の境界付近に相当する $a \approx 0.27$ に近い超臨界の部分は後者の分岐が見られ,これ以外の a の範囲では前者の分岐が見られた。

図 8.7 は単一モードについては不動点計算アルゴリズムにより，2重モードについては **FFT アルゴリズム**により求めた ε に対する各モードの固有角周波数の変化である．これより，逆相解は，ε を大きくすると多少固有角周波数は減少するが，安定のまま存続する．同相解もその固有角周波数は ε の増大とともに減少し，$\varepsilon \approx 0.362$ 付近で（亜臨界型）ピッチフォーク分岐により不安定化する．つぎに，2重モード解は，ε が大きくなると構成する二つの周波数成分がたがいに接近し，ついに $\varepsilon \approx 0.223$ 付近で同期合体して単一モード解，すなわち周期解となる．2重モード解の振舞いについては第9章で詳しく論ずるのでここでは省略する．

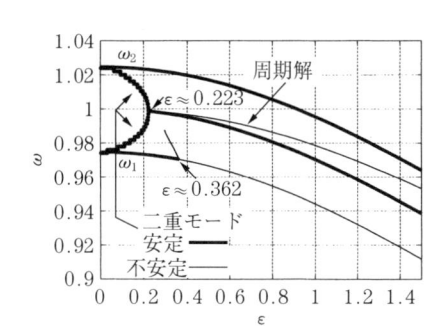

図 8.7 2個の硬発振器の結合系における各モードの固有角周波数の ε に対する変化 ($a = 0.05, \beta = 3.1$)[4]

8.4　3個の発振器の結合系の分岐

8.4.1　軟発振の場合

3個の軟発振器の結合系の場合，図 8.8 に示すように同相周期解 mode 1 は ε を大きくするとすべて超臨界型のピッチフォーク分岐により不安定化した．図 8.9 は $a = 0.1$ のときの同相解の分岐図で ε を大きくすると超臨界型ピッチフォーク分岐によって不安定化している様子がわかる．なお点 a, b, b′ における時間波形は後述の図 8.13 (a)，(b)，(b′) に示すように，点 a では x_1, x_3, x_5 が同相，点 b, b′ ではこれらが一定の位相差をもって同期している．点 b と b′ で x_1 と x_5 が入れ替わった形の二つの対称な波形が現れるのは方程式の対称性によるものである．

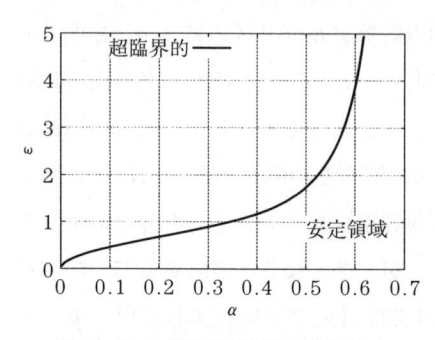

図 8.8 3個の発振器の結合系における同相解の安定領域[4]

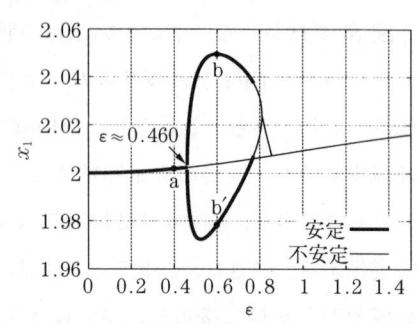

図 8.9 3個の軟発振器の結合系における同相解の超臨界型ピッチフォーク分岐 ($\alpha = 0.1$)[4]

つぎに2重モード解 mode 2 + mode 3 は FFT で求めると $\alpha = 0.1$ の場合，図 8.10 に見るように ε を大きくすると $\varepsilon \approx 0.11$ で ω_1 成分が現れ，mode 1 + mode 2 + mode 3 の形の3重モード解となり，この3成分は同期することなくそのまま存続する。この3重モード振動の特徴として ε をある程度大きくすると，$\omega_3 - \omega_2 \approx \omega_2 - \omega_1$ の関係が保たれていることである。また，主要なエネルギーは ω_2 成分に集中し，ω_1, ω_3 成分に配分されるエネルギーは少ない。ほかのいくつかの α の値についても同様のシミュレーションを試みたが同じ傾向が見られた。

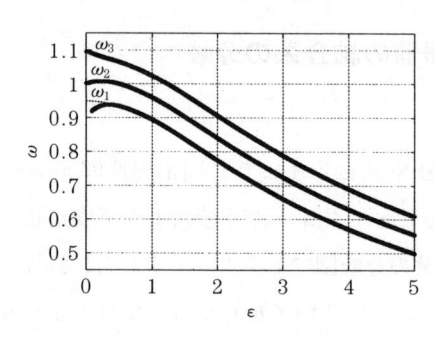

図 8.10 3個の軟発振器の結合系における2重モード解の固有角周波数の ε に対する変化 ($\alpha = 0.1$)[4]

8.4.2 硬発振の場合

3個の硬発振器の結合系の場合，図 8.11 に示すように同相解は ε を大きくすると超臨界型ピッチフォーク分岐により不安定化する（安定領域は各曲線の

下側)。図 8.11 より α が小さく，β が大きい場合ほど小さな ε で不安定化することがわかる。図 8.12 は ε に対する同相解の分岐図で，まず超臨界型ピッチフォーク分岐を起こし，さらに ε を大きくすると二つの枝が融合して一つの枝になる珍しい分岐を起こしている。枝の各部分における時間波形を描くと図 8.13 のようになった。すなわち，点 a では x_1, x_3, x_5 は同相同期，点 b，b′ では x_1, x_3, x_5 は，ずれ同相同期となり，点 c では x_1 と x_5 は同相同期，x_1

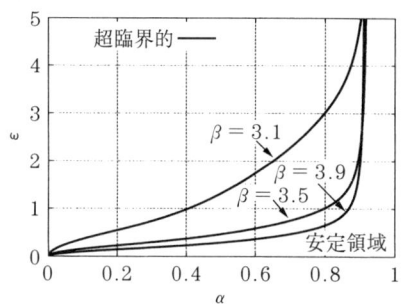

図 8.11　3 個の硬発振器の結合系の同相解の安定領域[4]

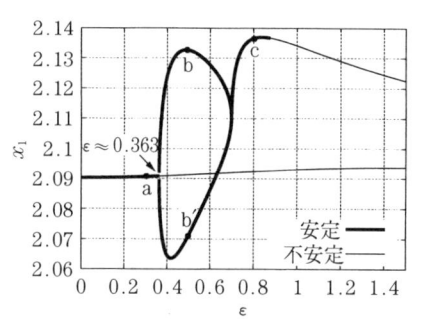

図 8.12　3 個の硬発振器の結合系の同相解の分岐 ($\alpha = 0.1, \beta = 3.1$)[4]

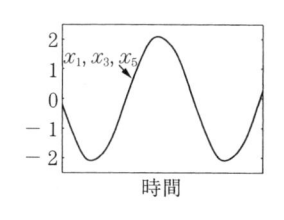

(a) $\varepsilon = 0.3$

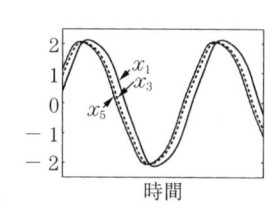

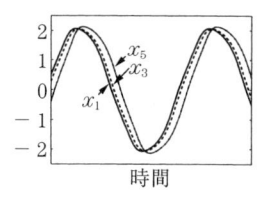

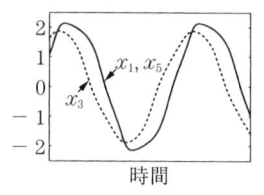

(b) $\varepsilon = 0.5$

(b′) $\varepsilon = 0.5$

(c) $\varepsilon = 0.8$

図 8.13　3 個の硬発振器の結合系の各 ε における時間波形 ($\alpha = 0.1, \beta = 3.1$)[4]

と x_3 は，ずれ同相同期となる．さらに $\varepsilon = 0.89$ でこの解は不安定化する．つぎに mode 0，mode 2 の振動は，$0 < a < 1$ および $0 < \varepsilon < 5$ の範囲では安定となった．また，3重モード振動は ε が増加すると**図 8.14** のように同期引き込みを起こした（図中，**相互変調**と表記された成分は $\omega_1, \omega_2, \omega_3$ 成分の相互干渉によって発生したものである）．3個の発振器の結合系の場合，軟発振の場合には ε を大きくしても同期しない**3重モード振動**が発生し，硬発振の場合，ε を大きくすると同期引き込みを起こす3重モード振動が発生するという対照的な結果が得られた．

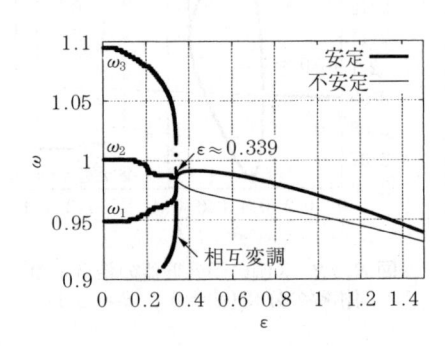

図 8.14 3個の硬発振器の結合系の3重モード解の固有角周波数の ε に対する変化（$a = 0.1, \beta = 3.1$）[4]

8.5 む　す　び

本章では2個か3個の軟発振器および硬発振器の結合系について ε が十分小さいときに平均化法により漸近安定となるさまざまな振動モードが，ε を大きくしたときに，どのような分岐を起こし不安定化するかについて調べた．その結果，例えば ε を大きくすると同相解は不安定化するが，逆相解は（少なくとも調べた範囲では）不安定化しない．2重モード解は同期引き込みを起こす場合と，3重モード解になる場合がある等々，発振器の個数，非線形特性の種類によっておのおのの解にはさまざまな分岐現象が起こり得ることがわかった．

9 発振器の結合系に見られる遷移ダイナミックスとカオス

本章では二つの同一な硬発振器のインダクタンスによる結合系において非線形性を表すパラメータ $\varepsilon > 0$ が十分小さい場合に現れる2重モード解が ε をしだいに大きくしたとき，構成する周波数成分がたがいに調整し合い，ついには同期引き込みを起こし，周期解になるという現象に着目した。特に，周期解になる直前のこの解の振舞いのなかに二つの対称性をもった周期解の間を交互に切り替わるという，興味深い運動が見られた。この現象は複数の**サドル・ノード分岐**の**分岐点**がそろっており，分岐点において退化したサドルを結ぶ**ヘテロクリニックサイクル**が形成されるという力学構造の結果として現れることを明らかにした。さらに，ヘテロクリニックサイクルが消滅する場合や運動がカオスとなる場合があることも例示した。最後にスイッチング解の平均周期のラミナー分布を計算した[1]。

9.1 はじめに

二つの同一な硬発振器のインダクタンスによる結合系は非線形性を表すパラメータ $\varepsilon > 0$ が十分に小さいとき，二つの発振器の出力電圧が同相に同期した**同相周期解**（同相解），逆相に同期した**逆相周期解**（逆相解），またはこれらの混在した**2重モード解**と呼ばれる概周期振動解が安定に存在することがすでに文献2),3)などで明らかにされている。パラメータ $\varepsilon > 0$ をしだいに大きくしていったとき，同相解はある $\varepsilon = \varepsilon_1$ でピッチフォーク分岐を起こし，不安定化する。また，逆相解は安定のまま存続することもすでに前章や文献4)などで明らかにされている。一方，2重モード解は，ε を大きくすると一般に二つの主要な角周波数成分 ω_1（= 同相角周波数）と ω_2（= 逆相角周波数）

がさまざまな割合で $\varepsilon=\varepsilon_2$ で同期引き込みを起こし，$\varepsilon>\varepsilon_2$ でのみ存在する周期解となる。この周期解に引き込まれる直前（$\varepsilon<\varepsilon_2, \varepsilon\approx\varepsilon_2$）では対称性をもった二つの周期解が交互にスイッチングを繰り返すという興味深い現象が観測された。これは現在，非平衡，非線形の一つの典型的現象として注目を集めている自己複製パターンなどに見られる"**遷移ダイナミックス**"の一種と考えることができる。一般に遷移ダイナミックスは最終的定常状態に向かう途中に見られる擬似的定常状態の場合が多いが[5)]，この例では最終的定常状態がなく，いつまでも擬似的定常状態を繰り返すところに特徴がある。このようなダイナミックスは文献5)，6)などで，ある種の反応拡散系において紹介され，ヘテロクリニックサイクルの存在が予想されてはいるが，具体例はまだ見出されていないようである。本文ではこのダイナミックスはサドル・ノード分岐の**整列階層構造**の端（すなわち分岐点）で，複数の退化したサドル点を結ぶヘテロクリニックサイクルが存在するという特異点構造の結果として現れるダイナミックスであることを具体的に明らかにする。また，パラメータ値によってはこのヘテロクリニックサイクルが消滅する場合や，スイッチング解がカオスとなる場合があることも例示する。そして，最後にこのスイッチングダイナミックスの平均周期は分岐点近傍でパラメータの分岐点からの距離のべき乗に比例することを確認する。

9.2 基礎方程式の導出

図 *9.1*(*a*)のような発振回路を考える。ここに非線形負性コンダクタンス（NC）の電圧・電流特性は

$$i_{\text{NC}} = g_1 v - g_3 v^3 + g_5 v^5 \quad (g_1, g_3, g_5 > 0) \tag{9.1}$$

で与えられるものとする。このようなタイプの発振器を硬発振器と呼ぶことにする。本文では図(*b*)のような二つの同一の硬発振器の結合系を考える。図 *9.1* よりつぎのような関係が導かれる[†]。

$$\frac{1}{L}\int v_k dt + C\frac{dv_k}{dt} + g_1 v_k - g_3 v_k^3 + g_5 v_k^5$$

9.2 基礎方程式の導出

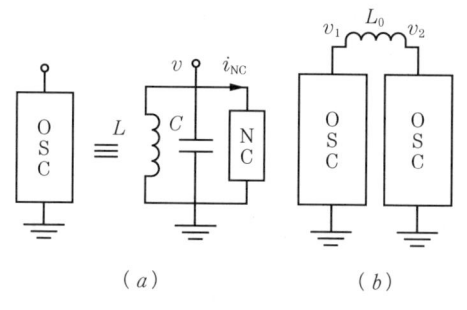

図 9.1 二つの硬発振器の結合系[1]

$$= \frac{1}{L_0} \int (v_{k+1} - v_k)\, dt, k=1,2 \tag{9.2}$$

これより

$$\frac{d^2 v_k}{dt^2} + \frac{g_1}{C}\left(1 - \frac{3g_3}{g_1} v_k{}^2 + \frac{5g_5}{g_1} v_k{}^4\right)\frac{dv_k}{dt}$$
$$+ \left(\frac{1}{LC} + \frac{1}{L_0 C}\right) v_k - \frac{1}{L_0 C} v_{k+1} = 0, k=1,2 \tag{9.3}$$

となる。式 (9.3) において変数変換, $v_k = \sqrt[4]{g_1/5g_5}\, y_k$ および $t = t'/\sqrt{(1/LC)+(1/L_0C)}$ を行い, 新たなパラメータとして $\varepsilon = g_1/\sqrt{(C/L)+(C/L_0)}$, $a = L/(L+L_0)$, $\beta = 3g_3/\sqrt{5g_1 g_5}$ を定義すると次式となる ($\cdot = d/dt'$, $\cdot\cdot = d^2/dt'^2$)。

$$\ddot{y}_k + \varepsilon(1 - \beta y_k{}^2 + y_k{}^4)\dot{y}_k + y_k - a y_{k+1} = 0, k=1,2 \tag{9.4}$$

式 (9.4) において $x_1 = y_1, x_2 = \dot{y}_1, x_3 = y_2, x_4 = \dot{y}_2$ とおくとこの系はつぎのような 4 階の自律系として書くことができる。

$$\left.\begin{aligned}
\dot{x}_1 &= x_2 \\
\dot{x}_2 &= -\varepsilon(1 - \beta x_1{}^2 + x_1{}^4)x_2 - x_1 + a x_3 \\
\dot{x}_3 &= x_4 \\
\dot{x}_4 &= -\varepsilon(1 - \beta x_3{}^2 + x_3{}^4)x_4 - x_3 + a x_1
\end{aligned}\right\} \tag{9.5}$$

---

† (前ページの注) 式 (9.2), (9.3) において v_3 は v_1 と考える。また, 式 (9.4) において y_3 は y_1 と考える。

ここに x_1 は第 1 の発振器の出力電圧 v_1 に比例した変数，x_3 は第 2 の発振器の出力電圧 v_2 に比例した変数である。また，$\beta > 0$ は振幅に関するパラメータ，$\varepsilon > 0$ は非線形性の強さを表すパラメータ，$0 < \alpha < 1$ は結合係数で $\alpha = 1$ が最大結合，$\alpha = 0$ が無結合を表す。

9.3 二つの周期解のスイッチング現象

本節では二つの周期解のスイッチング現象が観測される場合とされない場合について，その力学的機構を明らかにする。平均化法による解析の結果，式(9.5) は $4\sqrt{5}/3 < \beta < 4$ では**同相**，**逆相**，**無発振解**のほか，同相と逆相成分よりなる 2 重モード解が安定に存在する[3]。この 2 重モード解は非線形性を表すパラメータ ε が大きくなるとパラメータ α と β に応じてさまざまな振舞いをする。平均化法の計算によると同相解の角周波数は $\omega_1 = \sqrt{1-\alpha}$，逆相解の角周波数は $\omega_2 = \sqrt{1+\alpha}$ で与えられる。したがって，α が 0 に近い場合，ω_1 と ω_2 は接近している。一例として $(\alpha, \beta) = (0.1, 3.1)$ の場合の 2 重モード解を構成している ω_1 と ω_2 の ε に対する変化を FFT により計算した結果を図 **9.2** に示す。

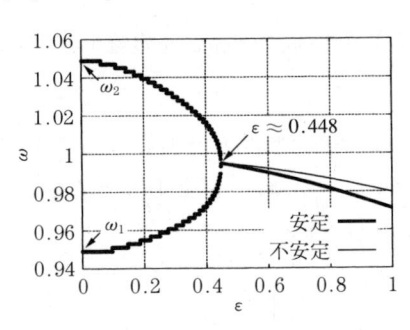

図 9.2 2 重モード解の角周波数の ε に対する変化 ($\alpha = 0.1$, $\beta = 3.1$)[1]

このような場合，ε をしだいに大きくすると 2 重モード解を構成する二つの角周波数は平均化法で予想される ω_1 と ω_2 から出発し，たがいに接近し，ついに $\varepsilon \approx 0.448$ 付近で同期引込みを起こし，単一の角周波数となる。$\varepsilon > 0.448$ では 2 重モード解は存在せず，その代わりこれらの同期した単一角周波数の発振モードが存在することになる。この発振モードを同期モード解と呼ぶ

9.3 二つの周期解のスイッチング現象

ことにする。物理的に見ると同期モード解は一方の発振器のみが発振している状態にあり，他方の発振器は発振しておらず，発振している発振器の出力がもれてきて小振幅の振動が起こっている状態と考えられる。この同期モードは式 (9.5) の対称性，すなわち x_1 と x_3, x_2 と x_4 を入れ替えても式の形が変わらないという性質から x_1 の振幅が大きく x_3 の振幅が小さい場合とその逆の場合が存在する。すなわち位相空間において図 **9.3** の実線で表される解と破線で表される解の 2 種類の解が共存する。

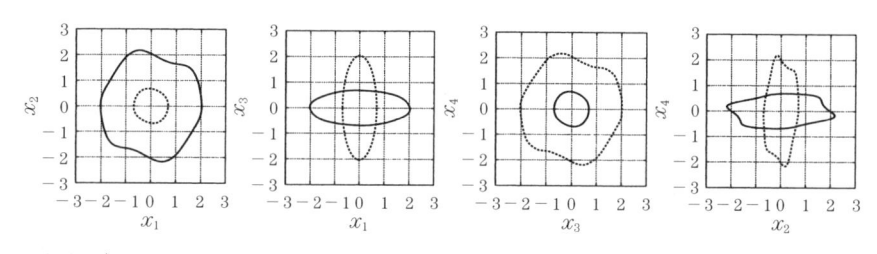

(a) (x_1, x_2) 平面　(b) (x_1, x_3) 平面　(c) (x_3, x_4) 平面　(d) (x_2, x_4) 平面

図 **9.3**　二つの対称な同期モード解 ($\alpha = 0.1, \beta = 3.1, \varepsilon = 0.449$)[1]

さて，この二つの同期モード解が消滅し，2 重モード解となる部分，すなわち 2 重モード解の最後の部分 ($\varepsilon < 0.448, \varepsilon \approx 0.448$) においては上述の二つの対称な周期解が交互に現れるスイッチング現象が起こる。一例として $\varepsilon = 0.447$ の場合，図 **9.4** のようにそれぞれの周期解の付近に軌道が長時間滞在し，その他の部分はすばやく通過する様子が見られる。本章ではこの原因について考察する。

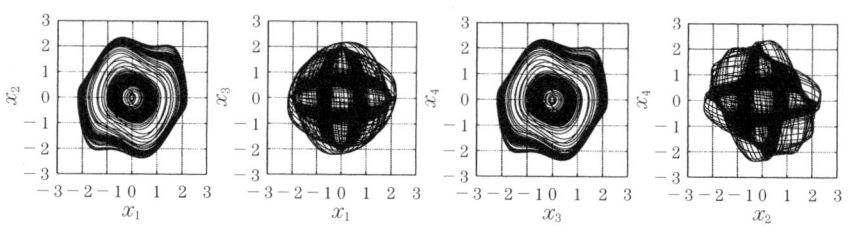

(a) (x_1, x_2) 平面　(b) (x_1, x_3) 平面　(c) (x_3, x_4) 平面　(d) (x_2, x_4) 平面

図 **9.4**　2 重モード解のスイッチング現象 ($\alpha = 0.1, \beta = 3.1, \varepsilon = 0.447$)[1]

式 (9.5) においてフローが $x_2 = 0$ を + から − に通過するときのポアンカレ断面 Σ を仮定すると，4次元のフローは (x_1, x_3, x_4) からなる Σ 上の局所離散力学系となる。このとき二つの周期解が安定に存在するパラメータにおいては二つの周期解は二つの完全安定不動点（ノード）となり，各ノードに対してペアとなる正不安定不動点（サドル）がそれぞれ存在する。この様子を (ε, x_1) 平面に射影すると図 **9.5** のようになり，$\varepsilon \approx 0.448$ 付近でサドルとノードが合体，消滅するサドル・ノード分岐が二つ同時に起こっていることがわかる。これをサドル・ノード分岐の整列階層構造という[5]。

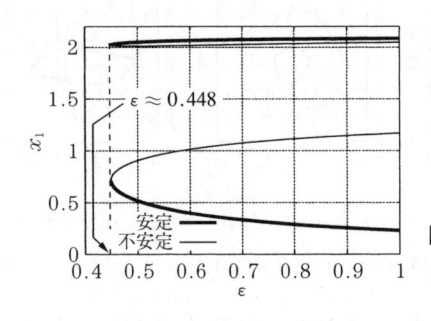

図 **9.5** 対称な同期モード解の (ε, x_1) 平面への射影 $(\alpha = 0.1, \beta = 3.1)$[1]

さらにサドル・ノード分岐点付近の $\varepsilon = 0.449$ におけるサドルの不安定多様体 W_u をコンピュータにより具体的に描くと図 **9.6** のようになる†。ここにおいて図 (a) は Σ 上，すなわち (x_1, x_3, x_4) 空間における W_u を，図 (b)–(d) はそれぞれ W_u の (x_1, x_3)，(x_1, x_4)，(x_3, x_4) 平面への射影を表す。これは図 **9.7** の概念図を用いてつぎのように説明される。一般に分岐点付近の ε $(\varepsilon > 0.448, \varepsilon \approx 0.448)$ では図 (a) のようにサドル S_1 の一方の W_u がノード N_1 に，もう一方の W_u がノード N_2 に入り込み，サドル S_2 の一方の W_u がノード N_1 に，もう一方の W_u がノード N_2 に入り込むという構造がコンピュータシミュレーションにより確認できる。そしてサドル・ノード分岐点において

---

† W_u は，サドル点の近傍においてサドル点の不安定な固有値（> 1）に対する固有ベクトル上に初期点を選び，写像を繰り返すことによって，その概形を描くことができる。固有ベクトル上の初期点は文献 7) の式(57)を参照して求めた。

(a) (b) (c) (d)

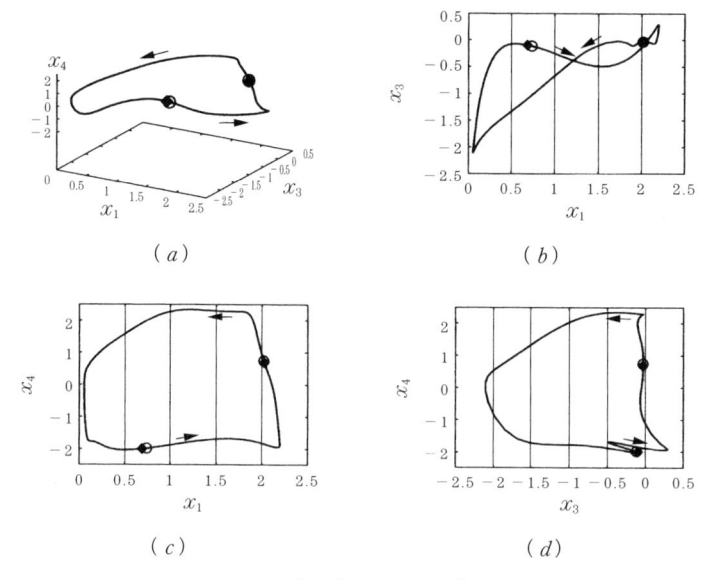

ノード：◆，サドル：⊙

図 9.6 サドルの不安定多様体 W_u の振舞い
$(\alpha = 0.1, \beta = 3.1, \varepsilon = 0.449)$[1]

(a) (b)

ノード：◆，サドル：⊙

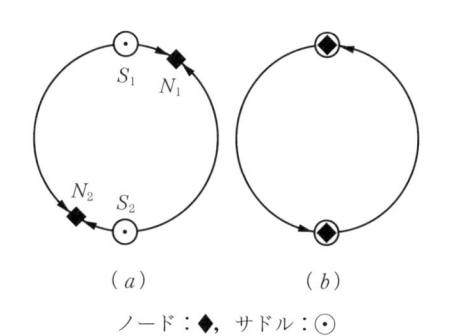

図 9.7 ヘテロクリニックサイクルの概念図[1]

は N と S は合体して退化したサドルとなるから，図(b)のように S_1 と S_2 を結ぶヘテロクリニックサイクルができることになる．このような二つの安定なノード N_1 と N_2 がサドルの不安定多様体によって連結されているという構造は，ベクトル場の連続性によりサドル・ノード分岐によって同期モード解が消

滅した直後においても保持されていると考えることができる。ただし，この場合，ノードはすでに消滅しているので，その痕跡ということになる。

要約すると図 9.4 に見られるような**スイッチング現象**はノード N_1 と N_2 の痕跡を結ぶ軌道ができており，この痕跡付近に長時間停留するために起こる現象と考えることができる。このスイッチング現象において，軌道が確かにサドルの不安定多様体上を動いていることを確認するために，図 9.2 において 2 重モード解の最後の部分である $\varepsilon = 0.447$ における 2 重モードアトラクタのポアンカレ写像とサドル・ノード分岐点付近の $\varepsilon = 0.449$ のサドルの不安定多様体を重ねて描くと**図 9.8** に示すように，まさに軌道は不安定多様体のごく近くを動いていることが確認できる。

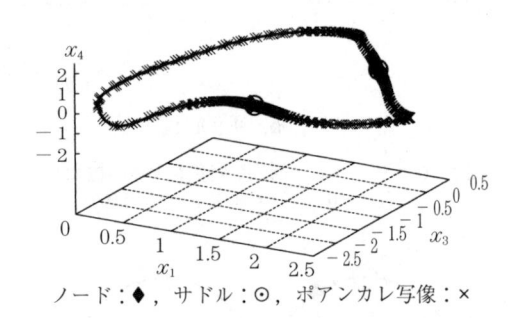

ノード：◆，サドル：⊙，ポアンカレ写像：×

図 9.8 $\varepsilon = 0.449$ のときのサドルの不安定多様体と $\varepsilon = 0.447$ のときの 2 重モードアトラクタのポアンカレ写像の重ね描き表示 ($\alpha = 0.1, \beta = 3.1$)[1]

さて，このようなスイッチング現象はいつも起こるとは限らない。例えば $(\alpha, \beta) = (0.05, 3.2)$ の場合，(ε, ω) 平面における 2 重モード解は**図 9.9** のように同期モード解につながっていない。この場合，$\varepsilon \approx 0.239$ 付近で周期解が消滅した後，および $\varepsilon \approx 0.213$ 付近で 2 重モード解が消滅した後のフローは逆相解に向かうようになる。この現象もサドルの不安定多様体 W_u の振舞いからつぎのように説明される。

図 9.10(a) は図 9.9 においてサドル・ノード分岐点付近の $\varepsilon = 0.25$ におけるコンピュータにより計算したサドル点の不安定多様体 W_u の振舞いであるが，W_u の一方は逆相解を表す不動点に向かっていることがわかる。つまり図

9.3 二つの周期解のスイッチング現象

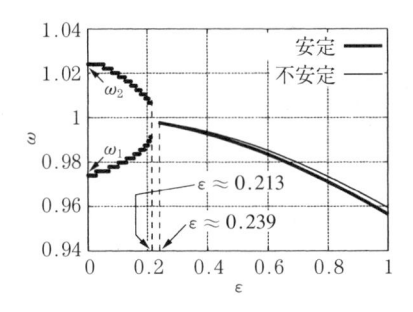

図 9.9 2重モード解の角周波数の ε に対する変化 ($\alpha = 0.05, \beta = 3.2$)[1]

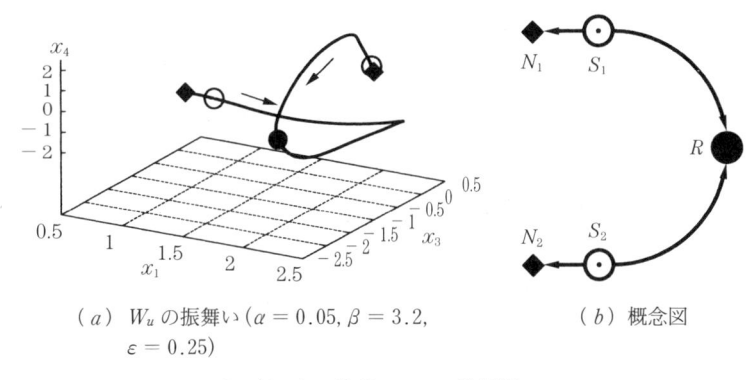

(a) W_u の振舞い ($\alpha = 0.05, \beta = 3.2, \varepsilon = 0.25$)

(b) 概念図

ノード：◆，サドル：⊙，逆相解：●

図 9.10 サドルの不安定多様体 W_u の振舞いと概念図

(b) のようにサドル S_1 の一方の W_u がノード N_1 に，もう一方の W_u が逆相解 R に入り込み，サドル S_2 の一方の W_u がノード N_2 に，もう一方の W_u が逆相解 R に入り込むという構造になっている。したがって，サドル・ノード分岐により同期モード解を表すノードが消滅すると $0.213 < \varepsilon < 0.239$ 付近で逆相解が現れる。

ここにおいて図 9.6 のようにヘテロクリニックサイクルが形成される場合と，図 9.10 のようにヘテロクリニックサイクルが消滅している場合の境界に当る分岐点の構造を見るために $(\alpha, \varepsilon) = (0.1, 0.471)$ とし，分岐の直前 ($\beta = 3.160$) と分岐の直後 ($\beta = 3.162$) におけるサドルの不安定多様体 W_u を重ねて描いたところ図 9.11 のようになった。この図より分岐点付近ではパラ

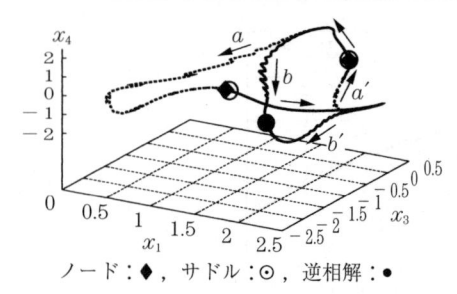

枝 a, a': $\beta = 3.160$,
枝 b, b': $\beta = 3.162$
図 **9.11** 分岐点付近におけるサドルの不安定多様体 W_u の重ね描き表示 ($\alpha = 0.1, \varepsilon = 0.471$)[1]

ノード：◆，サドル：⊙，逆相解：●

メータの微小な変化に対して W_u の振舞いは途中から大きく変化し，一方はノードに向かい（枝 a, a'），他方は逆相解に向かっている（枝 b, b'）．そしてこの状態から $\beta = 3.160$ の場合 $\varepsilon = 0.469$ とわずかに小さくするとサドル・ノード分岐により同期モード解からヘテロクリニックサイクルに沿って運動するスイッチング解へと移行し，$\beta = 3.162$ の場合，$\varepsilon = 0.470$ とすると同期モード解から逆相解に移行する．以上より，ある種の大域的分岐がこの付近で発生していることが推測される．

9.4　2周期解の場合のスイッチング現象

α の値が大きく ω_1 と ω_2 が大きく離れていて1対1での同期引込みが困難な場合，一般に m 対 n での同期引込みが起こる．**図 9.12** は $(\alpha, \beta) = (0.5, 3.2)$ における2重モード解の二つの主要な角周波数成分の ε に対する変化を示し，$\varepsilon \approx 0.881$ 付近で $\omega_1 : \omega_2 = 1 : 2$ で引込みが生じている．この場合，同期引込みの直後では**図 9.13** の実線と破線の軌道に見るような二つの対称な周期解が共存し，同期引込みの直前の非同期状態では**図 9.14** のようにこの二つの周期解の間でスイッチングする2重モード解が発生する．

図 9.15 は各 ε に対する2重モードアトラクタのポアンカレ写像である．ε が小さいときの概周期振動を表す円と同相な不変曲線は ε の増加とともに**トーラス**と**ロッキング**を繰り返しながら形が歪み，かつ，折れ目ができ，**カオス**的な振舞いが見られるようになる．図(e)は，同期引込みの直前の状態で2組の2周期解のところに高い確率で存在し，この間をスイッチングしている様子を示している．さらに ε が分岐点を超えると図(f)に示すように白黒2組の

9.4 2周期解の場合のスイッチング現象

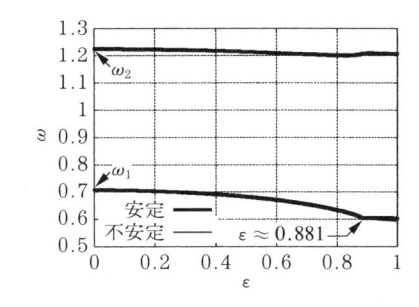

図 9.12 2重モード解の角周波数の ε に対する変化 ($\alpha = 0.5, \beta = 3.2$)[1]

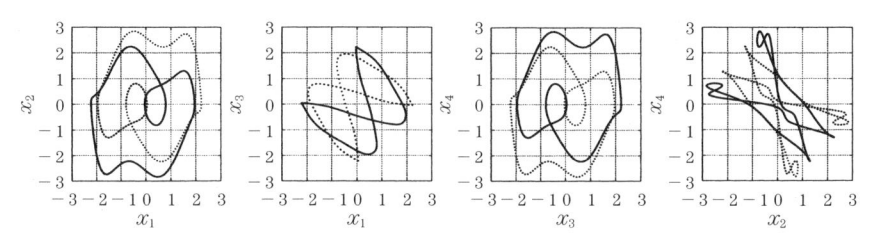

(a) (x_1, x_2) 平面　(b) (x_1, x_3) 平面　(c) (x_3, x_4) 平面　(d) (x_2, x_4) 平面

図 9.13 二つの対称な同期モード解 ($\alpha = 0.5, \beta = 3.2, \varepsilon = 0.882$)[1]

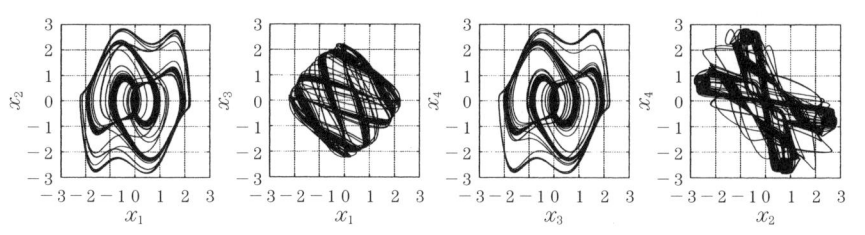

(a) (x_1, x_2) 平面　(b) (x_1, x_3) 平面　(c) (x_3, x_4) 平面　(d) (x_2, x_4) 平面

図 9.14 2重モード解のスイッチング現象 ($\alpha = 0.5, \beta = 3.2, \varepsilon = 0.88$)[1]

うちいずれか一つの組の周期点が現れるようになる。

このようなアトラクタの性質を調べるため，式 (9.5) のフローについて最大リヤプノフ指数 ($LE\,1$) と 2 番目に大きいリヤプノフ指数 ($LE\,2$) を計算すると図 **9.16** のようになった†。すなわち，$\varepsilon \approx 0 \sim 0.8$ くらいでは，ほぼ $LE\,1 \approx LE\,2 \approx 0$ で概周期振動を示す領域と $LE\,1 \approx 0, LE\,2 < 0$ で周期振動となる領域が混在している。つぎに $\varepsilon = 0.8 \sim 0.881$ 付近では $LE\,1$ は正，$LE\,2 \approx 0$ でカオスとなる領域が多く含まれている（例えば $\varepsilon = 0.871$ で

(a) $\varepsilon = 0.2$ （b) $\varepsilon = 0.6$ （c) $\varepsilon = 0.8$

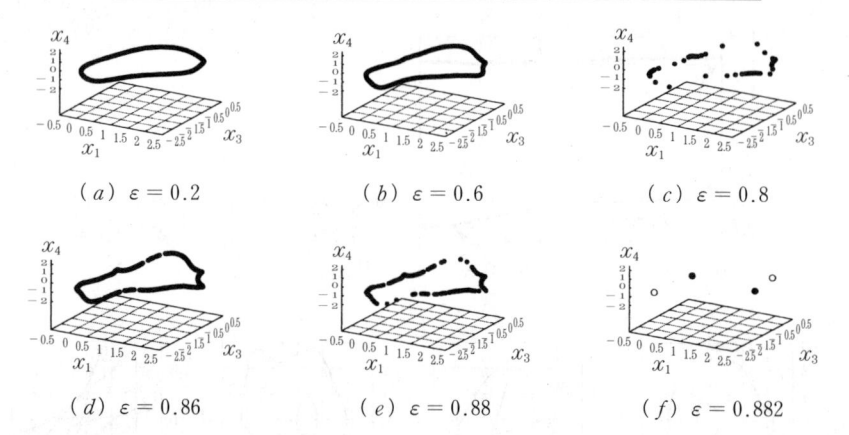

(d) $\varepsilon = 0.86$ （e) $\varepsilon = 0.88$ （f) $\varepsilon = 0.882$

図 9.15 各 ε に対するアトラクタのポアンカレ写像（$\alpha = 0.5, \beta = 3.2$）[1]

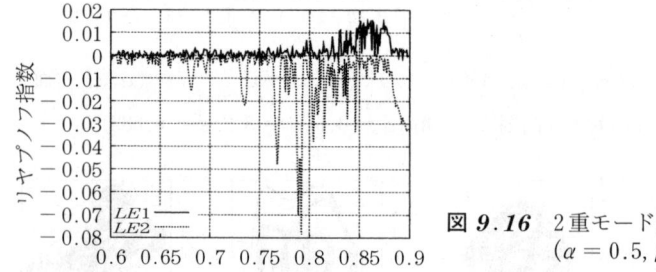

図 9.16 2重モード解のリヤプノフ指数（$\alpha = 0.5, \beta = 3.2$）[1]

$LE\,1 = 0.012 > 0, LE\,2 = 0.000\,136 \approx 0$ となる）．さらに，ε が 0.881 を超えると $LE\,1 \approx 0, LE2 < 0$ となり，周期振動（＝同期モード解）を示す．

図 9.17 は (ε, x_1) 平面に同期モード解を射影した分岐図で A と A' が 1 組，B と B' がもう 1 組の分岐集合に対応しており，$\varepsilon \approx 0.881$ 付近で 2 組の 2 周

---

† （前ページの注） ここでは微分方程式（9.5）のアトラクタのリヤプノフ指数を求めている．したがって，リヤプノフ指数は $LE\,1 \geq LE\,2 > LE\,3 > LE\,4$ の全体で 4 個で，うち 1 個は自律系であるため必ず 0 となる．したがって，理論的には（ハイパーカオスを除く）カオスアトラクタの場合，$LE\,1 > 0, LE\,2 = 0, LE\,3, LE\,4 < 0$．概周期アトラクタの場合 $LE\,1 = 0, LE\,2 = 0, LE\,3, LE\,4 < 0$．周期アトラクタの場合，$LE\,1 = 0, LE\,2, LE\,3, LE\,4 < 0$ となる．なお，本文の計算では $LE\,3, LE\,4 < 0$ は確認されている．

期点が同時にサドル・ノード分岐を起こし，分岐点が整列階層構造を形成していることがわかる．さらにサドル・ノード分岐の近くで4個のサドルの不安定多様体を描くと図 9.18 のように $A \to B \to A' \to B' \to A$ とヘテロクリニックサイクルができていることがわかる．図 9.19 は図 9.15(e)の $\varepsilon = 0.88$ における2重モードアトラクタのポアンカレ写像と図 9.18 におけるサドルの不安定多様体を重ねて描いたもので，写像点は，ほぼこの不安定多様体の上に分布していることがわかる．以上より，遷移ダイナミックスはこのヘテロクリニックサイクル上で生じていることが確認された．

本節の最後にスイッチング解がカオスになる場合（9.4節の例）とならな

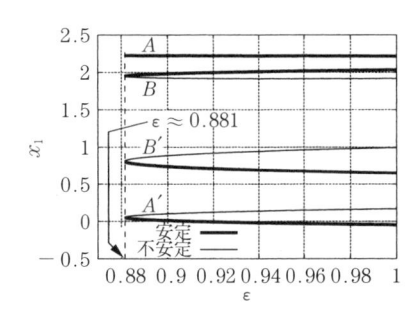

図 9.17 対称な同期モード解の (ε, x_1) 平面への射影 ($\alpha = 0.5, \beta = 3.2$)[1]

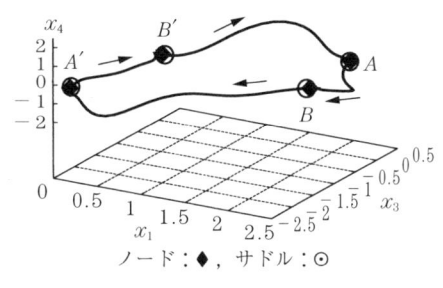

図 9.18 サドルの不安定多様体 W_u の振舞い ($\alpha = 0.5, \beta = 3.2, \varepsilon = 0.882$)[1]
ノード：◆，サドル：⊙

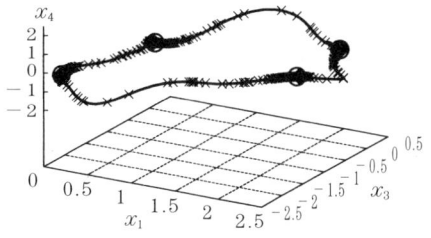

図 9.19 $\varepsilon = 0.882$ のときのサドルの不安定多様体と $\varepsilon = 0.88$ のときの2重モードアトラクタのポアンカレ写像の重ね描き表示 ($\alpha = 0.5, \beta = 3.2$)[1]
ノード：◆，サドル：⊙，ポアンカレ写像：×

い場合（9.3 節の例）について簡単に解説する。この系は結合係数 $\alpha = 0$ のとき，それぞれ独立な 2 組の硬発振器（= 2 階自律系）となる。このような場合，ε を大きくしても決してカオスになることはない。また $\varepsilon > 0$ が小さいときは平均化法の結果が成り立つから，たとえ α が大きくともやはりカオスとなることはない。α が小さければ $\alpha = 0$ の系の性質は引き継がれると考えれば，α が十分小さなときはカオスは起こり得ず，また ε が小さいときもカオスは起こらないから，カオスが発生する必要条件として $\alpha(<1)$ と ε が大きいことがあげられる。実際，9.3 節の例は $\alpha = 0.1$ で ε を大きくしてもカオスは起こらなかった。一方，9.4 節の例は $\alpha = 0.5$ で $\varepsilon = 0.8 \sim 0.881$ 付近ではカオスが見られた。以上の結果はこの推論に合致している。カオス発生の正確な条件については今後の課題としたい。

9.5 ラミナー分布

一般に二つの周期解の間をスイッチングしているときのおのおのの準定常（ラミナー）状態の長さの ε に対する分布はどのようになっているであろうか？ サドル・ノード分岐の消失に伴う間欠性はタイプ I 型の**インターミッテンシー**と呼ばれ，平均ラミナー時間 $\langle T \rangle$ の分岐点 ε_c からの距離 $|\varepsilon_c - \varepsilon|$ に対する特性は分岐点近傍において

$$\langle T \rangle \propto |\varepsilon_c - \varepsilon|^{-0.5} \tag{9.6}$$

という公式に従うことが Pomeau と Manneville[8] によってすでに導出されている。タイプ I 型の間欠性はサドル・ノード分岐が消滅した直後に見られる準定常（ラミナー）状態と乱れた（バースト）状態を交互に繰り返す運動として定義される。この間欠性はカオスの場合と概周期もしくは周期運動の場合がある。前者の場合，毎回のラミナー長はばらばらになるが，後者の場合ほぼ一定となる。

図 **9.20** は ω_1 と ω_2 が 1 対 1 に同期する直前の $(\alpha, \beta, \varepsilon) = (0.1, 3.1, 0.447)$ における波形のトレースであるが，x_1 の振幅が小さい状態と大きい状態をほぼ周期的に繰り返している。図 9.20 において，フラットな部分が，軌道が

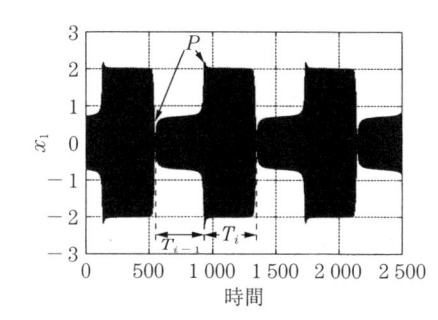

図 **9.20** 同期する直前の x_1 の時間波形 ($\alpha = 0.1, \beta = 3.1, \varepsilon = 0.447$)[1)]

サドル点の付近に停留するラミナーな状態に対応し，ピーク部分（図中 P で示す）がサドルから大きく離れるバースト状態に対応する．バースト状態が通常の間欠性に比べて比較的小さいのは，ラミナー状態が二つあるため，軌道はサドル点の痕跡付近から離れてもすぐにもう一つのサドル点の痕跡付近に引き寄せられるためと考えられる．

さて，ラミナー状態の平均値を各 $|\varepsilon_c - \varepsilon|$ に対して常用対数目盛でプロットすると図 **9.21** のようになる[†]．この図において，得られたデータ点に対して直線を最小2乗法により当てはめると，その傾きは約 -0.5 となった．

また，図 **9.22** はやはり ω_1 と ω_2 が1対1に同期する直前の $(\alpha, \beta) = (0.05, 3.1)$ におけるラミナー分布で，その傾きは約 -0.49 となった．

つぎに2周期解になる直前のラミナー分布を計算した結果，図 **9.23** のようにその傾きは約 -0.54 となった．そのほかの場合もいくつか計算したが，すべて傾きは -0.5 付近に集中しており，ほぼ式 (9.6) に一致することが確認された．

さて，ε の分岐点からの距離がどの程度大きくなるまでスイッチング現象が観測されるであろうか？ 距離を大きくしていくとスイッチング波形はしだい

[†] 図において運動が周期的であれば平均をとる必要はないが，カオスの場合もありうるので一応平均をとった．また，厳密にはバースト部分は図 **9.20** の T_i から差し引いてラミナー長を計算すべきであるが，バースト部分の長さはラミナー部分の長さに比べて十分小さいので，数値計算の簡単化のためこれも含めて図 **9.20** で $T_i, T_{i-1}, \cdots$ の長さの平均をもってラミナー長とした．

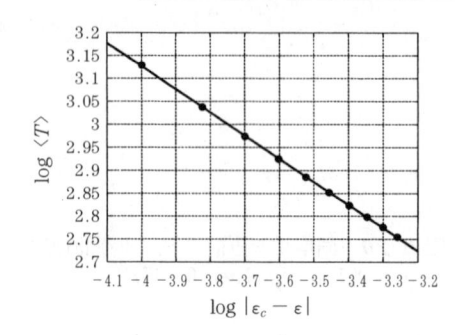

図 9.21 スイッチング解のラミナー分布 ($\alpha = 0.1, \beta = 3.1, \varepsilon_c = 0.448\,14$)[1]

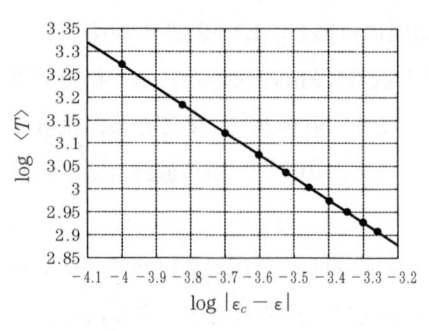

図 9.22 スイッチング解のラミナー分布 ($\alpha = 0.05, \beta = 3.1, \varepsilon_c = 0.222\,59$)[1]

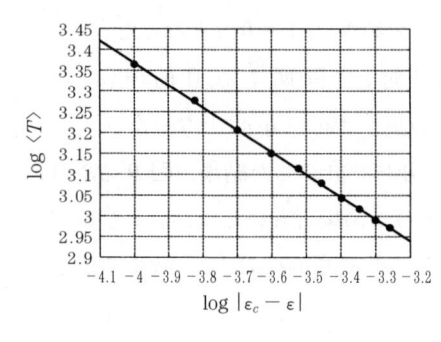

図 9.23 スイッチング解のラミナー分布 ($\alpha = 0.5, \beta = 3.2, \varepsilon_c = 0.881\,31$)[1]

に切替わりの過渡部分が緩やかな変化をするようになり，徐々に通常の2重モード振動（またはカオス振動）に移行していく．そのためスイッチング現象が観測される ε の範囲を正確に求めることは困難であるが，コンピュータシミュレーションによると図 9.21 のパラメータでは少なくとも $|\varepsilon_c - \varepsilon| \approx 0.03$ くらいまでは軌道が図 9.3 の二つのリミットサイクルの近傍に長く留まり，その他の部分はすばやく通過するという意味でスイッチング動作が確認された．

9.6 むすび

　本章ではインダクタンスで相互結合された同一の硬発振器において観測されたスイッチング現象の発生機構について明らかにした. この現象の主要なメカニズムは以下の3点にある. すなわち対称な周期解の存在, 複数のサドル・ノード分岐の整列階層構造の存在, サドル・ノード分岐点における退化したサドルを結ぶヘテロクリニックサイクル軌道の形成である. さらに平均スイッチング周期$\langle T \rangle$の分岐点からの距離$|\varepsilon_c - \varepsilon|$に対する特性はサドル・ノード分岐に固有のタイプI形の間欠性の公式に合致することも確認した. このような遷移ダイナミックスはさまざまな非線形システムにおいて見られると思われるが, その解析は現在までのところあまり行われていない. 今後の課題として, ヘテロクリニックサイクルが形成される場合とされない場合の分岐構造の解明, カオス発生の条件等を明らかにするとともに電子回路実験において, このスイッチング現象を確認してみたいと考えている.

10 位相同期回路の基礎

本章では位相同期回路について詳しく解説する[1]。位相同期回路は英語では phase-locked loop：PLL と呼ばれ，その原型はすでに 1920 年代のラジオ放送の始まりとともに考案された。しかし，実用化されたのは 1950 年代のテレビ受像機の水平掃引回路であり，その後，さまざまな通信装置の中で広く用いられている。例えば，衛星からの雑音に埋もれた微弱な信号のトラッキング受信，データ伝送用モデムや衛星通信の復調器における周波数，位相変調信号の復調，TV の水平掃引同期回路，携帯電話等における搬送波再生，パルス同期，タイミング抽出などのような信号の同期，アクティブフィルタ，周波数シンセサイザなどにおける狭帯域選択性，周波数変換，合成などにもさまざまな形で PLL は用いられている。PLL の応用はほとんどその線形動作領域に限られてきたが，PLL は本来非線形な機能素子であり，その動作は剛体振り子の力学とほぼ同じと考えることができる。本章では PLL の非線形な側面を中心として（不完全 2 次）PLL 方程式の導出，**ロックレンジ**，**プルインレンジ**などについて述べる[2,3]。なお，PLL の線形理論については，章末の参考文献を参照されたい[4,5]。

10.1 PLL 方程式の導出

PLL は図 **10.1** のように三つの機能素子からできている。すなわち，位相比較器 (phase comparator：PC)，ローパスフィルタ (low-pass filter：LPF)，電圧制御発振器 (voltage-controlled oscillator：VCO) である。ここにおいて入力信号は $\theta_{in}(t)$ を入力位相として $y_{in} = A\sin(\omega t + \theta_{in}(t))$，出力信号は $\theta_{out}(t)$ を出力位相として $y_{out} = B\cos(\omega t + \theta_{out}(t))$ と書くことができる（ω

10.1 PLL方程式の導出

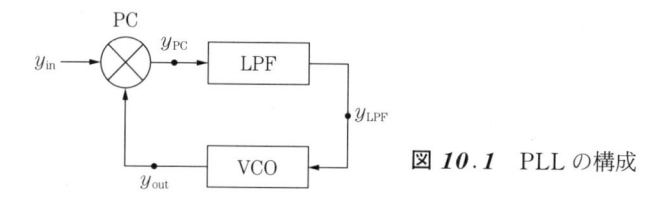

図 **10.1** PLL の構成

はVCOの自走角周波数，すなわち無入力時の発振角周波数）。また，PC出力は $\phi(t) = \theta_{\text{in}}(t) - \theta_{\text{out}}(t)$ を誤差位相として $y_{\text{PC}} = K_{\text{PC}} h(\phi(t))$ と書くことができる（$h(\phi)$ は 2π-周期関数で位相比較器の種類により正弦波，三角波，鋸歯状波などさまざまな形をとる）。y_{PC} は LPF を通過後，VCO に入力されるが，VCO の動作は入力電圧に比例してその瞬時角周波数が自走角周波数 ω のまわりで変化する。言い換えれば，y_{LPF} の積分値が出力位相となる。すなわち，$\theta_{\text{out}} = K_{\text{VCO}} \, y_{\text{LPF}}/s$ となる。このようにして図 *10.1* は入力，出力，誤差位相に関して図 **10.2** のようなベースバンドモデルと呼ばれる位相に関するブロック図に書きかえることができる。図 *10.2* において $F(s)$ は LPF の伝達関数を表すが，ここではラグ・リード形と呼ばれる図 **10.3** のような単極

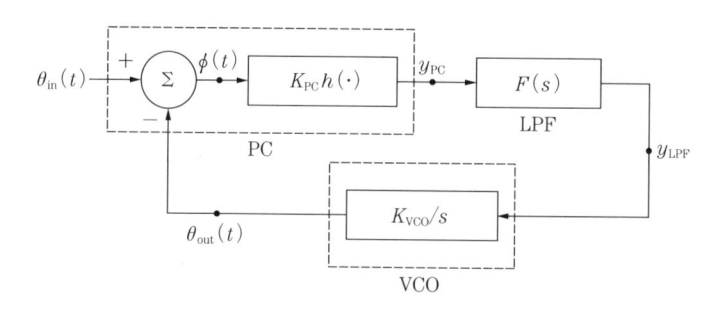

図 **10.2** PLL の位相図

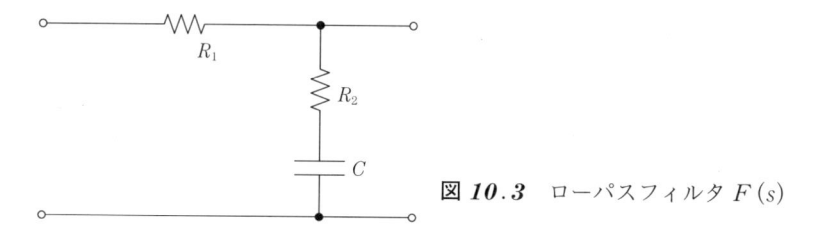

図 **10.3** ローパスフィルタ $F(s)$

の RC フィルタが用いられる場合を取り扱う[†]。

したがって, $F(s) = (1 + \tau_2 s)/(1 + \tau_1 s)$, $\tau_1 \equiv (R_1 + R_2)C$, $\tau_2 \equiv R_2 C$ としてつぎのような PLL を表す関係式ができる.

$$\frac{K_{\text{VCO}}}{s}\left(\frac{1+\tau_2 s}{1+\tau_1 s}\right)K_{\text{PC}}h(\phi) = \theta_{\text{out}} = \theta_{\text{in}} - \phi$$

上式において s は微分オペレータ d/dt を表すから

$$(1 + \tau_2 s) K_{\text{PC}} K_{\text{VCO}} h(\phi) = s(1 + \tau_1 s)(\theta_{\text{in}} - \phi)$$

となり, さらに

$$K_{\text{PC}}K_{\text{VCO}}h(\phi) + \tau_2 K_{\text{PC}} K_{\text{VCO}} \frac{dh(\phi)}{dt} = \frac{d\theta_{\text{in}}}{dt} - \frac{d\phi}{dt} + \tau_1 \frac{d^2\theta_{\text{in}}}{dt^2} - \tau_1 \frac{d^2\phi}{dt^2}$$

となる。これより位相に関するつぎのような微分方程式が得られる ($K_0 \equiv K_{\text{PC}} \cdot K_{\text{VCO}}$)。これを**不完全 2 次ループ**という[††]。

$$\frac{d^2\phi}{dt^2} + \frac{1}{\tau_1}(1 + K_0 \tau_2 h'(\phi))\frac{d\phi}{dt} + \frac{K_0}{\tau_1}h(\phi) = \frac{d^2\theta_{\text{in}}}{dt^2} + \frac{1}{\tau_1}\frac{d\theta_{\text{in}}}{dt} \tag{10.1}$$

いま, 入力 y_{in} が VCO の自走角周波数 ω から離調 $\Delta\omega$ をもつ単一正弦波 $M \sin \omega_m t$ で周波数変調されているとすると, 入力位相 $\theta_{\text{in}}(t)$ の微分はつぎのように書くことができる.

$$\frac{d\theta_{\text{in}}(t)}{dt} = \Delta\omega + M \sin \omega_m t \tag{10.2}$$

これよりつぎのような 2 階の非自律系の非線形微分方程式が得られる.

$$\frac{d^2\phi}{dt^2} + \frac{1}{\tau_1}(1 + K_0 \tau_2 h'(\phi))\frac{d\phi}{dt} + \frac{K_0}{\tau_1}h(\phi) = \frac{\Delta\omega}{\tau_1} + \frac{M}{\tau_1}\sin\omega_m t$$
$$+ M\omega_m \cos\omega_m t \tag{10.3}$$

PLL は FM 復調機能があるため, このように入力に FM 変調された RF 信

[†] $R_2 = 0$ ($\tau_2 = 0$) の場合をラグ形という.

[††] これ以外に, ループフィルタがアクティブフィルタで作られ, $F(s) = 1 + 1/(\tau_1 s)$ の形で与えられる場合もあり, これを完全 2 次ループというが, 本書では割愛する. これについては文献を参照のこと.

号が入力されるのは自然なことである。さて上式を正規化するためにつぎのような線形 PLL の設計等でよく用いられる自然角周波数 ω_n とダンピング係数 ζ を定義する。

$$\omega_n = \sqrt{\frac{K_0}{\tau_1}}$$

$$\zeta = \frac{1 + K_0 \tau_2}{2\sqrt{K_0 \tau_1}}$$

さらに時間 t を $t' = \omega_n t$ と変数変換して β, σ, Ω, m をそれぞれ

$$\beta \equiv \frac{\omega_n}{K_0} = \frac{1}{\sqrt{K_0 \tau_1}} : 正規化自然角周波数$$

$$\sigma \equiv \frac{\Delta \omega}{\omega_n} : 正規化離調$$

$$\Omega \equiv \frac{\omega_m}{\omega_n} : 正規化変調角周波数$$

$$m = \frac{M}{\omega_n} : 正規化最大角周波数偏移$$

のような正規化されたパラメータとすると正規化された PLL の方程式として次式が得られる（煩雑を避けるため t' を再び t とおきなおしてある）。

$$\frac{d^2\phi}{dt^2} + \beta \left[1 + \frac{(2\zeta - \beta) h'(\phi)}{\beta} \right] \frac{d\phi}{dt} + h(\phi) = \beta\sigma + \beta m \sin \Omega t$$
$$+ m\Omega \cos \Omega t \qquad (10.4)$$

ここにおいて $2\zeta - \beta = K_0 \tau_2 / \sqrt{K_0 \tau_1} \geq 0$ である。これが式 (10.2) のような入力位相に対する位相比較器の非線形性を考慮した**不完全 2 次 PLL** の基礎方程式である。

10.2　ロックレンジとプルインレンジ

まず，基礎方程式において外力 m が 0 の場合を考える。これは離調のある無変調の搬送波が入力された場合にあたる。最初にロックレンジを求める。ロックレンジとは同期状態にある PLL でしだいに離調 σ（の絶対値）を大きくしたときに同期が保たれる最大の離調 $\sigma_L > 0$ のことである。すなわち $|\sigma| <$

σ_L のとき同期は保たれるが,この範囲を超えると決して同期は起こらない。このような $\sigma_L > 0$ のことを**ロックレンジ**(同期保持範囲)という。以下,PC 特性 $h(\phi)$ が**図 10.4** のような正弦波,三角波,鋸歯状波形の場合についてロックレンジを求める。同期状態では誤差位相 ϕ は一定値 ϕ_e であることから,その微分はすべて 0 である。そして,基礎方程式 (10.4) からつぎの関係式が得られる。

$$h(\phi_e) = \beta\sigma \tag{10.5}$$

上式において離調 σ を与えると対応する誤差位相 ϕ_e が求まる。図 10.4 よ

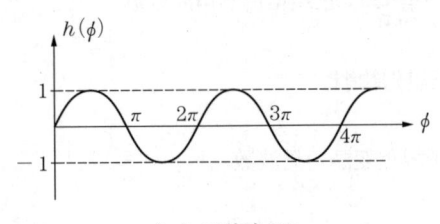

(a) 正弦波 PC

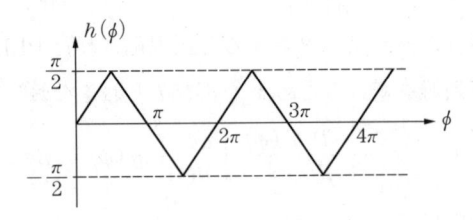

(b) 三角波 PC

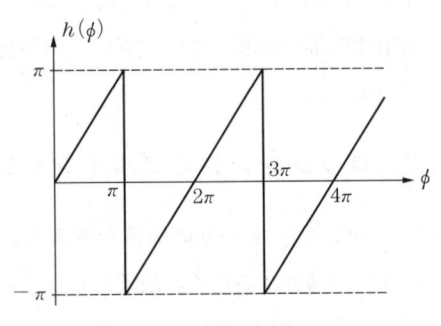

(c) 鋸歯状波 PC

図 **10.4** 種々の位相比較特性

り正弦波特性の場合，式（10.5）の左辺の最大値は 1 であるからロックレンジは

$$\sigma_{L,\sin} = \frac{1}{\beta} \tag{10.6}$$

図 10.4 より三角波特性の場合，式（10.5）の左辺の最大値は $\pi/2$ であるからロックレンジは

$$\sigma_{L,\mathrm{tri}} = \frac{\pi}{2\beta} \tag{10.7}$$

また図 10.4 より鋸歯状波特性の場合，式（10.5）の左辺の最大値は π であるからロックレンジは

$$\sigma_{L,\mathrm{saw}} = \frac{\pi}{\beta} \tag{10.8}$$

となる．以上より，図 10.4 のように誤差位相 ϕ が小さい場合の線形ループの特性を同一 ($h'(0) = 1$) にしたとき，鋸歯状波特性，三角波特性，正弦波特性の順にロックレンジが小さくなることがわかる．

つぎにプルインレンジについて述べる[6), 7)]．プルインレンジは引込範囲とも呼ばれ，どのような初期状態からでも同期引込が起こる最大の離調 σ_p として定義され，$\sigma_L > \sigma_p > 0$ である．一般に離調がロックレンジより小さくても必ず同期引込が起こるとは限らない．これを理解するために，式（10.4）において $m = 0$ として $0 < \sigma < \sigma_p, \sigma = \sigma_p, \sigma_p < \sigma < \sigma_L, \sigma > \sigma_L$ の4通りの場合の位相面軌道を求めると，それぞれ**図 10.5**(a)，(b)，(c)，(d)のようになる．

ロックレンジは図(c)において安定渦状点 F と鞍形点 S が合体，消滅し図(d)のようになるときの σ に相当する．つぎに $\sigma_p < \sigma < \sigma_L$ の離調に対しては図(c)に見るように初期状態によって同期引込が起こる場合と起こらない場合がある．すなわち，非同期状態を表す安定な**第2種周期解** PS（物理的にはビート解）と安定な平衡解 F が共存していると，初期値によって軌道が PS に収束し非同期となる場合と F に収束し同期する2通りの場合が起こる．一方，$0 < \sigma < \sigma_p$ の場合，図(a)のように PS は消滅し，安定な平衡解のみが

(a) $0 < \sigma < \sigma_p$

(b) $\sigma = \sigma_p$

(c) $\sigma_p < \sigma < \sigma_L$

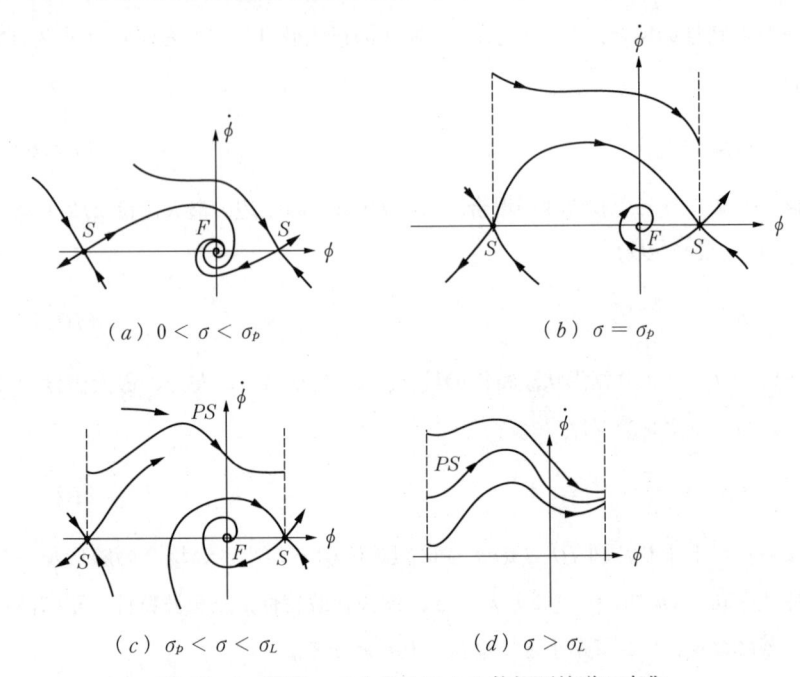

(d) $\sigma > \sigma_L$

図 10.5 離調 σ の大きさによる位相面軌道の変化

存在する。したがって，この場合にはいかなる初期値に対しても同期引込が行われる。以上より，PLL の引込範囲は，PS の存在する最小の σ の値に相当することがわかるが，このとき図(b)のように S と S を結ぶヘテロクリニックサイクルが形成される場合が多い。PLL はたとえ同期はずれが起こっても再引込が行われることが要求されるので，実用上の設計パラメータとしてはロックレンジよりもプルインレンジの方が重要となる。それでは，どのようにしてプルインレンジを求めるかについて考える。

前述のようにプルインレンジは式 (10.4) において $m = 0$ とした系につぎのような第 2 種の周期解（ビート解）PS

$$\phi(t) = \omega t + \sum_{n=1}^{\infty} (a_{2n-1} \sin n\omega t + a_{2n} \cos n\omega t) \qquad (10.9)$$

が存在する最小の離調 $\sigma = \sigma_p$ として与えられる。この PS は t を $t + T$ ($T = 2\pi/\omega$) としたとき，ϕ が $\phi + 2\pi$ となるような解である。これを具体的に

求めるには β, ζ を固定し，さまざまな ω に対して σ と解の係数 $a_1, a_2, \cdots,$ a_{2n} を**ガレルキン法**という数値計算アルゴリズムを使って求める[†]。このため基礎方程式，すなわち式 (10.4) で $m = 0$ とした式において $\omega t = t'$ という変数変換を行う（煩雑を避けるため t' を再び t とおきなおす）。

$$\left. \begin{aligned} \frac{d\phi}{dt} &= y \\ \frac{dy}{dt} &= \frac{\beta\sigma}{\omega^2} - \frac{1}{\omega_2} h(\phi) - \frac{1}{\omega}[\beta + (2\zeta - \beta)h'(\phi)]y \equiv X(\phi, y, \sigma) \end{aligned} \right\}$$
(10.10)

上式に第2種周期解の m 次近似解

$$\phi_m(t) = t + \sum_{n=1}^{m} (a_{2n-1} \sin nt + a_{2n} \cos nt) \quad (10.11)$$

を代入すると式 (10.10) の第1式よりただちに

$$y_m(t) = 1 + \sum_{n=1}^{m} (na_{2n-1} \cos nt - na_{2n} \sin nt) \quad (10.12)$$

が得られる。式 (10.11)，(10.12) を式 (10.10) の第2式の右辺に代入し，$X(\phi_m(t_i), y_m(t_i), \sigma)$ を m 次の離散フーリエ級数に展開する。

$$X(\phi_m(t_i), y_m(t_i), \sigma) \approx b_0 + \sum_{n=1}^{m} (b_{2n-1} \sin nt + b_{2n} \cos nt) \quad (10.13)$$

ここに

$$\left. \begin{aligned} b_0 &= \frac{1}{2N} \sum_{i=1}^{2N} X^{(i)} \\ b_{2n-1} &= \frac{1}{N} \sum_{i=1}^{2N} X^{(i)} \sin nt_i \\ b_{2n} &= \frac{1}{N} \sum_{i=1}^{2N} X^{(i)} \cos nt_i \\ X^{(i)} &= X(\phi_m(t_i), y_m(t_i), \sigma) \\ t_i &= \frac{(2i-1)\pi}{2N}, N \geq m+1 \end{aligned} \right\}$$
(10.14)

[†] 物理的な意味としては σ を与えて ω を計算するほうがよいが，このようにすると多価関数になる場合があるため，計算上は本文のようにしている。

とする。このフーリエ展開された表現を用い，式 (10.10) の第2式の右辺と左辺で各調波成分ごとに**ハーモニックバランス**を行うとつぎの $(2m+1)$ 次の代数方程式が得られる ($f_0 \equiv f_\sigma, a_0 \equiv \sigma$)。

$$\left.\begin{aligned} f_0(\boldsymbol{\alpha}) &= \frac{1}{2N} \sum_{i=1}^{2N} X^{(i)} = 0 \\ f_{2n-1}(\boldsymbol{\alpha}) &= \frac{1}{N} \sum_{i=1}^{2N} X^{(i)} \sin nt_i + n^2 a_{2n-1} = 0 \\ f_{2n}(\boldsymbol{\alpha}) &= \frac{1}{N} \sum_{i=1}^{2N} X^{(i)} \cos nt_i + n^2 a_{2n} = 0 \\ n &= 1, 2, 3, \cdots, m \end{aligned}\right\} \quad (10.15)$$

上式において $\boldsymbol{\alpha}$ は解ベクトル

$$\boldsymbol{\alpha} = (a_0, a_1, a_2, \cdots, a_{2m})^T$$

を表す。この式は代数方程式であるからつぎのようなニュートン法のアルゴリズムにより解くことができる。

$$\left.\begin{aligned} \boldsymbol{\alpha}_{n+1} &= \boldsymbol{\alpha}_n - J^{-1}(\boldsymbol{\alpha}_n) F(\boldsymbol{\alpha}_n) \\ F(\boldsymbol{\alpha}_n) &= [f_0(\boldsymbol{\alpha}_n), f_1(\boldsymbol{\alpha}_n), \cdots, f_{2m}(\boldsymbol{\alpha}_{2n})] \\ n &= 0, 1, 2, \cdots \end{aligned}\right\} \quad (10.16)$$

ここに $J(\boldsymbol{\alpha}_n) \in R^{(2m+1)\times(2m+1)}$ は $F(\boldsymbol{\alpha}_n)$ に関する $(2m+1)$ 次のヤコビ行列である[7]。初期値 $\boldsymbol{\alpha}_0$ はつぎのようにして求められる。まず，PC 特性 $h(\phi)$ をフーリエ級数に展開してその基本波成分をつぎのようにおく。

$$h(\phi) = A \sin \phi$$

$m=1$ として式 (10.11) を式 (10.10) に代入し高調波を無視するとつぎの近似解が得られる。

$$\left.\begin{aligned} a_0 (= \sigma) &= \frac{\omega}{\beta} + \frac{A(2\zeta - \beta)}{2\omega} \\ a_1 &= 0 \\ a_2 &= \frac{(2\zeta - \beta)\beta A}{\omega} \end{aligned}\right\} \quad (10.17)$$

この初期値を用い初期ベクトル $\boldsymbol{\alpha}_0$ を

10.2 ロックレンジとプルインレンジ

$$\boldsymbol{\alpha}_0 = (a_0, a_1, a_2, 0, 0, \cdots, 0)^T \in R^{(2m+1)}$$

として，第2種周期解をガレルキン法により任意の次数の高調波まで考慮して求めることができる．特にプルインレンジの近似値 σ_p は上の近似式の $a_0 = \sigma$ より

$$\sigma = \frac{\omega}{\beta} + \frac{A(2\zeta - \beta)}{2\omega} \geq \sqrt{\frac{2A(2\zeta - \beta)}{\beta}}$$

となり，これより

$$\sigma_{\min} = \sqrt{\frac{2A(2\zeta - \beta)}{\beta}} \approx \sigma_p \tag{10.18}$$

と求められる．この近似式は β, ζ が小さく狭帯域の場合にはある程度の目安となるが，帯域幅が広い場合には誤差が大きくなる．

それではつぎにガレルキン法の結果について述べる．図 **10.6** は $\omega - \delta$ 特性 $(\delta \equiv \beta\sigma)$ で，大きく分けて2通りの場合になった．図 (a) のように δ に関する1価関数の場合と図 (b) のように一部2価関数になる場合である．前者は自然角周波数 β の大きい場合に多く，後者は β の小さい場合に多く見られた．いずれも，最小値がプルインレンジに対応する．

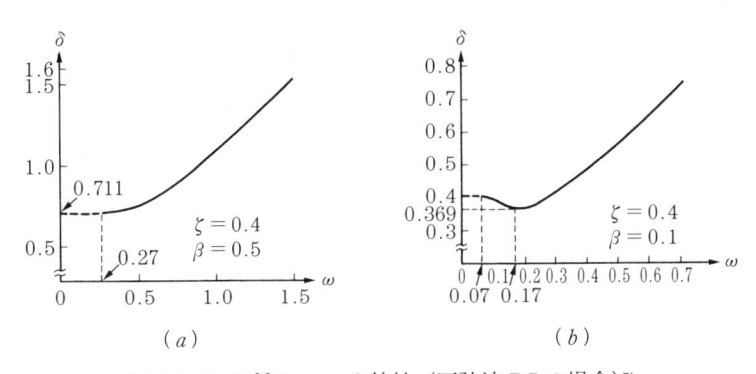

図 **10.6** 2種の $\omega - \delta$ 特性（正弦波 PC の場合）[7]

位相平面上で考察すると図 (a) の場合，図 **10.7**(a)，(b)，(c) の一連の位相平面図に見るように，まず離調 $\delta = \beta\sigma$ が十分に大きい場合，解軌道は図 (c) のように左の鞍形点の不安定多様体より上側の初期値に対しては非同期状態を表す第2種周期解 A-A' に向かい，これより下側の軌道は同期状態を表

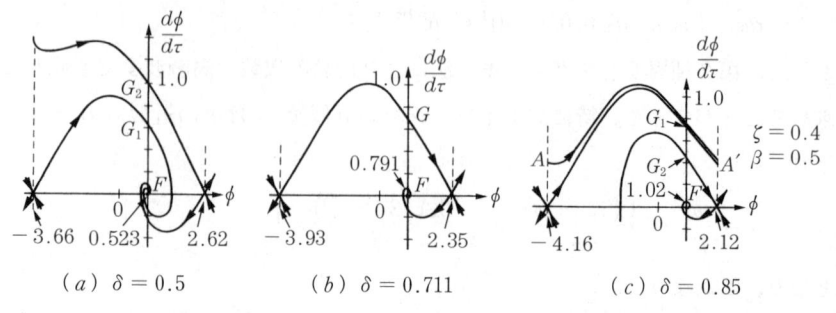

図 10.7 δ の値による位相平面の定性的変化〔図 $10.6(a)$ の場合に対応〕[7]

す安定渦状点 F に向かう。したがって，いかなる場合にも同期引込が達成されるとは限らない[†]。つぎに δ が十分に小さい場合，図(a)のようにすべての初期値に対する軌道は同期状態を表す F に向かう。したがって，このような離調に対しては同期引込が必ず達成される。図(b)はちょうど境界上の離調で左右の鞍形点を結ぶサドルループすなわちヘテロクリニック軌道ができている。このようにヘテロクリニック軌道に近い第2種周期解を周期的な外力によって摂動を与えると後述のように容易にカオスが発生する。要約すると，左の鞍形点の不安定多様体が右の鞍形点の安定多様体の上側にあるときは図(c)のようになり，これが逆になると図(a)のようになる。そして，その境界に図(b)のような**サドルループ**のできた状態があり，プルインレンジはこの状態のときの δ に対応する。すなわち，これは図$10.6(a)$の $\omega - \delta$ 特性の最小値に当る。

つぎに図$10.6(b)$の場合について考察する。この場合の一連の位相平面図は**図 10.8**(a)-(e)のようになる。まず，離調が十分に大きく δ が1価関数の場合，図(e)に見るようにベクトル場の様子は基本的に図$10.7(c)$の場合

[†] 通常，無入力時にはVCOが自走周波数で発振しており，この状態で外部から離調 σ の信号が印加される。この場合，外部信号周波数と自走周波数の差角周波数に比例した量が縦軸の初期値となるが，これは通常 A-A' の上側にあるため，このような離調で自走状態にある PLL に外部入力が加えられた場合，非同期となる。

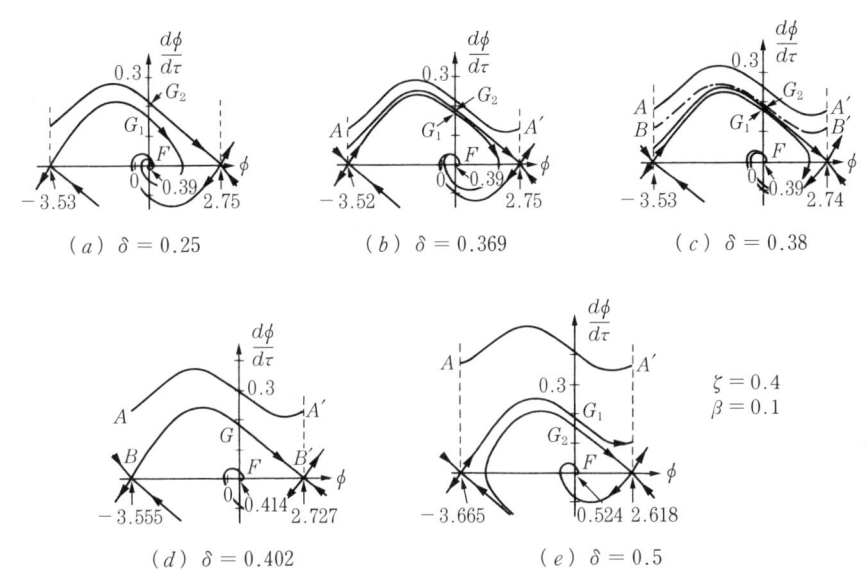

(a) $\delta = 0.25$
(b) $\delta = 0.369$
(c) $\delta = 0.38$
(d) $\delta = 0.402$
(e) $\delta = 0.5$

$\zeta = 0.4$
$\beta = 0.1$

図 10.8 δ の値による位相平面の定性的変化〔図 10.6(b) の場合に対応〕[7]

と同じである．δ が減少していくと図(c)のように安定 A-A'，不安定 B-B' な第2種周期解がペアで現れ $\omega - \delta$ 特性の最下点で図(b)のようにこれらが合体消滅する（すなわち，サドル・ノード分岐を起こす）．さらに離調が小さいと図(a)のようにすべての軌道は F に向かい，いかなる初期値からでも同期引込が達成されるようになる．結局，いずれの場合も $\omega - \delta$ 特性の最下点が引込範囲に相当する．

図 10.9，10.10，10.11 はそれぞれ**正弦波**PC，**三角波**PC，**タンロック**PC（鋸歯状波に相当）の場合におけるプルインレンジを求めたものである．$\beta = 2\zeta$ の特性はラグフィルタの場合を表す．タンロック形PCとは

$$h(\phi) = \frac{(1+p)\sin\phi}{1+p\cos\phi}$$

のような特性で鋸歯状波の頭を丸くしたような形である．図 10.11 では $p = 0.816$ とし，このとき $h(\phi)$ の最大値は π となり鋸歯状波PCと似た特性となっている．

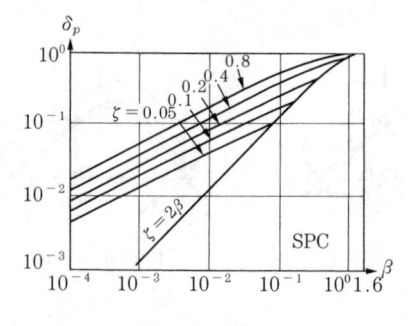

図 10.9 正弦波 PC における引込範囲[7]

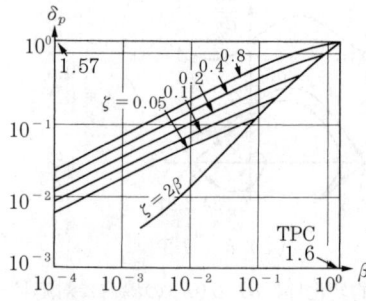

図 10.10 三角波 PC における引込範囲[7]

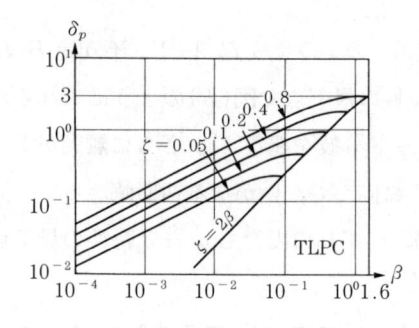

図 10.11 タンロック PC における引込範囲[7]

11 位相同期回路のカオス

基礎方程式（10.4）において適当なパラメータの下で外力を与えるとカオスが発生することがある。本章ではカオス発生のしくみについてメルニコフの方法，シルニコフの定理などを用いて説明する。

11.1 メルニコフの方法

メルニコフの方法[1,2]はつぎのような微小パラメータ ε をもつ 2 階の非自律形の微分方程式に対して適用され，ある条件のもとにホースシュー写像の存在が証明されている。

$$\dot{x} = f(x) + \varepsilon g(x, t) \tag{11.1}$$

ここにおいて $x \in R^2$ で $f: R^2 \to R^2$ は滑らかな関数でホモクリニック軌道，つまりサドル形平衡点の不安定多様体と安定多様体が連結された軌道をもつものとする。また，$g: R^2 \times S^1 \to R^2$ は滑らかで，t に関して周期 T の周期性をもつ。また，ε は正の小さな定数である。このとき，ポアンカレ断面

$$\Sigma t_0 = \{(x, t) \mid t = t_0 \in [0, T]\} \in R^2 \times S^1$$

上で摂動 εg により図 **11.1** のように $\dot{x} = f(x)$ のもつ**ホモクリニック軌道**（破線）は分断され，（鞍形平衡点 x_s の摂動により生じた）鞍形不動点 x_s' に出入りする安定，不安定多様体となる。メルニコフの方法は時刻 t_0 における安定，不安定多様体の距離 $d(t_0)$ を測るつぎのようなメルニコフ積分と呼ばれる関数を定義する。

$$M(t_0) = \int_{-\infty}^{\infty} f(q^0(t)) \wedge g(q^0(t), t + t_0)$$
$$\cdot \exp\left\{-\int_0^t \text{trace } Df(q^0(s)) \, ds\right\} dt \tag{11.2}$$

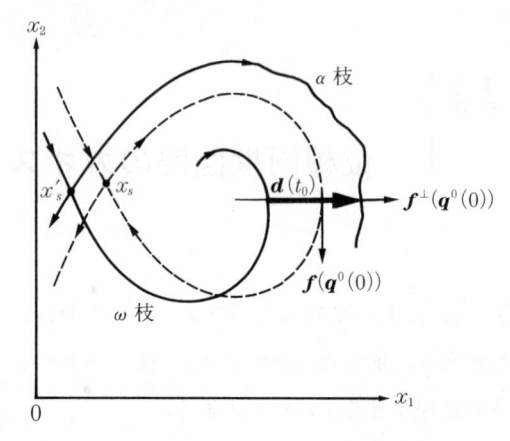

図 11.1 時刻 $t = t_0$ における無摂動系（破線）と摂動系（実線）のポアンカレ写像の関係[3]

上式において $f \wedge g$ は $f_1 g_2 - f_2 g_1$ を表し，$q^0(t) = (u^0(t), v^0(t)) \in \mathbf{R}^2$ は無摂動系のホモクリニック軌道を表す。ここにおいてつぎのような定理が成り立つ。

定理 11.1

メルニコフ積分 $M(t_0)$ が単純な零点（$^\exists t_0 = \tau, M(\tau) = 0, dM(\tau)/dt_0 \neq 0$）をもつ場合，十分に小さな $\varepsilon > 0$ に対して不安定多様体（α 枝）と安定多様体（ω 枝）は横断的に交わる。$M(t_0)$ が t_0 をどのように変えても 0 にならないならば，$\alpha \cap \omega = \phi$（すなわち安定多様体と不安定多様体は交わらない）である。パラメータ付けされたメルニコフの関数 $M(t_0, \mu), \mu \in \mathbf{R}^1$ が 2 次の零点すなわち $M(\tau, \mu_b) = dM(\tau, \mu_b)/dt_0 = 0$, $d^2 M(\tau, \mu_b)/dt_0^2 \neq 0, dM(\tau, \mu_b)/d\mu \neq 0$ をもつとき，$\mu_B = \mu_b + \mathcal{O}(\varepsilon)$ は 2 次のホモクリニック接触が起こる分岐値である。

この定理は，簡単に説明すると，t_0 を変化させたとき $M(t_0)$ の符号が変化した場合に α 枝と ω 枝が交わっていることを，これが変化しない場合，2 本の枝は交わっていないことを，また，$M(t_0) = 0$ となるが符号は変わらない

とき，2本の枝は接していることを表す。

系 11.1：無摂動系 $\dot{\boldsymbol{x}} = \boldsymbol{f}(\boldsymbol{x})$ がハミルトニアンの場合，すなわち，あるスカラー関数 $H(u,v)$ があって $\dot{u} = \partial H/\partial v = f_1(u,v), \dot{v} = -\partial H/\partial u = f_2(u,v)$ としたとき trace $Df(x) = \partial f_1/\partial u + \partial f_2/\partial v = 0$ となるから，メルニコフ積分はつぎの簡単な形に表される。

$$M(t_0) = \int_{-\infty}^{\infty} \boldsymbol{f}(\boldsymbol{q}^0(t)) \wedge \boldsymbol{g}(\boldsymbol{q}^0(t), t + t_0) \, dt \qquad (11.3)$$

次項では PLL 方程式に対してメルニコフの方法がどのように適用されるのかについて述べる。メルニコフの方法を適用するに当って注意することは，定理 11.1 の条件が満足された場合，ある特定の不動点 x_s' に出入りする安定，不安定多様体が交わり，無数の**ホモクリニック点**ができ，その結果として，**スメール・バーコフの定理**により系に**ホースシュー写像**が存在するということが言えるだけであるということである。一般にホースシュー写像が存在する系では過渡現象としてカオスが観測される。特に，このホースシューの力学がアトラクタとして見えたとき，カオスのアトラクタが存在することが言えるが，この定理はホースシューがアトラクタとなることは保証していない。したがって，ホースシューは存在しても短い過渡現象の間だけでわれわれが感覚的にカオスと受け止めることはできないような場合も含まれることに注意しなければならない。

11.1.1 損失の小さい場合のメルニコフの方法の適用

基礎方程式（10.4）において β, ζ, m を ε オーダーのパラメータとすると，無摂動系は $\ddot{\phi} + h(\phi) = 0$ となり，これは**ハミルトン系**となる[3)†]。この場合をメルニコフの基礎方程式にあてはめると

$$\boldsymbol{f}(\boldsymbol{x}) = \begin{bmatrix} y \\ -h(\phi) \end{bmatrix} \qquad (11.4)$$

---

† この方程式は $\dot{\phi} = y, \dot{y} = -h(\phi)$ と書けるが，ハミルトン関数として，$H(\phi, y) = \int_0^{\phi} h(\phi) \, d\phi + (1/2) y^2$ とすればよい。

かつ

$$\varepsilon g(x, t) = \begin{bmatrix} 0 \\ -\beta\left\{1 + \dfrac{2\zeta}{\beta-1}h'(\phi)\right\}y + \beta\sigma + m\beta\sin\Omega t + m\Omega\cos\Omega t \end{bmatrix}$$
(11.5)

となる．ここに $x \equiv (\phi, y) \in S^1 \times R^1$ である．ここでは二つの場合についてメルニコフ積分 $M(t_0)$ を計算する．まず，$h(\phi) = \sin\phi$ として計算を試みる．この場合，無摂動系は

$$\ddot{\phi} + \sin\phi = 0 \tag{11.6}$$

となる．この系のハミルトン関数は $H(\phi, y) = -\cos\phi + (1/2)y^2$ で与えられることは容易にわかる．無摂動系の各エネルギーレベル（＝初期条件）に対応した解曲線は $H(\phi, y) = $ 一定値で与えられることになる．そこで，鞍形平衡点 $x_s \equiv (\phi_s, y_s) = (\pi, 0)$ を通る軌道を求めると $H(\pi, 0) = 1$ より $-\cos\phi + (1/2)y^2 = 1$ となり，これは**図 11.2**に示すような二つの鞍形点[†]を結ぶホモクリニック軌道になっていることがわかる．このホモクリニック軌道はつぎのようにして解析的に求まる．すなわち，$\dot{\phi} = y = \pm\sqrt{2(1 + \cos\phi)}$ より

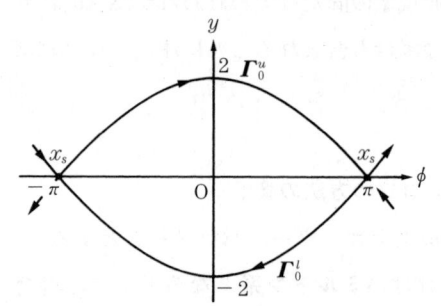

図 11.2 正弦波 PC の場合の（無摂動な）ハミルトニアン系の (ϕ, y) 平面における二つのホモクリニック軌道 Γ_0^u と Γ_0^l [3)]

[†] みかけは二つの鞍形点であるが，$\phi \in S^1$ としたトーラス座標系では一つである．したがって，このような軌道を一つの鞍形点から出発して再び，そこに戻ってくる軌道という意味でホモクリニック軌道という．一方，$\phi \in R^1$ として二つの鞍形点を区別して一方から出て他方に至る軌道という意味でヘテロクリニック軌道という場合もある．

$$\int \frac{d\phi}{\sqrt{2(1+\cos\phi)}} = \pm \int dt \tag{11.7}$$

この式を積分すると，つぎのような形でホモクリニック軌道は求まる（付録C）。

$\boldsymbol{\Gamma}_0^u: (\phi^0(t), y^0(t)) = (2\arcsin(\tanh t), 2\,\mathrm{sech}\,t)$

$\boldsymbol{\Gamma}_0^l: (\phi^0(t), y^0(t)) = (-2\arcsin(\tanh t), -2\,\mathrm{sech}\,t)$ \hfill (11.8)

となる。ここに $\boldsymbol{\Gamma}_0^u$ は上側の $\boldsymbol{\Gamma}_0^l$ は下側のホモクリニック軌道を表す。

さて，メルニコフ積分 $M(t_0)$ は式 (11.4)，(11.5) を式 (11.3) に代入することにより一般につぎのように計算される。

$$M(t_0) = -\beta \int_{-\infty}^{\infty} (y^0(t))^2 \, dt - (2\zeta - \beta) \int_{-\infty}^{\infty} (y^0(t))^2 \, h'(\phi^0(t)) \, dt$$

$$+ \beta\sigma \int_{-\infty}^{\infty} y^0(t) \, dt + (m\beta \cos \Omega t_0 - m\Omega \sin \Omega t_0)$$

$$\cdot \int_{-\infty}^{\infty} y^0(t) \sin \Omega t \, dt + (m\beta \sin \Omega t_0 + m\Omega \cos \Omega t_0)$$

$$\cdot \int_{-\infty}^{\infty} y^0(t) \cos \Omega t \, dt \tag{11.9}$$

これを正弦波 PC の場合について計算すると

$$M(t_0) = -4\beta \int_{-\infty}^{\infty} \mathrm{sech}^2 t \, dt - 4(2\zeta - \beta)$$

$$\cdot \int_{-\infty}^{\infty} \mathrm{sech}^2 t \cos(2\arcsin(\tanh t)) \, dt$$

$$\pm 2\beta\sigma \int_{-\infty}^{\infty} \mathrm{sech}\, t \, dt \pm 2(m\beta \cos \Omega t_0 - m\Omega \sin \Omega t_0)$$

$$\cdot \int_{-\infty}^{\infty} \mathrm{sech}\, t \sin \Omega t \, dt \pm 2(m\beta \sin \Omega t_0 + m\Omega \cos t_0)$$

$$\cdot \int_{-\infty}^{\infty} \mathrm{sech}\, t \cos \Omega t \, dt$$

$$= -\frac{16}{3}(\beta + \zeta) \pm 2\beta\sigma\pi$$

$$+ 2m\pi \,\mathrm{sech}\,(\pi\Omega/2) \sqrt{\beta^2 + \Omega^2} \sin(\Omega t_0 + \theta) \tag{11.10}$$

となる†。ここにおいて $\theta = \arctan(\Omega/\beta)$ であり，＋符号は上側のホモクリニ

ック軌道 $\varGamma_0^u$ に対する，$-$ 符号は下側のホモクリニック軌道 $\varGamma_0^l$ に対する積分を表す．これより，$\varGamma_0^u$ についてのホモクリニック点の存在する条件は

$$\left|\frac{[(16/3)(\beta + \zeta) - 2\beta\sigma\pi]\cosh(\pi\varOmega/2)}{2m\pi\sqrt{\beta^2 + \varOmega^2}}\right| < 1 \qquad (11.11)$$

となる．同様にして，$\varGamma_0^l$ についてのホモクリニック点の存在する条件は

$$\left|\frac{[(16/3)(\beta + \zeta) + 2\beta\sigma\pi]\cosh(\pi\varOmega/2)}{2m\pi\sqrt{\beta^2 + \varOmega^2}}\right| < 1 \qquad (11.12)$$

となる．

同様の計算は $h(\phi)$ が三角波 PC の場合にも解析的に行うことができる．ここでは三角波 PC として図 **11.3** のような原点付近の傾き 1 かつ折れ点を a にもつ一般化された三角波 PC を考える．無摂動系は正弦波 PC の場合と同様，$\ddot{\phi} + h(\phi) = 0$ となる．この場合もハミルトン系であるので，前と同様に図 **11.4** のように上下二つのホモクリニック軌道 $\varGamma_0^u, \varGamma_0^l$ が存在する．ホモクリニック軌道は鞍形平衡点 x_s の不安定多様体から出発し，つぎのサイクルの x_s の安定多様体に到達するという点に注目すると，つぎのようにしてホモクリニック軌道の解析解を求めることができる．位相比較特性は二つの直線部分からできているので，これらに対応した二つの線形微分方程式の解はそれぞれ

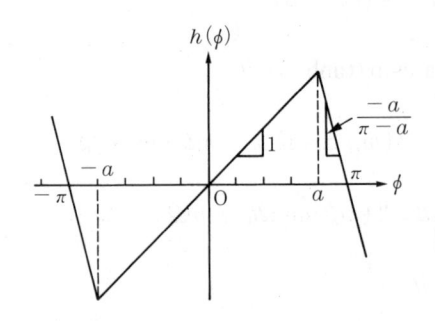

図 **11.3** 一般化された三角波位相比較特性 $h(\phi)$ [3)]

---

† （前ページの注）各積分はつぎのようになる．

$$\int_{-\infty}^{\infty} \operatorname{sech}^2 t \, dt = 2, \int_{-\infty}^{\infty} \operatorname{sech}^2 t \cos(2\sin^{-1}(\tanh t)) \, dt = 2/3, \int_{-\infty}^{\infty} \operatorname{sech} t \, dt = \pi, \int_{-\infty}^{\infty} \operatorname{sech} t \sin \varOmega t \, dt = 0, \int_{-\infty}^{\infty} \operatorname{sech} t \cos \varOmega t \, dt = \pi \operatorname{sech}(\pi\varOmega/2)$$

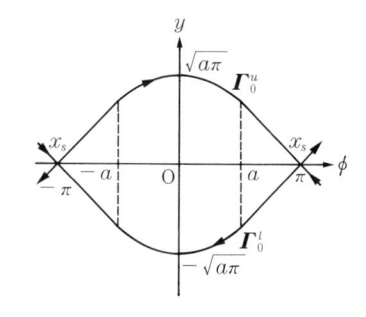

図 11.4 一般化された三角波 PC の場合の（無摂動な）ハミルトン系の (ϕ, y) 平面における二つのホモクリニック軌道 Γ_0^u と Γ_0^l [3)]

解析的に求まる。

図 11.4 を参照すると，ある解軌道がホモクリニック軌道 Γ_0^u である条件はこの解が折れ点 $\phi = a$ においては，安定な固有値に対する固有ベクトルの延長線上，すなわち $(\phi, y) = (a, \sqrt{a(\pi-a)})$ を通り，また折れ点 $\phi = -a$ においては，不安定な固有値に対する固有ベクトルの延長線上，すなわち $(\phi, y) = (-a, \sqrt{a(\pi-a)})$ を通ることである。同様にして Γ_0^l に対する条件も簡単に求めることができる。以上のような条件の下に時刻 $t = 0$ を図 11.4 の曲線の頂点 $(\phi = 0)$ に選び $t = t_1 \equiv \arcsin\sqrt{a/\pi} > 0$ で折れ点 $\phi = a$ ($t = -t_1$ で $\phi = -a$) を通るとするとつぎのように Γ_0^u を求めることができる。

$|t| \leq t_1$ のとき

$$\phi^0(t) = \phi_1^0(t) = \sqrt{a\pi}\sin t,\ y^0(t) = y_1^0(t) = \sqrt{a\pi}\cos t \quad (11.13)$$

$t_1 \leq t < \infty$ のとき

$$\left.\begin{array}{l} \phi^0(t) = \phi_2^0(t) = \pi - (\pi - a)\exp\{-\sqrt{b}\,(t - t_1)\} \\ y^0(t) = y_2^0(t) = \sqrt{a(\pi-a)}\exp\{-\sqrt{b}\,(t - t_1)\} \\ b \equiv \dfrac{a}{\pi - a} \end{array}\right\} \quad (11.14)$$

$-\infty \leq t < -t_1$ のとき

$$\left.\begin{array}{l} \phi^0(t) = -\phi_2^0(-t) \\ y^0(t) = y_2^0(-t) \end{array}\right\} \quad (11.15)$$

以上の軌道を描くと図 11.4 のようになる。Γ_0^l は以上の計算において

$(\phi(t), y(t))$ を $(-\phi(t), -y(t))$ とすることにより求まる.

さて,このようなホモクリニック軌道を用い,メルニコフ積分を計算すると

$$M(t_0) = -2a\zeta\pi \arcsin\sqrt{\frac{a}{\pi}} - \pi\beta\sqrt{a(\pi-a)} \pm 2\pi\beta\sigma$$

$$\pm 2m\sqrt{\beta^2 + \Omega^2} \cdot Q(a, \Omega) \sin(\Omega t_0 + \theta)$$

$$Q(a, \Omega) \equiv \frac{\pi a \cos \Omega t_1 - \pi\Omega\sqrt{a(\pi-a)} \sin \Omega t_1}{(1-\Omega^2)\{a + \Omega^2(\pi-a)\}} \tag{11.16}$$

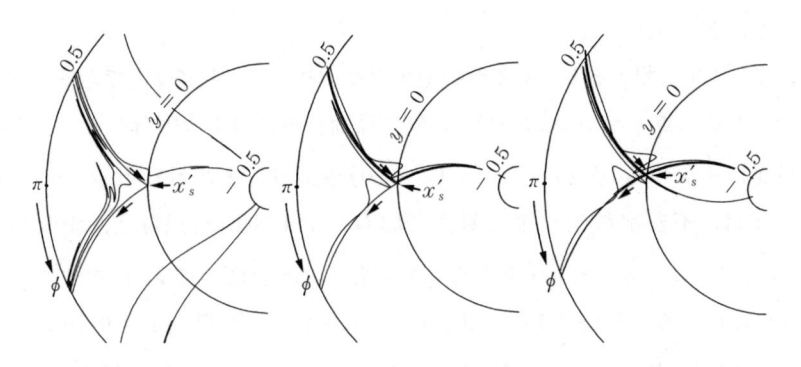

(a) $m = 0.03$ (交わらない場合)　(b) $m = 0.0653$ (接する場合)　(c) $m = 0.09$ (横断的に交わる場合)

図 11.5　正弦波 PC の場合の鞍形不動点 x'_s に出入りする上側ホモクリニック軌道 Γ_0^u から発生した不安定多様体 (a 枝) と安定多様体 (ω 枝) のポアンカレ写像のコンピュータシミュレーション。パラメータは $\beta = 0.01, \zeta = 0.01, \sigma = 1.6, \Omega = 4$. ϕ は円周方向に, y は法線方向にとられている[3]

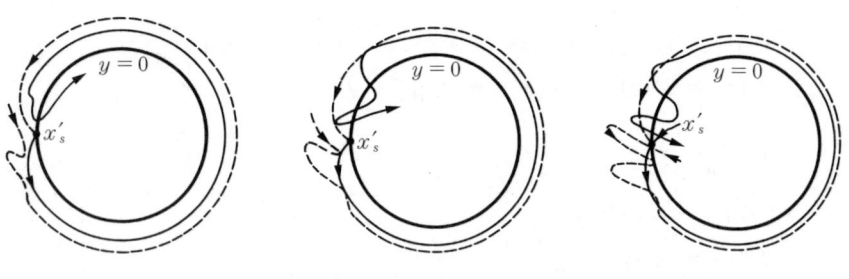

(a) 交わらない場合　(b) 接する場合　(c) 横断的に交わる場合

図 11.6　図 11.5 の a 枝 (実線) と ω 枝 (破線) の振舞いの模式図[3]

(a) $\sigma = 1, m = 0.01$
(交わらない場合)

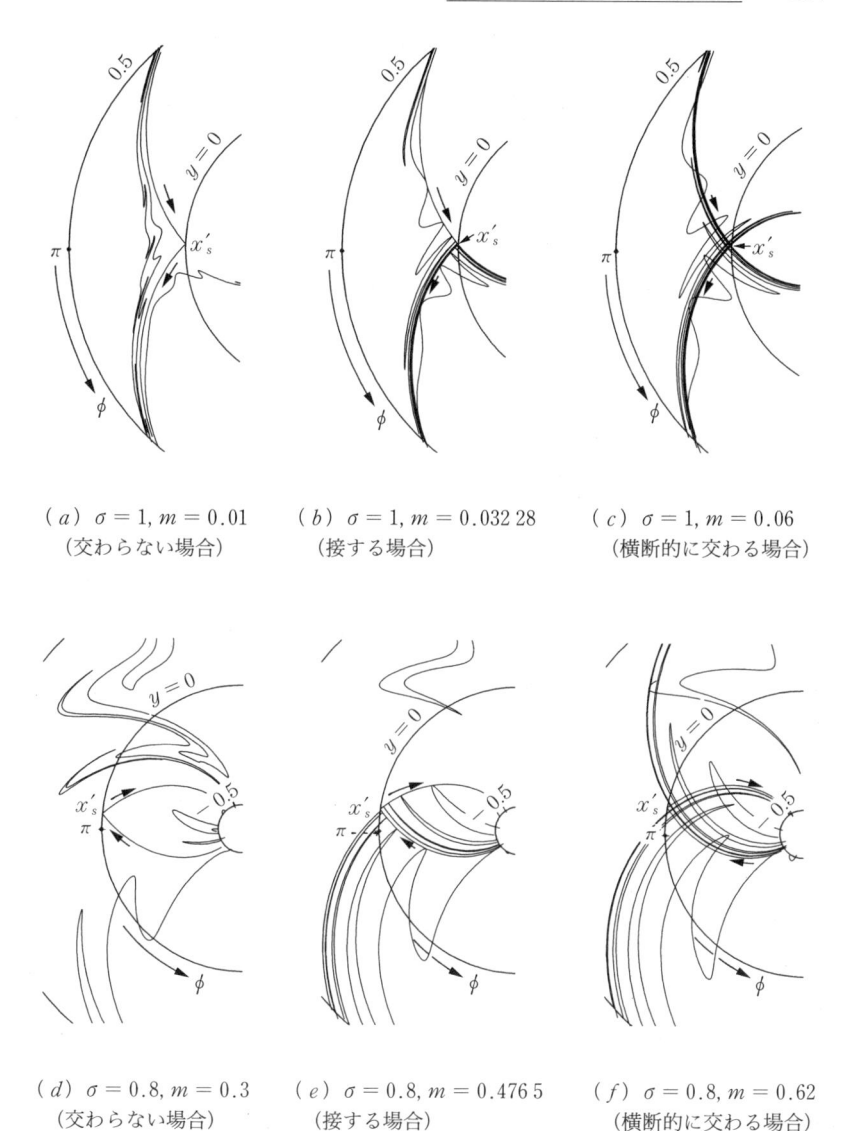

(b) $\sigma = 1, m = 0.03228$
(接する場合)

(c) $\sigma = 1, m = 0.06$
(横断的に交わる場合)

(d) $\sigma = 0.8, m = 0.3$
(交わらない場合)

(e) $\sigma = 0.8, m = 0.4765$
(接する場合)

(f) $\sigma = 0.8, m = 0.62$
(横断的に交わる場合)

図 **11.7** 一般化された三角波 PC の場合の鞍形不動点 x_s' に出入りする不安定多様体（a 枝）と安定多様体（ω 枝）のポアンカレ写像のコンピュータシミュレーション。(a), (b), (c) は上側ホモクリニック軌道 $\varGamma_0^u$ から発生したもの。(d), (e), (f) は下側ホモクリニック軌道 $\varGamma_0^l$ から発生したもの。パラメータは $a = \pi/4, \beta = 0.01, \zeta = 0.005, \varOmega = 4$ [3]

となる。ここに + 符号は Γ_0^u に − 符号は Γ_0^l に対応する。以上より三角波PC の場合のホモクリニック点が存在する条件は次式で与えられる。

$$\left| \frac{2a\zeta\pi \arcsin\sqrt{\dfrac{a}{\pi}} + \pi\beta\sqrt{a(\pi-a)} \mp 2\pi\beta\sigma}{2m\sqrt{\beta^2 + \Omega^2}\, Q(a, \Omega)} \right| < 1 \quad (11.17)$$

ここにおいて − 符号は Γ_0^u に，+ 符号は Γ_0^l に対応する。以上の計算を確認するため式 (11.11), (11.12), (11.17) から予測されるホモクリニック点およびその前後のパラメータにおいて安定, 不安定な**不変曲線**を描くと正弦波 PC の場合は**図 11.5** のようになった。また、これを見やすく模式化すると**図 11.6** のようになった。すなわち、図 11.5(a) においては 2 本の不変曲線は接触しておらず、図 11.5(c) では，これらは交わっている。また，図 11.5(b) は、その中間で 2 本の枝は接している。以上から，メルニコフの方法はよく 2 本の枝の交わりについて予測していることがわかる。同様にして**図 11.7** は三角波 PC の場合 (図 11.7(a), (b), (c) は Γ_0^u に対する，図 11.7(d), (e), (f) は Γ_0^l に対する不変曲線を表す) であり、これも予測とよく一致している。

11.1.2 損失の大きい場合のメルニコフの方法の適用

基礎方程式 (10.4) において m のみを ε オーダーのパラメータとすると無摂動系は非ハミルトン系となる[4]。この場合をメルニコフの基礎方程式にあてはめると

$$\boldsymbol{f}(\boldsymbol{x}) = \begin{bmatrix} y \\ -h(\phi) - \beta\left\{1 + \left(\dfrac{2\zeta}{\beta} - 1\right) h'(\phi)\right\} y + \beta\sigma_c \end{bmatrix} \quad (11.18)$$

かつ

$$\varepsilon \boldsymbol{g}(\boldsymbol{x}, t) = \begin{bmatrix} 0 \\ \beta\Delta\sigma + m\beta \sin \Omega t + m\Omega \cos \Omega t \end{bmatrix} \quad (11.19)$$

となる。ここにおいて σ_c は無摂動系に**図 11.8**(b) に示すような上側のホモ

11.1 メルニコフの方法

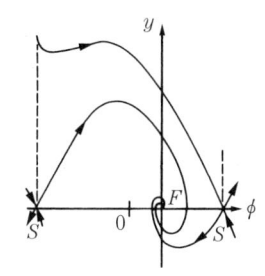

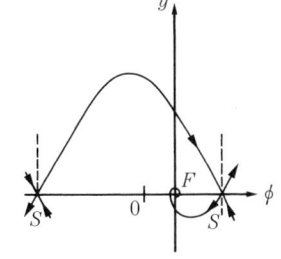

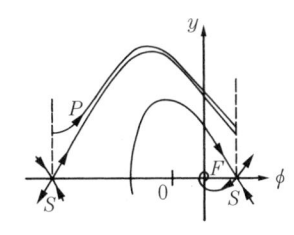

(a) 離調 σ が臨界値 σ_c (=プルインレンジ)より小さい場合

(b) 離調 σ が臨界値 σ_c に等しい場合

(c) 離調 σ が臨界値 σ_c より大きい場合。P とラベルされた軌道は第2種周期解

図 11.8 無摂動系が非ハミルトン系の場合の3種類の位相平面図（ラグフィルタ：$\beta = 2\zeta$ の場合）[3]

クリニック軌道が存在する σ の値である。このように無摂動系が損失が大きく非ハミルトン系の場合も，ある σ の値に対して上側のホモクリニック軌道は存在するが，下側のそれは存在しない。この σ の値はプルインレンジに相当する。以上のような $f(x)$ および $\varepsilon g(x,t)$ に対してメルニコフ関数を求めるとつぎのようになる。

$$\begin{aligned}
M(t_0) &= \int_{-\infty}^{\infty} y^0(t)[\beta \Delta \sigma + m\beta \sin \Omega(t+t_0) + m\Omega \cos \Omega(t+t_0)] \\
&\quad \cdot \exp\left\{\int_0^t (\beta + (2\zeta - \beta) h'(\phi^0(\xi))\, d\xi\right\} dt \\
&= \beta \Delta \sigma \int_{-\infty}^{\infty} y^0(t) \exp p(t)\, dt + \left\{m\beta \int_{-\infty}^{\infty} y^0(t) \sin \Omega t \exp p(t)\, dt \right. \\
&\quad \left. + m\Omega \int_{-\infty}^{\infty} y^0(t) \cos \Omega t \exp p(t)\, dt\right\} \cos \Omega t_0 \\
&\quad + \left\{m\beta \int_{-\infty}^{\infty} y^0(t) \cos \Omega t \exp p(t)\, dt \right. \\
&\quad \left. - m\Omega \int_{-\infty}^{\infty} y^0(t) \sin \Omega t \exp p(t)\, dt\right\} \sin \Omega t_0 \\
&= \beta \Delta \sigma I_2(0) + m\sqrt{(\beta^2 + \Omega^2)(I_1^2(\Omega) + I_2^2(\Omega))} \sin(\Omega t_0 + \theta)
\end{aligned}$$
(11.20)

ここにおいて $p(t), I_1(\Omega), I_2(\Omega)$ および θ はそれぞれ次式で与えられるもの

とする。

$$
\left.\begin{aligned}
p(t) &= \int_0^t (\beta + (2\zeta - \beta) h'(\phi^0(\xi))) \, d\xi \\
I_1(\Omega) &= \int_{-\infty}^{\infty} y^0(t) \exp p(t) \sin \Omega t \, dt \\
I_2(\Omega) &= \int_{-\infty}^{\infty} y^0(t) \exp p(t) \cos \Omega t \, dt \\
\theta &= \arctan\left(\frac{\beta I_1(\Omega) + \Omega I_2(\Omega)}{\beta I_2(\Omega) - \Omega I_1(\Omega)}\right)
\end{aligned}\right\} \quad (11.21)
$$

定理 11.2

メルニコフ積分，式 (11.20) はつぎの条件が満足されたとき，単純な零点をもつ，また満足されないとき，単純な零点をもたない（ただし，$m \neq 0, \Omega \neq 0$）。

$$
\left.\begin{aligned}
&\text{a)} \quad n_1 = \lambda_s + \beta - (2\zeta - \beta)a' < 0 \\
&\text{b)} \quad n_2 = \lambda_u + \beta - (2\zeta - \beta)a' > 0 \\
&\text{c)} \quad \left|\frac{\beta \Delta \sigma I_2(0)}{m\sqrt{(\beta^2 + \Omega^2)(I_1^2(\Omega) + I_2^2(\Omega))}}\right| < 1
\end{aligned}\right\} \quad (11.22)
$$

ただし，$\lambda_u = (b + \sqrt{b^2 + 4a'})/2$, $\lambda_s = (b - \sqrt{b^2 + 4a'})/2$, $a' = -h'(\phi_s)$, $b = -\{\beta + (2\zeta - \beta) h'(\phi_s)\}$, $\phi_s = h^{-1}(\beta \sigma_c) \in [0, \pi]$[†] この定理において，条件 a) と b) は積分 $I_1(\Omega)$ と $I_2(\Omega)$ が収束するための条件を表す。また，条件 c) はメルニコフ積分が t_0 を変化させたとき符号が変化する条件を表す。

本書では位相比較特性 $h(\phi)$ とパラメータ β, ζ を具体的に与えてホモクリニック分岐すなわち α 枝と ω 枝がポアンカレ写像上で接するパラメータ集合を $(\Omega, m/\Delta\sigma)$ 平面において求める。このためには式 (11.22) の第1式，第2式の条件を数値的にチェックするとともに第3式の不等号を等号におきかえた式

[†] ϕ_s は $[0, \pi)$ における大きいほうとする。

11.1 メルニコフの方法

$$\frac{m}{\Delta\sigma} = \frac{\beta I_2(0)}{\sqrt{(\beta^2 + \Omega^2)(I_1^2(\Omega) + I_2^2(\Omega))}} \quad (11.23)$$

から $\Omega - (m/\Delta\sigma)$ 特性を計算すれば，この曲線の上側の領域が式（11.22）の条件を満たしホモクリニック点が存在する領域となる．これを具体的に求めるには各 Ω に対して $I_1(\Omega)$ と $I_2(\Omega)$ を求める必要がある．これらの積分は図 11.8(b) に示したホモクリニック軌道 $(\phi^0(t), y^0(t))$ についてのものなので，まずホモクリニック軌道を与える σ の値を求める必要がある．これはつぎのように行う．まず，無摂動系 $\dot{x} = f(x)$ はつぎのように書ける．

$$\left.\begin{aligned}\dot{\phi} &= y \\ \dot{y} &= -\{\beta + (2\zeta - \beta)h'(\phi)\}y - h(\phi) + \beta\sigma\end{aligned}\right\} \quad (11.24)$$

ここで $\sigma = \sigma_c$ とするが，σ_c の値そのものは不明である．そこでつぎのようにして σ_c の値を具体的に求める．**図 11.9** は無摂動系の平衡点と対応する（ホモクリニック）軌道を描いたものである．ホモクリニック軌道の存在する条件は鞍形点 S_1 の不安定多様体と 2π 先の鞍形点 S_2 の安定多様体が図 (b) のように連結されることである．これをつぎのような方程式の解として実現する．まず，式 (11.24) の解をつぎのようにおく．

$$\phi = \phi(t, \phi_0, y_0, \sigma), \quad y = y(t, \phi_0, y_0, \sigma) \quad (11.25)$$

式 (11.25) はパラメータ σ において $t = 0$ で (ϕ_0, y_0) から出発した解の時

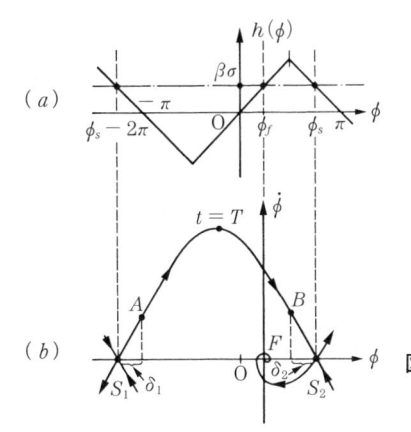

図 **11.9** 無摂動系の平衡点とホモクリニック軌道[4]

刻 t における値と考える。ホモクリニック軌道の存在する条件は，S_1 の不安定多様体上の点 A から出発した解軌道と S_2 の安定多様体上の点 B から逆時間に出発した解軌道が時刻 $t = T$ で一致する条件と言い換えることができる。これはつぎのような式で書くことができる。

$$\left.\begin{array}{l}\phi(T, \phi_a, y_a, \sigma) - \phi(-T, \phi_\omega, y_\omega, \sigma) = 0 \\ y(T, \phi_a, y_a, \sigma) - y(-T, \phi_\omega, y_\omega, \sigma) = 0\end{array}\right\} \quad (11.26)$$

ここにおいて，$A = (\phi_a, y_a), B = (\phi_\omega, y_\omega)$ とする。点 A, B は鞍形点に十分に近いとして近似的に S_1, S_2 の不安定および安定な固有ベクトル上の点であるから，$|\delta_1|, |\delta_2| \ll 1$ としてつぎのように書くことができる。

$$\left.\begin{array}{l}\phi_a = \phi_s + \delta_1 - 2\pi = h^{-1}(\beta\sigma) + \delta_1 - 2\pi \\ y_a = y_s + \lambda_u \delta_1 = \lambda_u(\sigma)\delta_1 \\ \phi_\omega = \phi_s - \delta_2 = h^{-1}(\beta\sigma) - \delta_2 \\ y_\omega = y_s - \lambda_s \delta_2 = -\lambda_s(\sigma)\delta_2\end{array}\right\} \quad (11.27)$$

パラメータ β, ζ を固定すると λ_u, λ_s さらには $\phi_a \sim y_\omega$ は σ のみの関数となる。したがって，式 (11.26) は T と σ の 2 元連立方程式となりニュートン法により数値的に解くことができる。表 11.1 はさまざまな β と ζ について正弦波 PC，（対称）三角波 PC の場合についてホモクリニック軌道を与える $\sigma = \sigma_c$ の値をこのアルゴリズムにより求めた結果の一部である。なお，具体的な計算には正弦波 PC の場合

表 11.1 さまざまな β および ζ に対する σ_c の値[4]

β	ζ	σ_c (正弦波 PC)	σ_c (三角波 PC)
0.3	0.15	1.244 914 6	1.381 838 9
0.3	0.3	1.649 626 9	1.997 552 6
0.5	0.25	1.194 766 4	1.346 867 0
0.5	0.4	1.420 036 9	1.175 216 2
0.5	0.707	1.786 581 8	2.406 200 4
0.3	0.5	2.133 256 7	2.773 042 5
0.6	0.3	1.160 464 3	1.323 735 0
0.8	0.4	1.073 888 9	1.267 814 6

11.1 メルニコフの方法

$$\phi_s = h^{-1}(\beta\sigma) = \pi - \sin^{-1}(\beta\sigma), h'(\phi_s) = -\sqrt{1-\beta^2\sigma^2} \quad (11.28)$$

三角波 PC の場合

$$\phi_s = h^{-1}(\beta\sigma) = \pi - \beta\sigma, h'(\phi_s) = -1 \quad (11.29)$$

の関係を用いた。このようにして無摂動系がホモクリニック軌道を与える β, ζ, σ を求めたら，この軌道に沿って式 (11.21) の積分を数値的に行い $I_1(\omega)$, $I_2(\omega)$ を各 ω に対して具体的に求める。すなわち，$t=0$ で軌道が (ϕ_a, y_a) から出発し，$t=2T$ で (ϕ_ω, y_ω) に到達するとしてこの間を時間に関して N 分

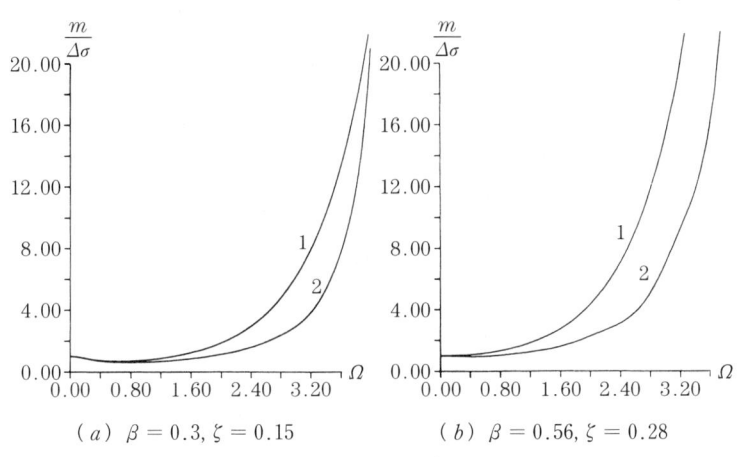

(a) $\beta = 0.3, \zeta = 0.15$ (b) $\beta = 0.56, \zeta = 0.28$

図 **11.10** ホモクリニック接触の発生する境界曲線。曲線 1 は正弦波 PC，曲線 2 は三角波 PC に相当。各曲線の上側のパラメータで a 枝と ω 枝が横断的に交わり，無数のホモクリニック点が存在する[4]

表 **11.2** 曲線 1 と 2 に対する定理 11.2 の条件 a)，b) の確認[4]

β	ζ	$n_1 < 0$	$n_2 > 0$
0.3	0.15	-0.82475	1.12475
0.56	0.28	-0.63184	1.19184

↳ 曲線 1（正弦波 PC）

β	ζ	$n_1 < 0$	$n_2 > 0$
0.3	0.15	-0.86119	1.16119
0.56	0.28	-0.75846	1.31846

↳ 曲線 2（三角波 PC）

(a) $m = 0.035$ (b) $m = 0.06173$ (c) $m = 0.100$

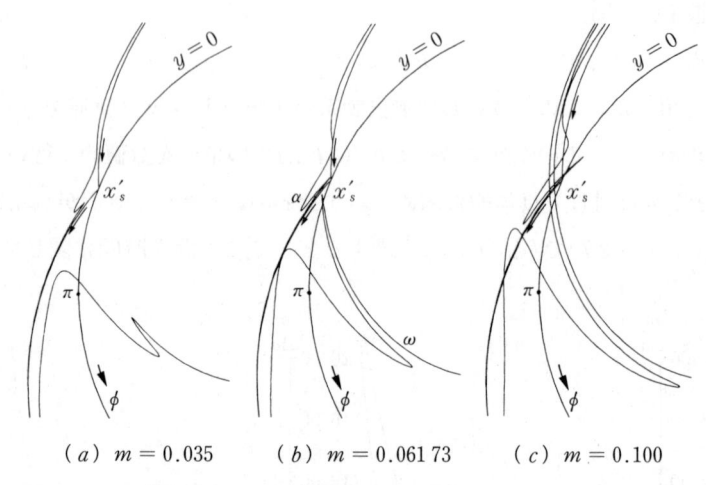

図 11.11 ホモクリニック分岐点とその前後のパラメータにおける a, ω 枝の振舞い。正弦波 PC の場合。$\beta = 0.3, \zeta = 0.15, \Omega = 3, \sigma = \sigma_c + \Delta\sigma, \sigma_c = 1.2449, \Delta\sigma = 0.01$[4]

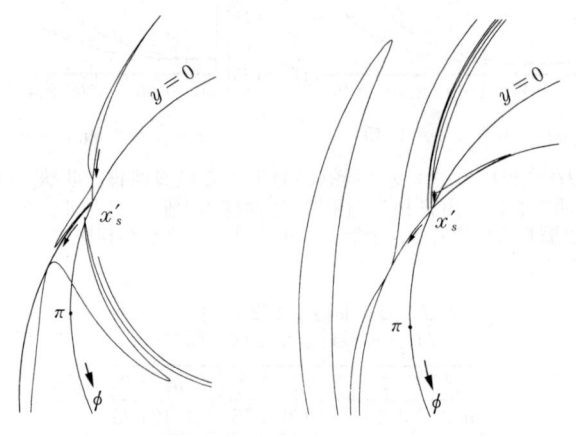

(a) $\Delta\sigma = 0.01, \Omega = 3,$ (b) $\Delta\sigma = -0.01, \Omega = 2,$
    $m = 0.0259$ $m = 0.0114$

図 11.12 ホモクリニック分岐点における a, ω 枝の振舞い。三角波 PC。$\beta = 0.3, \zeta = 0.15, \sigma_c = 1.3813, \sigma = \sigma_c + \Delta\sigma$[4]

割して無限積分を近似する。このようにしてホモクリニック分岐を与えるパラメータ集合を描いたものが**図 11.10** である。また，式 (11.22) の条件a), b) は**表 11.2** のように確認された。**図 11.11** は正弦波 PC の場合についてこの方法から予測されるホモクリニック分岐を与えるパラメータ値において実際に不変曲線を描きその妥当性を確認したものである。(b) が予測値 $m_c = 0.06173$ における a, ω 枝のふるまいで，確かに枝が接していることが見て取れる。また，(a) は $m = 0.035 < m_c$ とした場合で枝は交わらず，(c) は $m = 0.100 > m_c$ とした場合で枝が交わっている様子がわかる。さらに**図 11.12** は三角波 PC の場合についてホモクリニック分岐を確認したもので理論とシミュレーションはよく一致していることがわかる。

11.2 位相同期回路の分岐ダイヤグラム

前節ではメルニコフの方法を用いて PLL 方程式について形式カオスであるホースシュー写像の存在条件を明らかにした。本節では PLL 方程式において典型的に見られる二つのアトラクタ P_1, P_2 の分岐について説明する[5]。

外力 m が存在しないときの位相平面図は離調 σ の値によって図 11.8 のように変化することはすでに述べた。図 11.8(c) ($\sigma_c < \sigma < \sigma_L$) においては安定な第2種周期解 P と安定渦状点 F が共存する。この状態で外力 m を印加した場合，一般に P から分岐した P_2 は自励振動周波数成分と外力振動周波数成分からなる概周期振動，外力に同期した周期振動，さらにカオス振動とさまざまな振動に分岐する。また F から分岐した P_1 は外力 m を印加した場合，外力と同じ周波数をもった周期振動，カオス振動に分岐していく。P_2 について分岐図を描くと**図 11.13** のようになる（対称三角波 PC の場合）。図中，実線はサドル・ノード分岐を，破線は繰り返し起こるフリップ分岐の一回目を表す。また，曲線 M はメルニコフの方法により求められたホモクリニック点の存在条件（曲線の上側で存在）を，$C_1, C_2, \cdots, C_{12}, C$ はリヤプノフ指数を計算したパラメータで**表 11.3** のようになった。扇形に開いた2本の実線と1本の破線で囲まれた領域では自励振動の周期と外力の周期が m 対 n に同期し

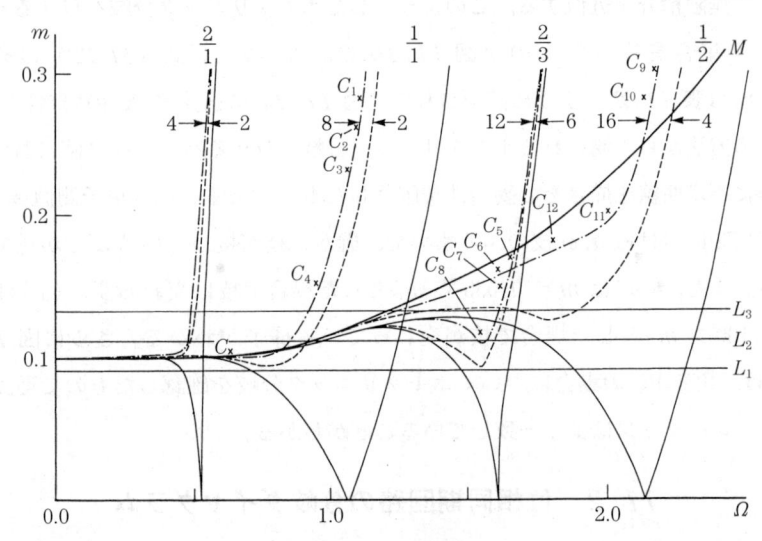

図 11.13 三角波 PC における第2種周期解の2パラメータ分岐図。実線はサドル・ノード分岐を，右側の破線は最初のフリップ分岐を，左側の一点鎖線は集積したフリップ分岐を表す。$\beta = 2\zeta = 0.56, \sigma = 1.4334$ [5]

表 11.3 図 11.13 における点 $C_1 \sim C_{12}$ および C に対応したパラメータの PLL システムにおけるリヤプノフ指数。正弦波位相比較特性で $\beta = 2\zeta = 0.56, \sigma = 1.2749$ の場合 [5]

	Ω	m	$LE1$	$LE2$	$LE3$
C_1	1.10	0.28	0.0719	0.00255	-0.634
C_2	1.08	0.26	0.0827	0.00215	-0.645
C_3	1.05	0.23	0.0779	0.00213	-0.640
C_4	0.95	0.15	0.0520	0.00276	-0.615
C_5	1.65	0.17	0.0590	0.00156	-0.620
C_6	1.60	0.16	0.107	0.00152	-0.669
C_7	1.61	0.15	0.0968	0.00199	-0.659
C_8	1.55	0.115	0.0071	0.00077	-0.568
C_9	2.16	0.30	0.0581	0.00133	-0.619
C_{10}	2.13	0.28	0.0647	0.00131	-0.626
C_{11}	2.00	0.20	0.0427	0.000943	-0.604
C_{12}	1.80	0.18	0.110	0.00148	-0.672
C	0.637	0.10	0.0561	0.00193	-0.618

た周期振動が安定に存在する．安定な周期振動の領域からパラメータが左に移動して破線の領域に入ると，この周期振動が繰り返し周期倍分岐を起こし図中左側の一点鎖線のあたりでカオスアトラクタとなる．このため，点 $C_1 \sim C_4$ では最大リヤプノフ指数が正となっている．注目すべきはおおむね曲線 M の付近でカオスアトラクタが発生していることが点 $C_5 \sim C_{12}$ において最大リヤプノフ指数が正になっていることからわかる．ただし，C_8 のように M のかなり下側でカオスアトラクタが発生している例もある．これは，メルニコフの方法で着目しているサドル点以外のサドルが Ω や m が大きくなると発生し，それらのサドルに関係するホモクリニック点が生じているためと考えられる．結論として曲線 M の上側でカオスアトラクタが発生しやすい場合としては Ω や m が小さくほかにサドル点が発生せず，外力と同期しないという条件が成り立つときと考えられる．点 C は以上の条件が成り立つ典型的な場合で，M の直上でカオスアトラクタが発生している．

つぎに F より分岐した周期解 P_1 の分岐について考える．これは**図 11.14**(a)（正弦波 PC の場合）に示すように内側の円弧に向かってフリップ分岐が進展し，最後には無限回の周期倍分岐を起こしカオス化する．点 $p_1, \cdots, p_7$ におけるアトラクタの分岐の様子は図(b)に示すように周期倍分岐が進展してカオスが発生している[5]．

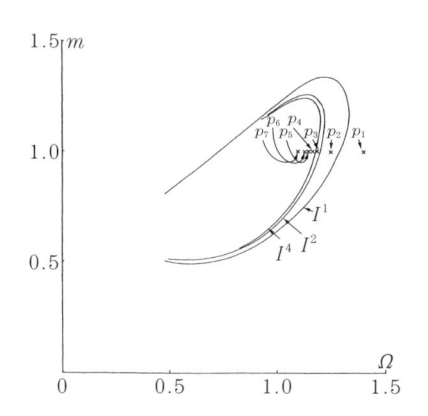

図 11.14(a) 正弦波 PC における第1種周期解の2パラメータ分岐図[6]

① p_1 における1周期解

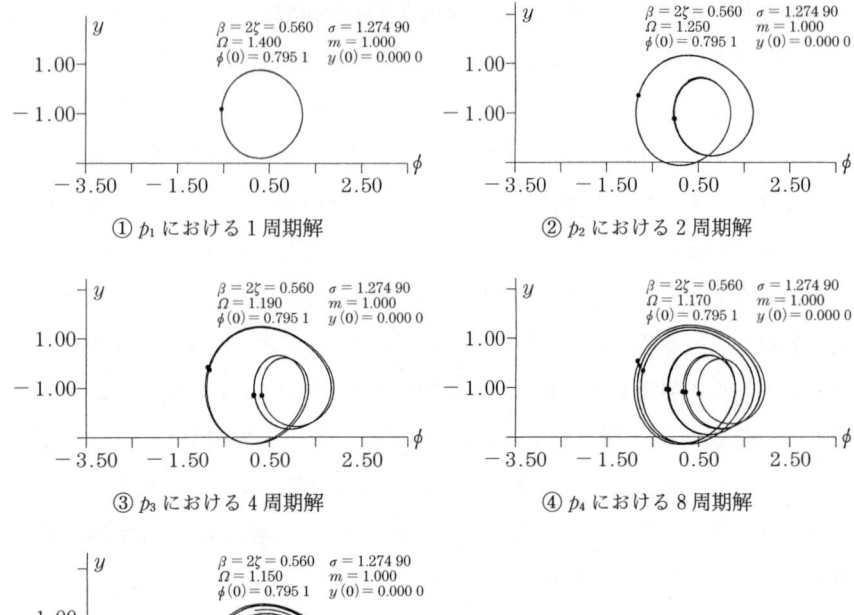

② p_2 における2周期解

③ p_3 における4周期解

④ p_4 における8周期解

⑤ p_5 におけるカオス解

図 11.14(b) 第1種周期解の各分岐の段階におけるアトラクタの解軌道とポアンカレ写像[6]

11.3 位相同期回路のストレンジアトラクタの消滅と爆発

　前節ではPLL方程式において典型的に見られる二つの（ストレンジ）アトラクタ P_1, P_2 について説明した。本節ではこれらのアトラクタの**消滅**や**爆発**について説明する[7]。例えば，図11.13の1-1同期領域において破線をまたいでパラメータを左に変化させると2本目の破線（一点鎖線）の付近で P_2 カオスアトラクタが発生するが，さらに左にパラメータを変えると，このカオスアトラクタは突然消滅し，共存する P_1 アトラクタが現れる。さらに図11.14において周期倍分岐の無限回の連鎖により P_1 アトラクタがカオス化した後，さ

11.3 位相同期回路のストレンジアトラクタの消滅と爆発

らに p_7 の左にパラメータを変化させると突然カオスアトラクタの爆発が起こる．この爆発によって現れたカオスアトラクタを P_1 & P_2 と呼ぶ．このようなカオスアトラクタの突然の消滅や爆発を**クライシス**と呼ぶが，ここではその発生の仕組みを説明する．

パラメータ平面の全体に渡ってクライシスの様子を描くのはかなり複雑になるので，ここでは Ω が 0.74 を中心とした P_2 アトラクタの 1-1 同期領域の付近に限定してクライシスについての分岐図を描くと**図 11.15** のようになる．ここにおいて，曲線 C_B の外側（右側）の領域では P_1, P_2 アトラクタが共存する．そして，C_B 上で P_2 カオスアトラクタがクライシスを起こし消滅する．これは P_2 カオスアトラクタの核となる **I 形不動点**の**安定多様体**とこのカオスアトラクタの引力圏境界となる **D 形不動点**の**不安定多様体**の接触による **I-D 連鎖**によって起こる．さらに，曲線 C_A 上で P_1 カオスアトラクタも I-D 連鎖によるクライシスを起こすが，このときカオスアトラクタの爆発が起こり，P_1 & P_2 カオスアトラクタが発生する．ここでは一例として $\Omega = 0.74$ として点 Q_1 ($m = 0.59$), Q_2 ($m = 1.06$) の付近でのカオスアトラクタの爆発について観察し，そのメカニズムを解明する．

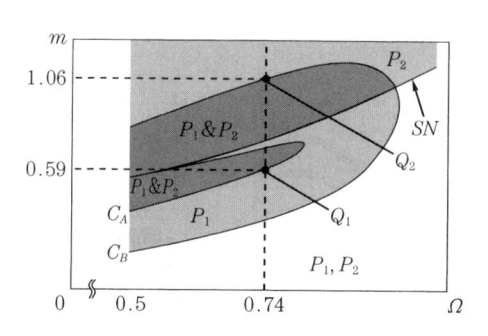

図 11.15 P_1, P_2, P_1 & P_2 アトラクタの分岐図と観測点 Q_1, Q_2 [7)]

PLL の基礎方程式 (10.4) において，位相比較特性を対称三角波としてパラメータを $\beta = 2\zeta = 0.566, \sigma = 1.488, \Omega = 0.7398 (\approx 0.74)$ とおく．**図 11.16** は点 Q_1 の下側から上側にパラメータ m を変化させたときの P_1 アト

(a) $m = 0.560$

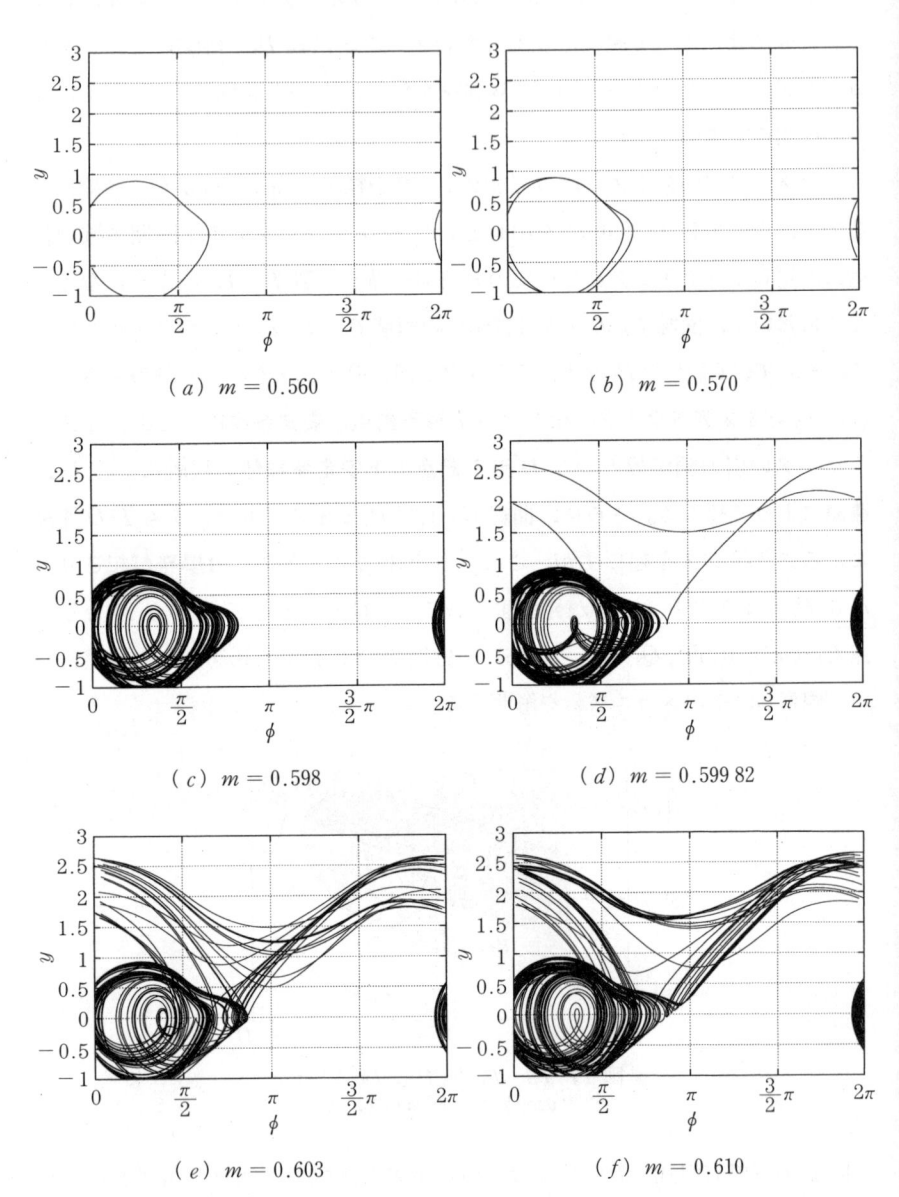

(b) $m = 0.570$

(c) $m = 0.598$

(d) $m = 0.59982$

(e) $m = 0.603$

(f) $m = 0.610$

図 11.16 P_1 アトラクタから P_1 & P_2 アトラクタへの遷移過程（フローの場合）[7]

11.3 位相同期回路のストレンジアトラクタの消滅と爆発

ラクタの爆発の様子を表す.すなわち,図(a),(b),(c)はmの増加に伴い周期アトラクタP_1が周期倍分岐の無限回連鎖によりP_1ストレンジアトラクタに発展する場合のフローの様子を表す.一方,図(d),(e),(f)は,P_1ストレンジアトラクタが爆発し,P_1 & P_2ストレンジアトラクタに分岐する場合のフローの様子を表す.分岐した直後の図(d)においてはフローはほとんど**P_1ストレンジセット**の**痕跡部分**(ϕ方向に有界な軌道)に滞在し,ときどき**P_2ストレンジセット**の部分(ϕ方向に非有界な軌道)を訪問する程度であるが,図(e),(f)としだいに分岐点から離れるに従い,P_1部分を訪れる確率が減り,その分P_2部分を訪れる確率が増え,最終的にはP_1部分とP_2部分をほぼ一様に軌道が訪れるようになる.

以上の変化をポアンカレ写像で観察すると**図 11.17**のようになる.図(a),(b),(c)では周期倍分岐が進展し,P_1カオスアトラクタとなり,続いてP_1カオスアトラクタの爆発がおこり,図(d),(e),(f)と進むに従って軌道がしだいに一様にP_1 & P_2ストレンジアトラクタ全体を覆いつくす様子がよく表されている.さて,このようなストレンジアトラクタの爆発はなにが原因となって起こるのであろうか? **図 11.18** はその理由を解明するものである.まず,P_1ストレンジアトラクタはその内部にI形不動点(逆不安定不動点 = 鞍形点)をもち,その不安定多様体の閉包がストレンジアトラクタそのものになっている.つぎに,このI形不動点とペアになるD形不動点(正不安定不動点 = 鞍形点)が存在し,その安定多様体が存在する.この安定多様体(= 太線),不安定多様体(= 細線)が接触したときにアトラクタの消滅または爆発が起こる.これをI-D連鎖ということもある.一般に複数のアトラクタが共存する場合はI-D連鎖によりアトラクタの消滅が起こり,共存するアトラクタがない場合はアトラクタの爆発がおこる.図 11.18 は点Q_1の下側(a),ほぼその上(b),上側(c)の三つのポイントmについて,これらの多様体を描いたもので確かに,ほぼQ_1上,図(b)において両者は接触していることが確認される(実際は接触する直前である).

つぎにアトラクタの時間波形(= VCO入力電圧の時間波形)をみると

(a) $m = 0.560$

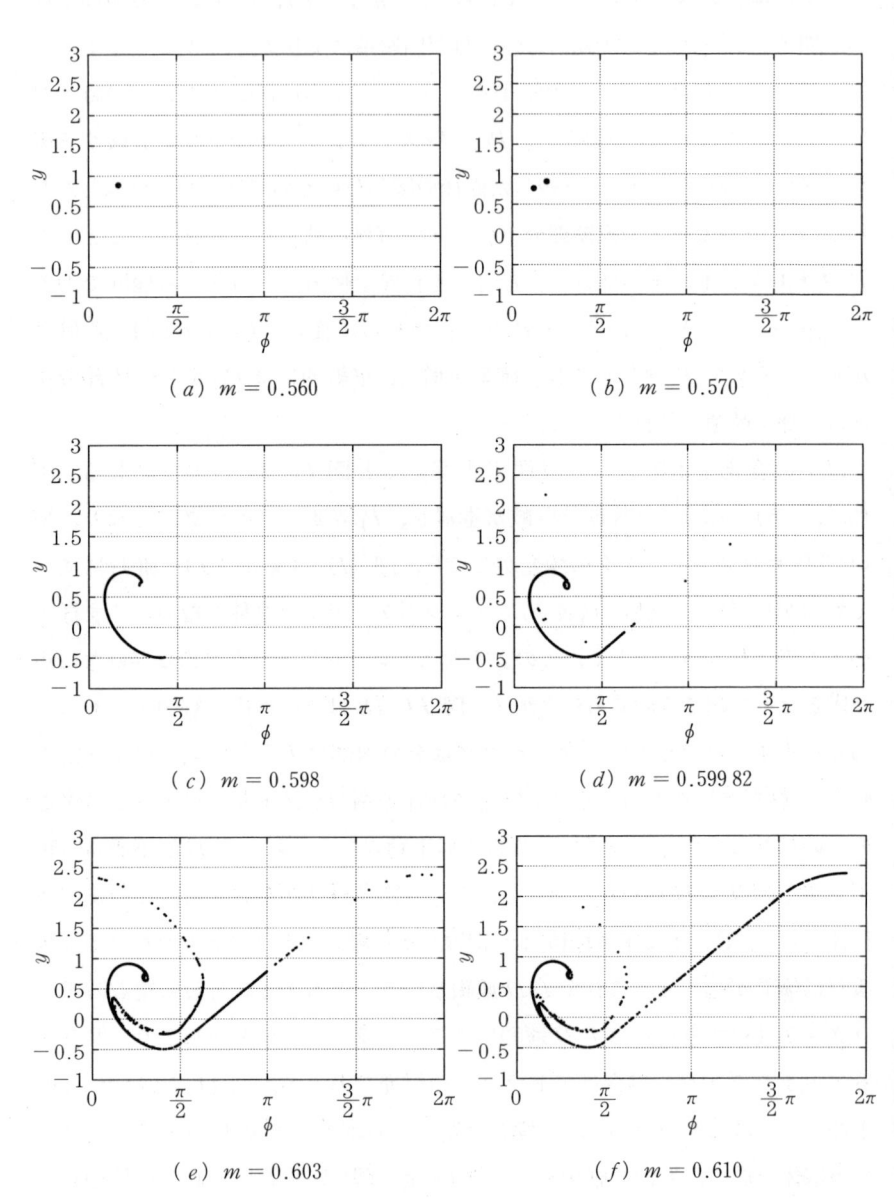

(b) $m = 0.570$

(c) $m = 0.598$

(d) $m = 0.59982$

(e) $m = 0.603$

(f) $m = 0.610$

図 11.17 P_1 アトラクタから P_1 & P_2 アトラクタへの遷移過程（マップの場合）[7]

11.3 位相同期回路のストレンジアトラクタの消滅と爆発

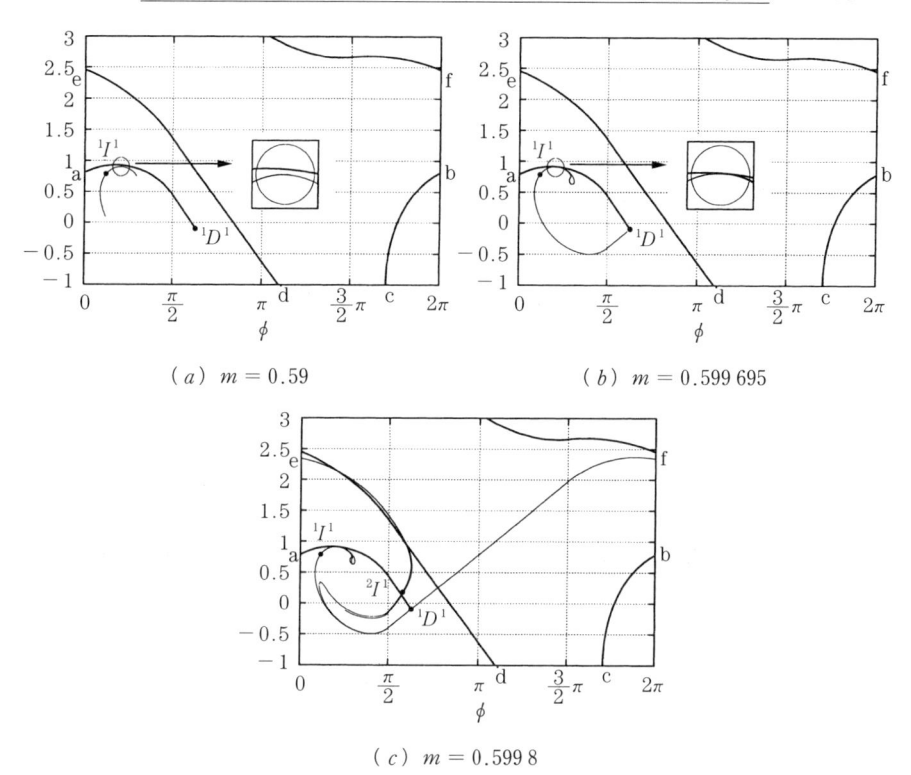

(a) $m = 0.59$

(b) $m = 0.599\,695$

(c) $m = 0.599\,8$

図 11.18 $P_1 \to P_1 \,\&\, P_2$ の遷移過程における爆発の手前 (a), 爆発時 (b), 爆発の後 (c) における $^1D^1$ の安定多様体と $^1I^1$ の不安定多様体の交わりの様子[7]

図 **11.19** のようになる. すなわち, 図 (a), (b), (c) では波形はほぼ, $V_{\mathrm{VCO}} = 100 \sim 500\,\mathrm{mV}$ の領域に局限されているが, 爆発後は図 (d), (e), (f) のように爆発によりアトラクタが P_2 の領域を訪れるようになると, これに対応した $-200\,\mathrm{mV}$ 程度のスパイク電圧が発生する. 平均スパイク間隔 $\langle \tau \rangle$ と I-D 連鎖を起こした点からのパラメータのずれ $|m - m_c|$ の間にはつぎのような公式がある. ここに λ_1, λ_2 は P_1 ストレンジアトラクタの核となる I 型不動点 $^1I^1$ の固有値である ($|\lambda_1| > 1, |\lambda_2| < 1$).

$$\langle \tau \rangle \propto |m - m_c|^{-\gamma} \tag{11.30}$$

$$\gamma = \frac{1}{2} + \frac{\log|\lambda_1|}{\log|\lambda_2|} \tag{11.31}$$

(a) $m = 0.560$

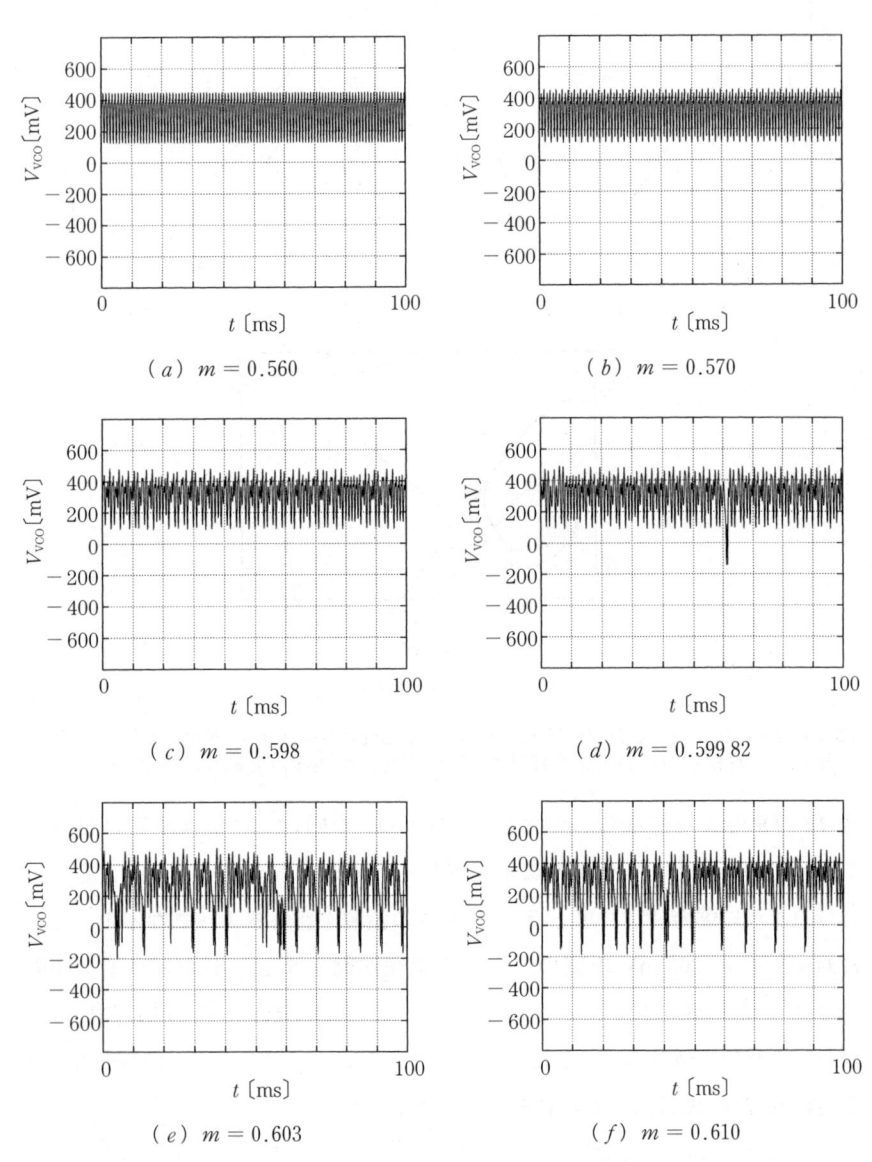

(b) $m = 0.570$

(c) $m = 0.598$

(d) $m = 0.59982$

(e) $m = 0.603$

(f) $m = 0.610$

図 11.19 $P_1 \to P_1 \,\&\, P_2$ の遷移過程における電圧制御発振器 V_{VCO} の出力波形[7]

図 **11.20** は平均バースト間隔の実測値（丸印）と理論値（破線）を比較したものでほぼ一致していることがわかる（$\lambda_1 = -2.4727, \lambda_2 = -0.003286, \gamma = 0.6583$）。

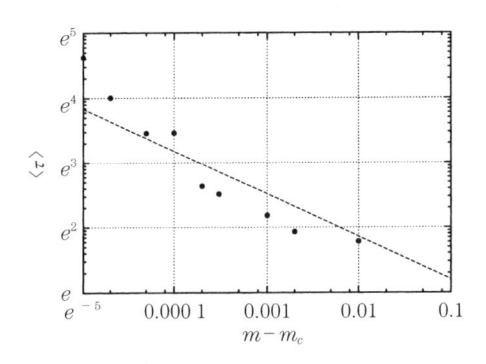

図 11.20 $P_1 \to P_1 \& P_2$ の遷移過程における $m - m_c$ と平均発火周期の関係[7]

つぎに図 **11.21** は点 Q_2 の上側から下側に m を変化させたときのアトラクタの変化である。図 (a), (b), (c), (d) は第 2 種周期解 P_2 が無限回の周期倍分岐を経て P_2 ストレンジアトラクタに進展する様子を表す。図 (e), (f) は爆発により $P_1 \& P_2$ ストレンジアトラクタに分岐した直後の変化を表す。この分岐はフローだけからでははっきりしないが，対応するポアンカレ写像，図 **11.22** を見ると明らかとなる。すなわち図 (d) と図 (e) の間でアトラクタの爆発が起こっている。

$P_2 \to P_1 \& P_2$ の爆発における I-D 連鎖は，図 **11.23** において $^2I^1$ の不安定多様体（細線）と $^2D^1$ の安定多様体（太線）の接触によって確認される。また，爆発後 VCO の入力波形 V_{VCO} は図 **11.24** のようになり，図 (e), (f) においてバーストが現れる。また，平均バースト間隔のパラメータ m に対する依存性を調べると，図 **11.25** のように実測値（丸印）と理論値（破線）はほぼ一致していることがわかる（$\lambda_1 = -4.4488, \lambda_2 = -0.001826, \gamma = 0.7367$）[7]。

176   11. 位相同期回路のカオス

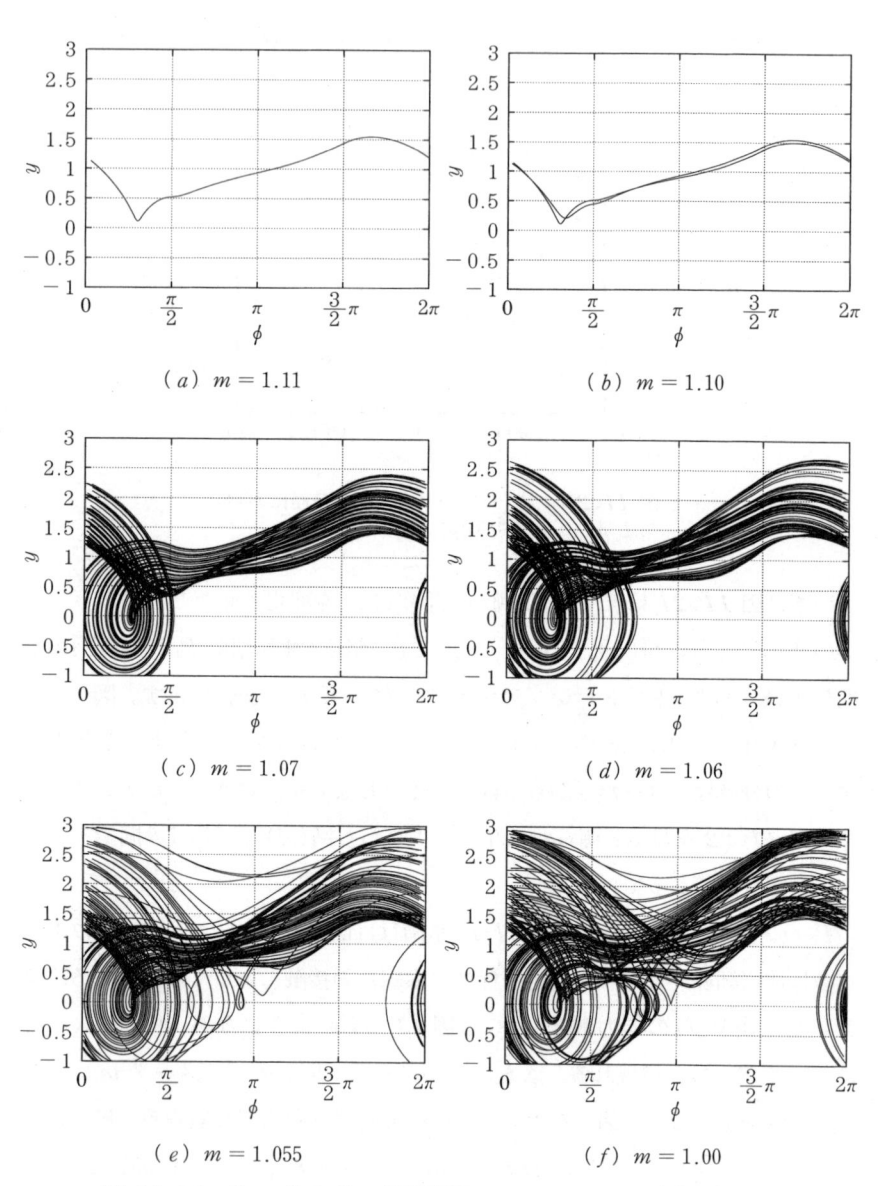

(a) $m = 1.11$

(b) $m = 1.10$

(c) $m = 1.07$

(d) $m = 1.06$

(e) $m = 1.055$

(f) $m = 1.00$

図 **11.21** $P_2 \to P_1 \& P_2$ の遷移過程におけるフローの変化の様子[7]

11.3 位相同期回路のストレンジアトラクタの消滅と爆発

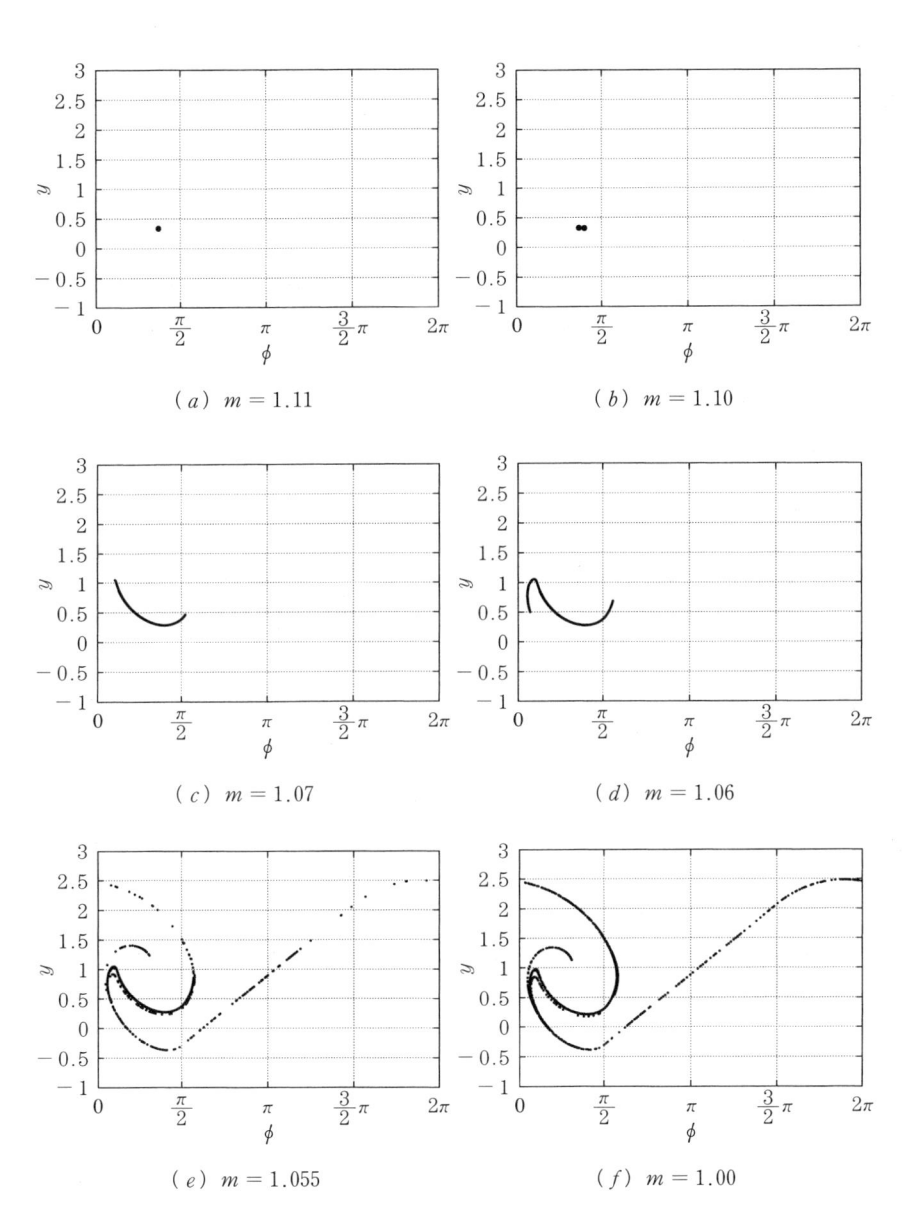

(a) $m = 1.11$

(b) $m = 1.10$

(c) $m = 1.07$

(d) $m = 1.06$

(e) $m = 1.055$

(f) $m = 1.00$

図 11.22 $P_2 \to P_1 \,\&\, P_2$ の遷移過程におけるマップの変化の様子[7]

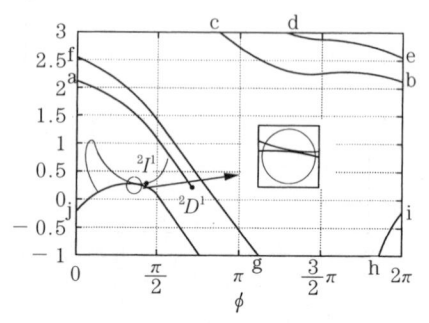

パラメータは $m = 1.0591$，安定多様体のつながりは $a \to b \to c \to d \to e \to f$

図 11.23 $P_2 \to P_1 \ \& \ P_2$ の遷移過程の爆発時における $^2D^1$ の安定多様体と $^2I^1$ の不安定多様体の交わりの様子[7]

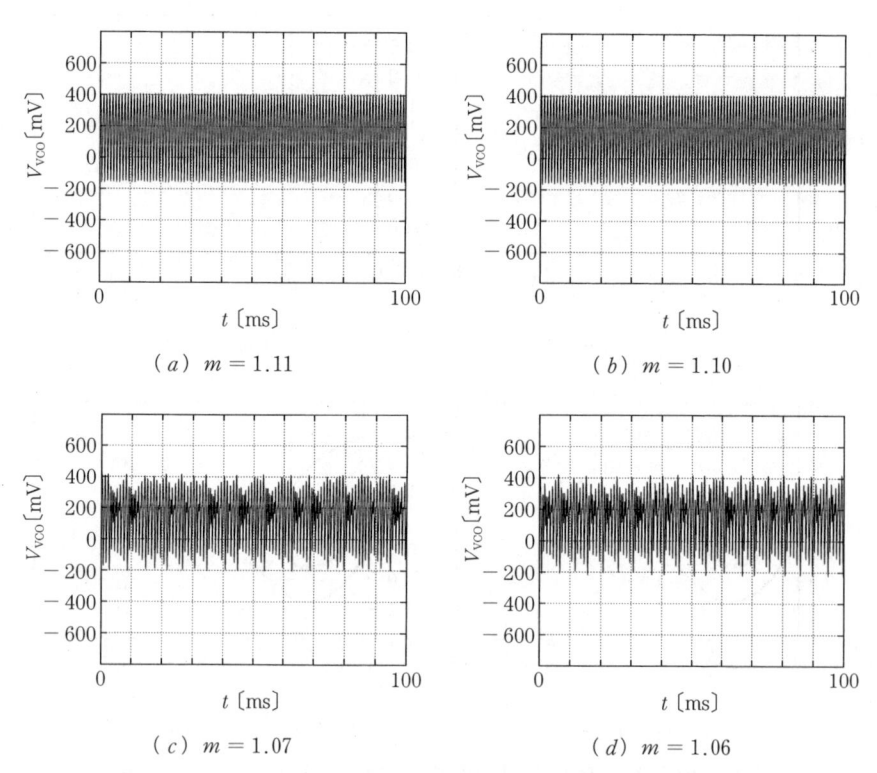

(a) $m = 1.11$

(b) $m = 1.10$

(c) $m = 1.07$

(d) $m = 1.06$

図 11.24 $P_2 \to P_1 \ \& \ P_2$ の遷移過程における電圧制御発振器 V_{VCO} の出力波形[7]

(e) $m = 1.055$

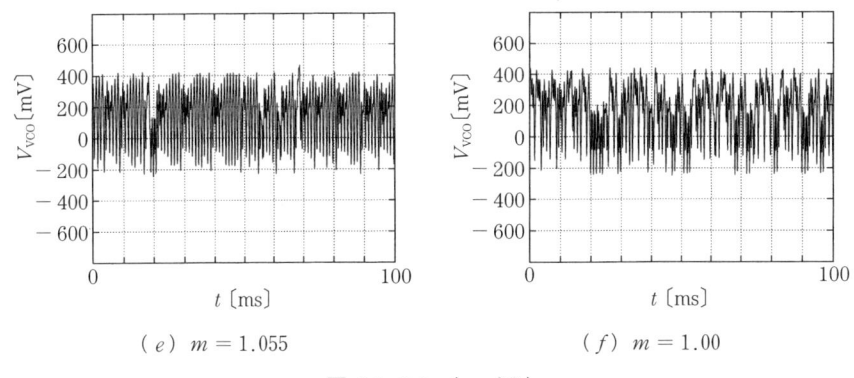

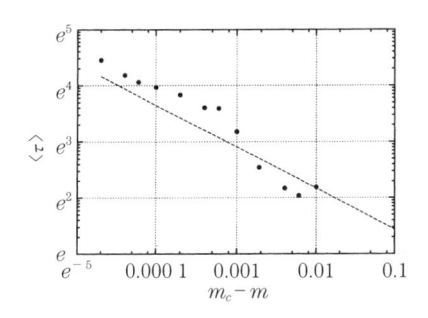

(f) $m = 1.00$

図 11.24 (つづき)

図 11.25 $P_2 \to P_1 \& P_2$ の遷移過程における $m_c - m$ と平均発火周期の関係[7]

11.4 3階自律形位相同期回路におけるカオス

本節では文献 8) においてカオス通信のためのカオス的搬送波の発生システムとして提案された位相同期回路を用いたカオス発生システムの考察を行う.この回路は前節までで述べられたカオス発生回路とは異なり,入力に FM 変調波を使用しないため,構成が簡単となる.位相同期回路がカオスを発生する基本的なメカニズムはループを不安定化してリミットサイクルから始まる種々の分岐を引き起こすことにある.ここでは周期的強制外力を加えるのではなく,無変調のままループ全体を 3 次系としてループゲインを増大することにより系を不安定化し,カオスを発生させる.したがって,方程式は 3 階自律系非線形微分方程式となる.特に本研究ではシルニコフの定理を満足するホモクリ

ニック軌道を生成するパラメータ集合を求め，カオス発生のパラメータ領域を知る[9), 10), 11)]。

11.4.1 モデル方程式の導出

定理 11.3 （シルニコフの定理）

3階の自律系において鞍形渦状点（固有値：$\gamma, \alpha \pm j\beta, \gamma\alpha < 0$）を中心とした図 **11.26** のようなホモクリニック軌道が存在すれば，（その摂動）系は加算無限個のホースシュー写像をもつ。すなわち，形式カオスが存在する。ただし $|\gamma| < |\alpha|$ とする。

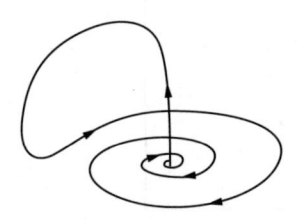

図 11.26 シルニコフ形のホモクリニック軌道の模式図[10)]

PLLの位相モデルは図 **11.27** で与えられる。ここに $h(\phi) = \sin\phi$ とする。ループフィルタの伝達関数はそれぞれ $F_1(s) = (1 + \tau_{z1}s)/(1 + \tau_{p1}s)$ および $F_2(s) = (1 + \tau_{z2}s)/(1 + \tau_{p2}s)$ で与えられる。以上より

$$\frac{k_0}{s} \frac{1 + \tau_{z2}s}{1 + \tau_{p2}s} \frac{1 + \tau_{z1}s}{1 + \tau_{p1}s} h(\phi) = \theta_{\text{out}} = \theta_{\text{in}} - \phi$$

となり，$s = d/dt$ として，これを整理すると系は誤差位相 ϕ に関するつぎのような3階の自律形非線形微分方程式で表される。

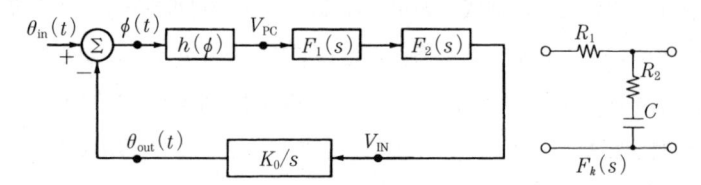

図 11.27 2次ループフィルタを用いたPLLの位相モデル[10)]

$$\frac{d^3\phi}{dt^3} + \left[\frac{\tau_{p1} + \tau_{p2}}{\tau_{p1}\tau_{p2}} + \frac{K_0\tau_{z1}\tau_{z2}h'(\phi)}{\tau_{p1}\tau_{p2}}\right]\frac{d^2\phi}{dt^2}$$

$$+ \left[\frac{1}{\tau_{p1}\tau_{p2}} + \frac{K_0(\tau_{z1} + \tau_{z2})h'(\phi)}{\tau_{p1}\tau_{p2}}\right]\frac{d\phi}{dt}$$

$$+ \frac{K_0\tau_{z1}\tau_{z2}h''(\phi)}{\tau_{p1}\tau_{p2}}\left(\frac{d\phi}{dt}\right)^2 + \frac{K_0 h(\phi)}{\tau_{p1}\tau_{p2}}$$

$$= \frac{d^3\theta_{\text{in}}}{dt^3} + \frac{\tau_{p1} + \tau_{p2}}{\tau_{p1}\tau_{p2}}\frac{d^2\theta_{\text{in}}}{dt^2} + \frac{1}{\tau_{p1}\tau_{p2}}\frac{d\theta_{\text{in}}}{dt} \qquad (11.32)$$

入力として離調 $\Delta\omega$ の無変調信号を仮定すると式 (11.32) において入力位相は $\theta_{\text{in}}(t) = \Delta\omega t + \theta_c$ (θ_c：定数) とおける。ここでループフィルタは二つとも同じものを仮定し，$\tau_{p1} = \tau_{p2} = \tau$, $\tau_{z1} = \tau_{z2} = c\tau$ とする。さらに式 (11.32) において $t = \tau t'$ と時間スケールを変更し $\dot{\phi} = x, \dot{x} = y$ ($\cdot \equiv d/dt'$) とすると式 (11.32) はつぎのような1階連立微分方程式にかきなおすことができる。

$$\left.\begin{aligned}\dot{\phi} &= x \\ \dot{x} &= y \\ \dot{y} &= -2y - c^2\sigma h'(\phi)y - x - 2c\sigma h'(\phi)x \\ &\quad - c^2\sigma h''(\phi)x^2 - \sigma h(\phi) + \Delta\Omega\end{aligned}\right\} \qquad (11.33)$$

ここにおいて，$\sigma = K_0\tau, \Delta\Omega = \Delta\omega\tau$，またミクサー形 PC を考えているので $h(\phi) = \sin\phi$ となる。式 (11.33) は ϕ に関して 2π の周期性をもつので $(\phi, x, y) \in S^1 \times R^1 \times R^1$ のシリンダ座標で考えることができる。よって ϕ については $|\phi| < \pi$ の領域を考えれば十分である。

11.4.2　ホモクリニック分岐集合の計算原理

式 (11.33) で表される系には，**シルニコフの定理**[11] を満足するホモクリニック軌道が，あるパラメータ集合上で存在する。このようなホモクリニック軌道が存在するパラメータの近傍のパラメータでは，形式カオスの存在を意味するホースシュー写像[11] が存在することが，シルニコフの定理により保証されている。

まずはじめに平衡点を求める。平衡点は $\dot{\phi} = \dot{x} = \dot{y} = 0$ を満たす点で，$(\phi_0, x_0, y_0) = (\phi_s, 0, 0)$ である。ϕ_s は $|\phi| < \pi$ の領域内に2点存在し，$\phi_{s1} = \sin^{-1}(\Delta\Omega/\sigma)$, $\phi_{s2} = \pi - \sin^{-1}(\Delta\Omega/\sigma)$ となる。平衡点 $S_1 : (\phi_{s1}, 0, 0)$, $S_2 : (\phi_{s2}, 0, 0)$ の安定性は式 (11.33) の線形化系の固有値より判別されるが，ここで考察する σ および $\Delta\omega$ の範囲 ($0 < \sigma < 350, |\Delta\Omega| < 30$) では S_1 は不安定な渦状点（負の実根と実部が正の共役複素根）および S_2 は鞍形渦状点（正の実根と実部が負の共役複素根）となった。

与えられたパラメータの範囲ではシルニコフ形のホモクリニック軌道は鞍形渦状点 S_2 に関してのみ存在するので以下，平衡点 S_2 に注目して解析を行う。まず，S_2 の固有値を求める。式 (11.33) より平衡点 S_2 におけるヤコビ行列を求める。

$$J = \begin{bmatrix} 0 & 1 & 0 \\ 0 & 0 & 1 \\ -\sigma\cos\phi_{s2} & -1 - 2c\sigma\cos\phi_{s2} & -2 - c^2\sigma\cos\phi_{s2} \end{bmatrix}$$

これより特性方程式は $|J - \lambda I| = 0$ で計算され次式のようになる。

$$\lambda^3 - r\lambda^2 - q\lambda - p = 0 \tag{11.34}$$

$$\begin{cases} p = -\sigma\cos\phi_{s2} = \sqrt{\sigma^2 - \Delta\Omega^2} \\ q = -1 - 2c\sigma\cos\phi_{s2} = -1 + 2c\sqrt{\sigma^2 - \Delta\Omega^2} \\ r = -2 - c^2\sigma\cos\phi_{s2} = -2 + c^2\sqrt{\sigma^2 - \Delta\Omega^2} \\ |\sigma| > |\Delta\Omega| \end{cases}$$

与えられたパラメータの範囲では式 (11.34) は**正の実固有値** $\gamma > 0$ と $\alpha < 0$ である**共役複素固有値** $\alpha \pm j\beta$ をもっている。そこで γ に対する**固有ベクトル** $\boldsymbol{E}^u$ と $\alpha \pm j\beta$ に対する**固有平面** $\boldsymbol{E}^s$ を求めると

$$\left.\begin{aligned} E^u &: \phi - \phi_{s2} = \frac{x}{\gamma} = \frac{y}{\gamma^2} \\ E^s &: (\alpha^2 + \beta^2)(\phi - \phi_{s2}) - 2\alpha x + y = 0 \end{aligned}\right\} \tag{11.35}$$

となる[†]。ここで α, β, γ はカルダノの公式により

11.4 3階自律形位相同期回路におけるカオス

$$\left.\begin{aligned} \gamma &= A + B + \frac{r}{3} \\ \alpha &= \frac{r}{3} - \frac{A+B}{2} \\ \beta &= \frac{\sqrt{3}\,(A-B)}{2} \end{aligned}\right\} \quad (11.36)$$

となり，さらに A, B は

$$\left.\begin{aligned} A &= \sqrt[3]{\frac{-b+\sqrt{b^2+4a^3}}{2}} \\ B &= \sqrt[3]{\frac{-b-\sqrt{b^2+4a^3}}{2}} \\ a &= \frac{-q-\dfrac{r^2}{3}}{3} \\ b &= -\frac{2r^3}{27} - \frac{qr}{3} - p \end{aligned}\right\} \quad (11.37)$$

と表される．つぎにシルニコフ形のホモクリニック軌道が存在するための条件を図 **11.28** に示す．すなわち，タイプ n のホモクリニック軌道は $|\phi_{s2}| < \pi$ の領域内の $S_2^{(0)}$ から不安定固有ベクトル E^u の方向に進み，ϕ に関して $2\pi n$ 先の $S_2^{(n)}$ の安定固有平面に吸いこまれることになる．これは近似的に図 11.28 に示すように $S_2^{(0)}$ の E^u 上で微小距離 $\mu (\ll 1)$ だけ離れた点

$$p_\mu : (\phi_{s2} + \Delta\phi, \gamma\Delta\phi, \gamma^2\Delta\phi),\ \Delta\phi = \frac{\mu}{\sqrt{1+\gamma^2+\gamma^4}}$$

---

† （前ページの注） 実固有値 γ に対する固有ベクトル $\boldsymbol{x}_1$ は $J\boldsymbol{x}_1 = \gamma\boldsymbol{x}_1$ から計算され $\boldsymbol{x}_1 = (1, \gamma, \gamma^2)^T$ となる．したがってベクトル $\boldsymbol{x}_1$ の方向の直線である E^u は本文のようになる．共役複素固有値 $\alpha + j\beta$ に対する固有ベクトルも同様にして計算され $(1, \alpha+j\beta, (\alpha^2-\beta^2)+j2\alpha\beta)^T$ となる．これを実部ベクトル $\boldsymbol{r} = (1, \alpha, \alpha^2-\beta^2)^T$ と虚部ベクトル $\boldsymbol{i} = (0, \beta, 2\alpha\beta)^T$ に分けると $\boldsymbol{r}$ と $\boldsymbol{i}$ を含む平面が E^s となる．これを求めるには $\boldsymbol{r}$ と $\boldsymbol{i}$ に直交するベクトル $\boldsymbol{n} \in R^3$ を求めれば，これを法線ベクトルとする平面が E^s となる．すなわち，$\boldsymbol{n}\cdot\boldsymbol{r} = \boldsymbol{n}\cdot\boldsymbol{i} = 0$ より $\boldsymbol{n} = (\alpha^2+\beta^2, -2\alpha, 1)^T$ となるから E^s は本文のようになる．

から出発した軌道が $S_2^{(n)}$ を中心とした半径 ε の球 Σ^ε 上に乗り，かつ E^s 上にも乗る条件として与えられる．図 **11.29** はタイプ 1, 2 および 1' のホモクリニック軌道について模式的に書いたものである．一般に軌道が ϕ 軸上をプラス方向に $2\pi n$ 進んで $S_2^{(n)}$ に吸いこまれるホモクリニック軌道をタイプ n，マイナス方向に $2n\pi$ 進んで $S_2^{(-n)}$ に吸いこまれるホモクリニック軌道をタイプ n' と定義する．以下の軌道計算においては $\mu = 0.002, e \cong 0.1$ から 0.4 とした．

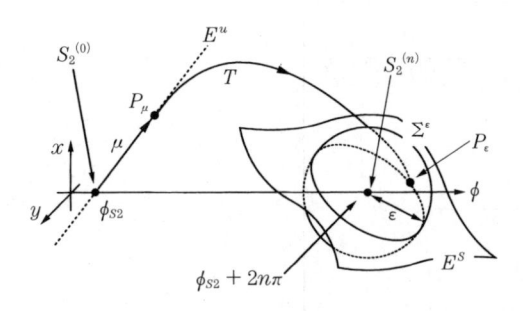

図 **11.28** タイプ n のホモクリニック軌道の概略図[10]

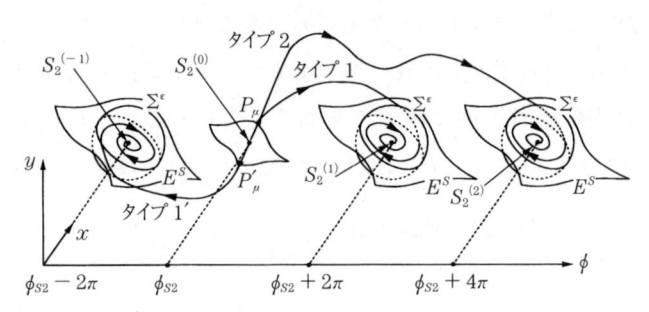

図 **11.29** タイプ 1, タイプ 2, タイプ 1' のホモクリニック軌道の詳細図[10]

11.4.3 ニュートン法によるホモクリニック分岐集合の計算

本研究では上に述べた条件のもとでタイプ 1（タイプ 1'）〜タイプ 6（タイプ 6'）までの分岐方程式をたて，それらをニュートン法によって解いた．ここでタイプ n のホモクリニック軌道の存在条件を示す．可変パラメータは σ と

11.4　3階自律形位相同期回路におけるカオス

$\Delta\Omega$ であるが，σ は固定して考える。

$$\left.\begin{array}{l}F_1(\Delta\Omega, T) = (\alpha^2 + \beta^2)(\Phi - (\phi_{s2} + 2\pi n)) - 2\alpha X + Y = 0 \\ F_2(\Delta\Omega, T) = (\Phi - (\phi_{s2} + 2\pi n))^2 + X^2 + Y^2 - \varepsilon^2 = 0\end{array}\right\}$$

(11.38)

ここで第1式はパラメータ $\Delta\Omega$ のとき $t = 0$ で点 p_μ から出発した軌道が時刻 T で $S_2^{(n)}$ を中心にした E^s にのる条件で，第2式は同様の軌道が $\sum^\varepsilon$ にのる条件を表す。T は $p_\mu = (\phi_\mu, x_\mu, y_\mu)$ から出た軌道がタイプ n の球面を打つまでの時間で，(Φ, X, Y) は $\Phi \equiv \phi(T; \phi_\mu, x_\mu, y_\mu), X \equiv x(T; \phi_\mu, x_\mu, y_\mu), Y \equiv y(T; \phi_\mu, x_\mu, y_\mu)$ である。またタイプ n' に対しては式 (11.38) の $2n\pi$ を $-2n\pi$ と置換したものになる。ニュートン法は式 (11.38) を以下のアルゴリズムで計算する。

$$\begin{bmatrix}\Delta\Omega \\ T\end{bmatrix} \leftarrow \begin{bmatrix}\Delta\Omega \\ T\end{bmatrix} - \begin{bmatrix}\dfrac{\partial F_1}{\partial(\Delta\Omega)} & \dfrac{\partial F_1}{\partial T} \\ \dfrac{\partial F_2}{\partial(\Delta\Omega)} & \dfrac{\partial F_2}{\partial T}\end{bmatrix}^{-1} \begin{bmatrix}F_1(\Delta\Omega, T) \\ F_2(\Delta\Omega, T)\end{bmatrix} \quad (11.39)$$

式 (11.39) の中で各偏微分は解析的に求めることは複雑なので，数値微分を用いて計算を行ったが，変分の大きさ $(\Delta\Delta\Omega, \Delta T)$ さえ適切に選べば，ほぼ収束した。具体的には $\Delta\Delta\Omega \cong 0.001$ とし，ΔT は T の $1/5\,000$ とした。

$$\left.\begin{array}{l}\dfrac{\partial F_n}{\partial \Delta\Omega} \cong \dfrac{F_n(\Delta\Omega + \Delta\Delta\Omega, T) - F_n(\Delta\Omega, T)}{\Delta\Delta\Omega} \\ \dfrac{\partial F_n}{\partial T} \cong \dfrac{F_n(\Delta\Omega, T + \Delta T) - F_n(\Delta\Omega, T)}{\Delta T}\end{array}\right\} \quad (11.40)$$

図 11.30 に $\sigma - \Delta\Omega$ 平面における**分岐集合**を表した。ただし，タイプ1とタイプ1'においては図 11.30 の直線 crt より左側，破線の部分 ($\sigma <$ 11.136) ではシルニコフの定理の条件 $|\gamma| < |\alpha|$ を満足していないので除外される。

図 11.30 で得られた分岐集合上の3点，$(a): (\sigma, \Delta\Omega) = (101.3, -8.32)$，$(b): (\sigma, \Delta\Omega) = (70.8, 2.48)$，$(c): (\sigma, \Delta\Omega) = (220.0, 12.79)$ について，**図 11.31** $(a) \sim (c)$ に実際に軌道を描き，分岐集合が正しいことを確認し

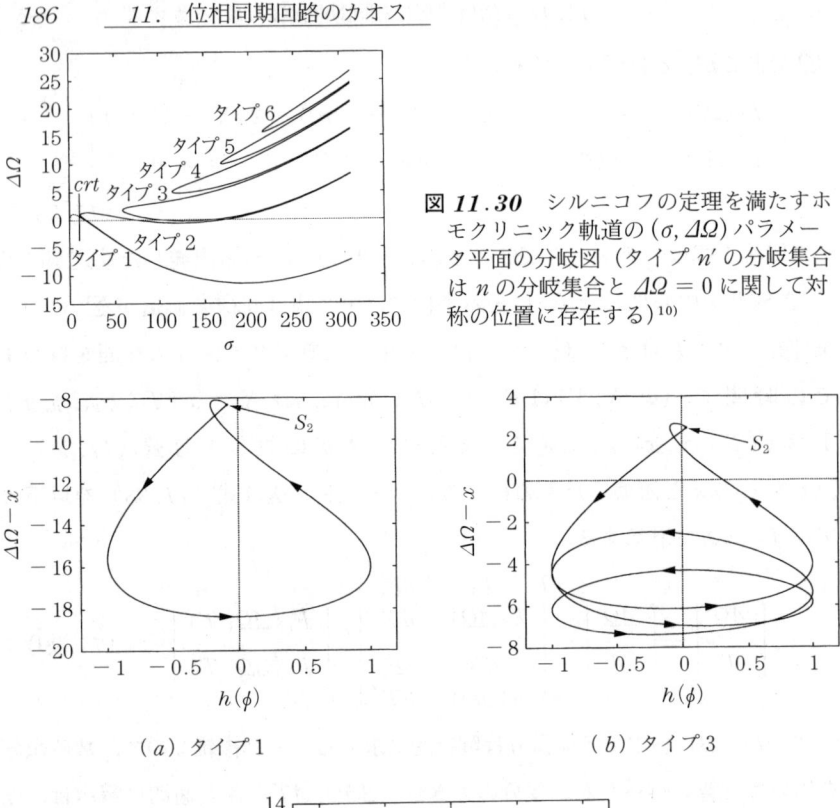

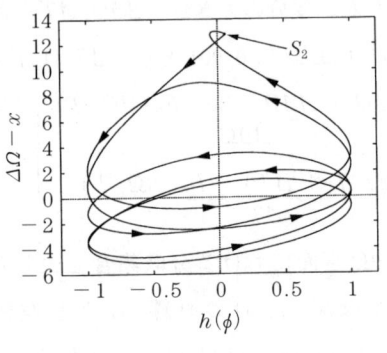

図 11.30 シルニコフの定理を満たすホモクリニック軌道の $(\sigma, \Delta\Omega)$ パラメータ平面の分岐図（タイプ n' の分岐集合は n の分岐集合と $\Delta\Omega = 0$ に関して対称の位置に存在する）[10]

(a) タイプ1

(b) タイプ3

(c) タイプ5

図 11.31 種々の形のホモクリニック軌道[10]

た．なお，図 11.31 において，横軸 $h(\phi) \propto V_{PC}$，縦軸 $(\Delta\Omega - x) \propto V_{IN}$，$V_{PC}$ は PC の出力電圧，V_{IN} は VCO の入力電圧の関係がある．なお，式 (11.33) は，$\Delta\Omega$ を $-\Delta\Omega$ に，(ϕ, x, y) を $(-\phi, -x, -y)$ と置換しても式

の形が変わらないから，ある $\Delta\Omega$ において (ϕ, x, y) というホモクリニック軌道が存在すれば，$-\Delta\Omega$ において $(-\phi, -x, -y)$ というホモクリニック軌道が存在することになる。したがって，図 11.30 において，タイプ n のホモクリニック分岐集合の直線 $\Delta\Omega = 0$ に関して**鏡像**の関係にある分岐集合がタイプ n' となる。

11.4.4 ホモクリニック分岐集合と過渡カオス

最大リヤプノフ指数を計算するに当り，式 (11.33) とその変分系を $t = 0.0$ から 50.0 まで計算し，その間の平均拡大率を最大過渡リヤプノフ指数とし，**図 11.32** に $(\sigma, \Delta\Omega)$ 平面における最大過渡リヤプノフ指数の分布を求めた。この図よりおもに $\Delta\Omega = 0.0$ または σ が大きい付近で多くのパラメータでカオスが現れていることがわかる。**図 11.33** は $\Delta\Omega = 0.0$ としたときの σ に対する最大リヤプノフ指数の変化を示す。これより $37.2 < \sigma < 45.8, 75.9 < \sigma < 98.4$ および $177.6 < \sigma$ の領域で強いカオスが見られることがわかる。

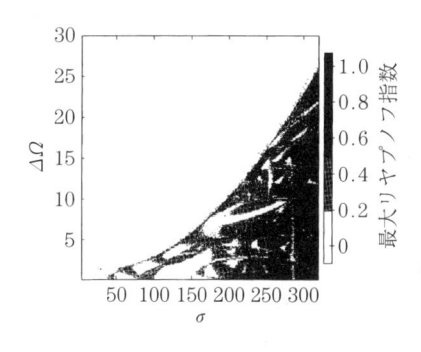

図 11.32 最大過渡リヤプノフ指数の $(\sigma, \Delta\Omega)$ 平面における分布[10]

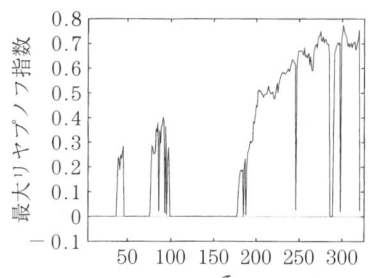

図 11.33 最大過渡リヤプノフ指数の σ に対する変化 $(\Delta\Omega = 0.0)$[10]

実際には図 11.30 のホモクリニック軌道の存在するパラメータであっても，ホースシューのダイナミックスが弱くしか現れないことも多く，ホモクリニック分岐集合とカオス発生領域の関係を直接的に結びつけるのは一般には困難であるが，タイプ 1 からタイプ 6 の包絡線（共通接線）の形は図 11.32 のカオス領域の上限とほぼ一致しているように見える．

つぎにパワースペクトルについて考察する．一般に周期運動または準周期運動では離散的スペクトルを示すが，カオス的な運動では連続スペクトルを示す．図 11.33 より得られたカオス（アトラクタ）となるパラメータのうち，いくつかの代表的なものを選び VCO の入力信号のパワースペクトルを求めた．VCO の入力は出力位相の微分値 $\dot{\theta}_{\text{out}} = \Delta\Omega - x$ で表されるのでこの変数

(a) $\sigma = 44.0$

(b) $\sigma = 85.0$

(c) $\sigma = 120.0$

(d) $\sigma = 249.0$

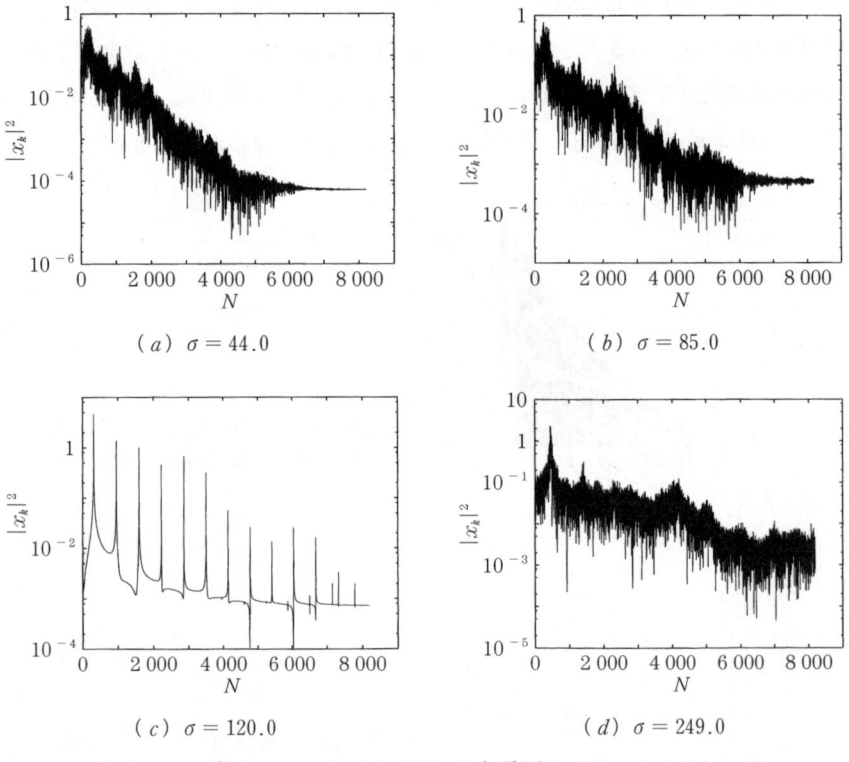

図 11.34 種々の σ における VCO 入力電圧のパワースペクトル[10]

について $N = 2^{14} = 16\,384$ 点について FFT を行った。サンプリング周期は $\Delta t' = 0.01$ であるので，周波数分解能は $\Delta f = 1/(\tau \Delta t' N) = 6.1 \times 10^{-3}/\tau$ (τ：時間のスケーリングファクタ，$t = \tau t'$) となる。ここでは時間変数 t' は正規化されているので横軸は FFT のステップ数で表記してある。**図 11.34** のパラメータは，$\Delta\Omega = 0.0$ として $(a)\sigma = 44.0$，$(b)\sigma = 85.0$，$(c)\sigma = 120.0$，$(d)\sigma = 249.0$ とした。図 (c) の例は，非カオス的な場合で離散的なパワースペクトルとなっているが，図 (a)，(b) の例では VCO 入力のパワースペクトルはカオス的な連続分布を示し，周波数が高くなるとほぼ直線的に減衰している。図 (d) の例ではパワースペクトルはカオス的連続分布を示すとともに高域での減衰も少なく，かなりフラットな連続スペクトルが得られた。このようなパワースペクトルがカオス通信には好ましいと思われる。

11.4.5 実験による検証

ここで，これまでのコンピュータ解析による結果を電子回路実験によって検証する。正弦波 PC に掛算器 NJM 4200（JRC），正弦波形 VCO に MAX 038（MAXIM）を用い，図 11.27 のフィルタには $R_1 = 42.3\,\text{k}\Omega$, $R_2 = 4.7\,\text{k}\Omega$, $C = 10\,\text{nF}$ の素子を用いた。このときの時定数は $\tau_{p1} = \tau_{p2} = \tau = (R_1 + R_2)C = 4.7 \times 10^{-4}\,\text{s}$, $\tau_{z1} = \tau_{z2} = c\tau = R_2 C = 4.7 \times 10^{-5}\,\text{s}$ となり，これまでのシミュレーションと同様に係数 $c = 0.1$ とした。この回路から得られた $\text{PC}_{\text{OUT}}(V_{\text{PC}})$ と $\text{VCO}_{\text{IN}}(V_{\text{IN}})$ のリサージュ図形を離調 $\Delta\Omega \simeq 0.0$ として**図 11.35 (a)-(c)** に示した。

図 11.35 (a) は $K_0 = 72\,766.0\,\text{rad/s}$（$\sigma = 34.2$ に相当）の場合で，ゲインが低く図 11.33 の最大リヤプノフ指数が 0 の状態に当るので周期運動を示す。図 11.35 (b) は $K_0 = 90\,851.1\,\text{rad/s}$（$\sigma = 42.7$ に相当）で，図 11.33 の最初のピークに含まれる状態なのでカオスを示す。図 11.35 (c) は $K_0 = 104\,042.6\,\text{rad/s}$（$\sigma = 48.9$ に相当）で図 11.33 より最大リヤプノフ指数が 0 に対応するので，また周期状態に戻っている。図 11.35 (d) は図 11.35 (b) のカオス状態のときの**パワースペクトル**で，かなりフラットな形状を示してい

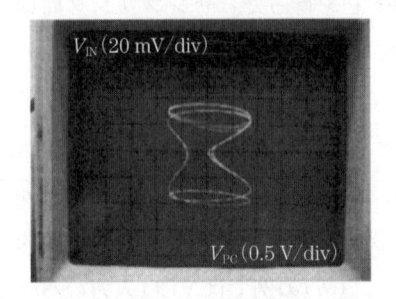

(a) $K_0 = 72\,766.0\,\text{rad/s}$

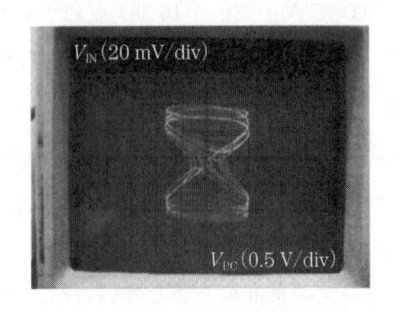

(b) $K_0 = 90\,851.1\,\text{rad/s}$

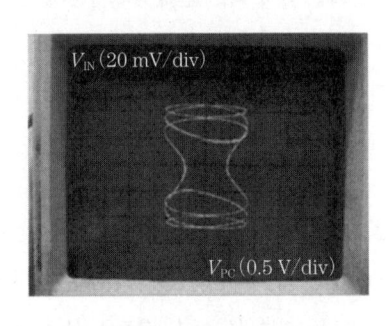

(c) $K_0 = 104\,042.6\,\text{rad/s}$

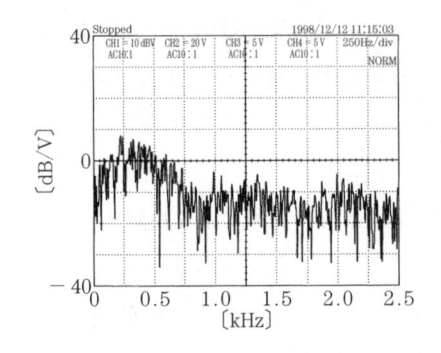

(d) (b)における V_{PC} スペクトル

図 **11.35** 実験より得られたリサージュ図形とパワースペクトル[10]

る。実験において K_0 を変化させるには全体のループゲインをゲインコントロールの可変抵抗により変化させた。

つぎに図 **11.36**(a)-(c)は図11.35(a)-(c)にそれぞれ対応した式(11.32)のコンピュータシミュレーションより得られたリサージュ図とパワースペクトルで，ほぼ実験と同様の状態が再現されていることがわかる（ただし，実験においては $\Delta\Omega$ の値は入力およびVCO周波数のジッタのために正確に0にはできないので，ほぼ同じ状態になるようにコンピュータシミュレーション上では多少変更した）。図 **11.35** と図 **11.36** を比較して，ほぼ同様のリサージュ図とパワースペクトルが得られていることから，式(11.32)のモデル方程式は実際のPLL回路のよい近似となっているといえる。

(a) $\sigma = 34.2\,(\Delta\Omega = 0.05)$

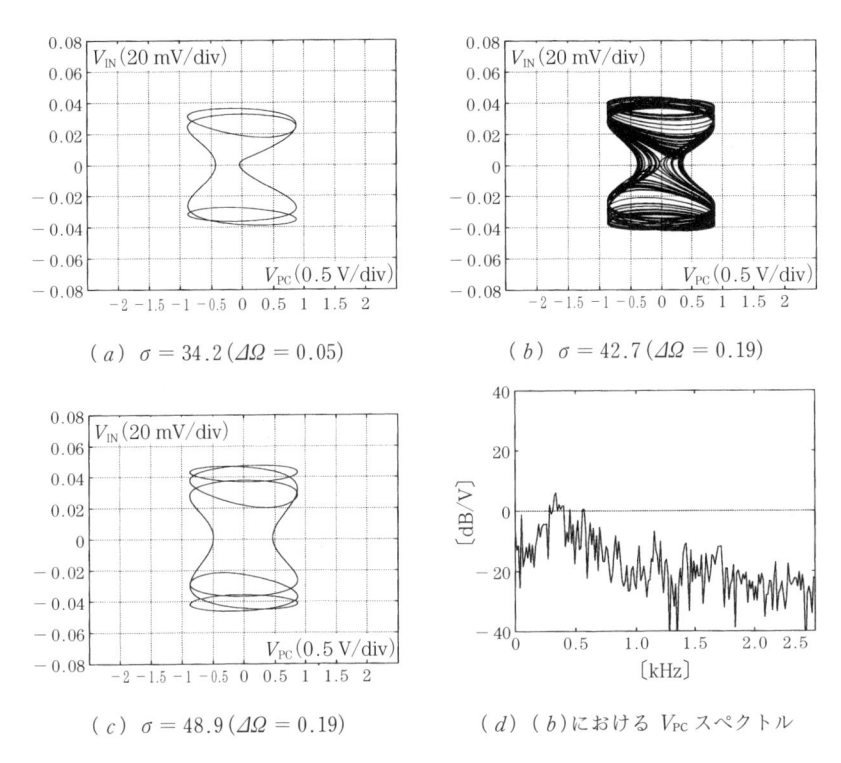

(b) $\sigma = 42.7\,(\Delta\Omega = 0.19)$

(c) $\sigma = 48.9\,(\Delta\Omega = 0.19)$

(d) (b)における V_{PC} スペクトル

図 11.36 コンピュータシミュレーションにより得られたリサージュ図形とパワースペクトル[10]

11.5 む　す　び

　本研究では，FM復調用PLL方程式（= 周期的外力をもつ2階非自律系）に対してメルニコフの方法を用い，ホモクリニック点の存在範囲を示し，ホモクリニック点とカオスの関係を分岐図や不変曲線の振舞いとの関連において明らかにした．さらに，正弦波位相比較特性をもつ3階自律系PLL方程式にさまざまなホモクリニック軌道が存在することを示し，これを具体的に求め，ホモクリニック軌道と**過渡カオス**の関係を議論した．

付　録

付 A　平均化法の適用についての注意点

　平均化法を実際の回路に適用する場合，注意しなければならないことがある。それは平均化法の結果は，ある $\varepsilon = \varepsilon_r > 0$ が存在して $0 < \varepsilon < \varepsilon_r$ において成立するという点である。実際，ε_r の値がいくつになるのかについては平均化法はなにも示していないため，場合によってはきわめて小さな ε のときしか成り立たず，およそ現実離れした結果となってしまうこともあり得る。このような点から考えて第 5, 6, 7 章などで回路から得られる"生"の方程式を ε を含んだ正規化された方程式に変換するに当り，どのパラメータを ε オーダーと考えるかについては実際のパラメータの大きさや，結果の現実性に照らして十分な検討が必要である。基本的には基礎方程式が式 (5.1) に示す標準形に当てはまるように ε オーダーとおくべきパラメータを工夫することである。ここでは一つの興味深い例をあげて平均化法の適用の多様性について説明する。第 6 章で述べた二つの相互結合された（軟）発振器の結合系において二つの発振器の発振周波数が異なる場合，つぎのような二つの定式化が可能となる。ここで，モデルとして第 2 の発振器の C を C_2 とすると図 6.1 よりつぎの関係が得られる。

$$\left.\begin{aligned}
&\frac{d^2v_1}{dt^2} - \frac{g_1}{C}\left(1 - \frac{3g_3}{g_1}v_1^2\right)\frac{dv_1}{dt} + \left(\frac{1}{CL} + \frac{1}{CL_0}\right)v_1 - \frac{1}{CL_0}v_2 = 0 \\
&\frac{d^2v_2}{dt^2} - \left(\frac{C}{C_2}\right)\frac{g_1}{C}\left(1 - \frac{3g_3}{g_1}v_2^2\right)\frac{dv_2}{dt} + \left(\frac{C}{C_2}\right)\left(\frac{1}{CL} + \frac{1}{CL_0}\right)v_2 \\
&\quad - \left(\frac{C}{C_2}\right)\frac{1}{CL_0}v_1 = 0
\end{aligned}\right\}$$

$$(A.1)$$

付 A　平均化法の適用についての注意点

上式に式 (6.3) と同様な変数変換を行うと次式が得られる ($k^2 = C/C_2$)。

$$\left.\begin{array}{l}\ddot{x}_1 - \varepsilon(1 - x_1^2)\dot{x}_1 + x_1 - \alpha x_2 = 0 \\ \ddot{x}_2 - k^2\varepsilon(1 - x_2^2)\dot{x}_2 + k^2 x_2 - k^2\alpha x_1 = 0\end{array}\right\} \quad (A.2)$$

ここにおいて ε, α は式 (6.5) と同様である ($\cdot = d/dt', \cdot\cdot = d^2/dt'^2$)。式 $(A.2)$ は以下に述べるような 2 通りの取扱い方が可能であり、その結果も異なる。

〈第 1 の方法〉

第 6 章で述べたやり方と同様にして、式 $(A.2)$ をつぎのようにベクトル形式に書く。

$$\ddot{\boldsymbol{x}} + B\boldsymbol{x} = \varepsilon \Gamma \dot{\boldsymbol{x}} - \frac{1}{3}\varepsilon \Gamma \dot{\boldsymbol{x}}_c \quad (A.3)$$

ここに

$$B = \begin{bmatrix} 1 & -\alpha \\ -k^2\alpha & k^2 \end{bmatrix}, \Gamma = \begin{bmatrix} 1 & 0 \\ 0 & k^2 \end{bmatrix} \quad (A.4)$$

となる。

　この方程式に適当な線形変換 $\boldsymbol{x} = P\boldsymbol{y}$ を行い、$\boldsymbol{y}$ 領域で式 (6.9) のような正準形の微分方程式にもっていく。この場合、行列 B の**固有値**と**固有ベクトル**（行列 P はこの固有ベクトルを縦ベクトルとして並べたもの）は第 6 章の場合のように解析的には求まらないが、$k^2 \approx 1$（すなわち二つの発振器の発振周波数が近い）ならば第 6 章で求めたものと近い値となる。したがって、同様の計算を数値的に行えば結局、1) x_1 と x_2 の振幅が異なる**同相解**と 2) x_1 と x_2 の振幅が異なる**逆相解**の二つの解が安定となる。このように第 1 の方法の結論としては、離調があっても（すなわち $k^2 \neq 1$）その影響は固有周波数と振幅のみに現れ、原理的に同相解や逆相解の位相のずれは現れないということである。また、この場合は不安定であるが、2 重モード解についてもこの方法を用いて求めることができる。第 1 の方法の適用できる条件として結合係数 $0 < \alpha < 1$ が小さくないこと（強結合）、すなわち、式 (6.9) のような正準形としたときに ω_1 と ω_2 が引き込みを起こさない程度に分離されていること

があげられる．この条件が満たされない場合は第 2 の方法となる．強結合で離調が大きくなっていった場合も第 1 の方法で計算できるが，同相解，逆相解，2 重モード解の安定性がどのように変化するかは具体的に計算してみる必要がある．

〈第 2 の方法〉[†]

式 $(A.2)$ において相互同期した角周波数を Ω として $\Omega t' = \tau$ なる変数変換を行うと次式が得られる（$\cdot = d/d\tau, \cdot\cdot = d^2/d\tau^2$）．

$$\left.\begin{array}{l}\ddot{x}_1 + x_1 = \dfrac{\varepsilon}{\Omega}\left(1 - x_1{}^2\right)\dot{x}_1 + \dfrac{\Omega^2 - 1}{\Omega^2}x_1 + \dfrac{\alpha}{\Omega^2}x_2 \\[2mm] \ddot{x}_2 + x_2 = \dfrac{k^2\varepsilon}{\Omega}\left(1 - x_2{}^2\right)\dot{x}_2 + \dfrac{\Omega^2 - k^2}{\Omega^2}x_2 + \dfrac{k^2\alpha}{\Omega^2}x_1\end{array}\right\} \quad (A.5)$$

上式において結合係数 $0 < \alpha < 1$ は小さく，二つの発振器の発振周波数は十分に近いと仮定すると

$$\alpha = \varepsilon\alpha', \frac{\Omega^2 - 1}{\Omega^2} = \varepsilon\sigma, \frac{\Omega^2 - k^2}{\Omega^2} = \varepsilon\delta\sigma, \delta = \frac{\Omega^2 - k^2}{\Omega^2 - 1} \quad (A.6)$$

とおける．このとき上式はつぎのようになる．

$$\left.\begin{array}{l}\ddot{x}_1 + x_1 = \varepsilon f_1(x_1, x_2, \dot{x}_1, \dot{x}_2) \\ \ddot{x}_2 + x_2 = \varepsilon f_2(x_1, x_2, \dot{x}_1, \dot{x}_2) \\ f_1(x_1, x_2, \dot{x}_1, \dot{x}_2) = \dfrac{(1 - x_1{}^2)\dot{x}_1}{\Omega} + \sigma x_1 + \dfrac{\alpha'}{\Omega^2}x_2 \\[2mm] f_2(x_1, x_2, \dot{x}_1, \dot{x}_2) = \dfrac{k^2(1 - x_2{}^2)\dot{x}_2}{\Omega} + \delta\sigma x_2 + \dfrac{k^2\alpha'}{\Omega^2}x_1\end{array}\right\} \quad (A.7)$$

上式は式 (6.9) において，$y_i = x_i, i = 1, 2$ と考えれば $\omega_1{}^2 = \omega_2{}^2 = 1$，つまり，二つの固有周波数が**退化**した場合に当り，$\varepsilon = 0$ としたときの無摂動解 (6.14) において振幅の方程式のみならず，位相の方程式が重要な意味をもってくる．この場合，平均化された方程式は

[†] この場合と実質的に同様の解析結果については以下の参考文献に詳述されている．末崎輝雄，森真作：2 つの発振器の相互同期，電気通信学会雑誌，第 48 巻 9 号，pp. 1551-1557（1965-9）．

$$\left.\begin{aligned}\dot{\rho}_1 &= h_1(\rho_1, \rho_2, \theta_1, \theta_2) \\ \dot{\rho}_2 &= h_2(\rho_1, \rho_2, \theta_1, \theta_2) \\ \dot{\theta}_1 &= h_3(\rho_1, \rho_2, \theta_1, \theta_2) \\ \dot{\theta}_2 &= h_4(\rho_1, \rho_2, \theta_1, \theta_2)\end{aligned}\right\} \quad (A.8)$$

となり，$\rho_3 \equiv \theta_2 - \theta_1$ としてつぎのような方程式に変換することができる．

$$\left.\begin{aligned}\dot{\rho}_1 &= \tilde{h}_1(\rho_1, \rho_2, \rho_3, \theta_1) \\ \dot{\rho}_2 &= \tilde{h}_2(\rho_1, \rho_2, \rho_3, \theta_1) \\ \dot{\rho}_3 &= \tilde{h}_3(\rho_1, \rho_2, \rho_3, \theta_1) \\ \dot{\theta}_1 &= \tilde{h}_4(\rho_1, \rho_2, \rho_3, \theta_1)\end{aligned}\right\} \quad (A.9)$$

このとき，定理 7.1 が上式に適用でき，未知なる角周波数 Ω と振幅の平衡解とその安定性を求めることができる．第 2 の方法では二つの発振器の単独の発振周波数が近く，また結合係数も十分に小さいとき結合発振器は同相に近い同期状態と逆相に近い同期状態をとるが，$C_2 = C$ の（すなわち，二つの発振器がまったく同じ）場合を除き，位相差 $\theta_2 - \theta_1$ は完全な 0 と π にはならず，$k^2 = C/C_2$ が 1 より離れた程度に応じて同相もしくは逆相からの位相のずれが現れる．また，各発振器の振幅も k^2 の大きさに応じて変化する．しかし，2 重モードについては，この方法では求められない．その理由は，各発振器の独立の発振周波数が接近しており，その結果，固有周波数が同期引込を起こしているとの仮定から出発しているからである．

以上をまとめると図 6.1 のような**相互結合発振器**において**強結合**で，個々の発振器の発振周波数の差が小さければ，**完全同相解**と**完全逆相解**が存在する．**弱結合**で発振周波数の差が小さければ，同相を中心とした解と逆相を中心とした解が存在する．また，ここでは省略したが強結合や弱結合で発振周波数の差が大きい場合も適当な解の形を仮定することにより平均化法で解析することができ，その結果，二つの周波数の混在した 2 重モード解の存在を示すことができる．このように平均化法の結果はなにを ε オーダーの量と見なすかによって一般に異なる結果となるので，実際の適用に当ってはその条件をよく吟味する必要がある．

付 B 三つの相互結合された軟発振器の正規化された基礎方程式 (8.5) の誘導

キルヒホッフの法則よりつぎの関係が得られる。

$$\left.\begin{array}{l}\dfrac{1}{L}\int v_1 dt + C\dfrac{dv_1}{dt} + (-g_1 v_1 + g_3 v_1{}^3) = \dfrac{1}{L_0}\int (v_2 - v_1)\, dt \\[2mm] \dfrac{1}{L}\int v_2 dt + C\dfrac{dv_2}{dt} + (-g_1 v_2 + g_3 v_2{}^3) = \dfrac{1}{L_0}\int (v_1 - v_2)\, dt \\[2mm] \quad + \dfrac{1}{L_0}\int (v_3 - v_2)\, dt \\[2mm] \dfrac{1}{L}\int v_3 dt + C\dfrac{dv_3}{dt} + (-g_1 v_3 + g_3 v_3{}^3) = \dfrac{1}{L_0}\int (v_2 - v_3)\, dt \end{array}\right\} \quad (B.1)$$

上式の両辺を1回微分して C で割り整理する。

$$\left.\begin{array}{l}\dfrac{d^2 v_1}{dt^2} - \dfrac{g_1}{C}\left(1 - \dfrac{3g_3}{g_1} v_1{}^2\right)\dfrac{dv_1}{dt} + \left(\dfrac{1}{CL} + \dfrac{1}{CL_0}\right) v_1 - \dfrac{1}{CL_0} v_2 = 0 \\[2mm] \dfrac{d^2 v_2}{dt^2} - \dfrac{g_1}{C}\left(1 - \dfrac{3g_3}{g_1} v_2{}^2\right)\dfrac{dv_2}{dt} - \dfrac{1}{CL_0}v_1 + \left(\dfrac{1}{CL} + \dfrac{2}{CL_0}\right) v_2 \\[2mm] \quad - \dfrac{1}{CL_0} v_3 = 0 \\[2mm] \dfrac{d^2 v_3}{dt^2} - \dfrac{g_1}{C}\left(1 - \dfrac{3g_3}{g_1} v_3{}^2\right)\dfrac{dv_3}{dt} + \left(\dfrac{1}{CL} + \dfrac{1}{CL_0}\right) v_3 - \dfrac{1}{CL_0} v_2 = 0 \end{array}\right\}$$

$$(B.2)$$

上式に二つの相互結合された軟発振器（2軟）の場合と同様の変数変換を行うと式（8.5）が得られる。

付 C 式 (11.7) の積分結果，式 (11.8) の誘導

$$\int \dfrac{d\phi}{\sqrt{2(1+\cos\phi)}} = \pm \int dt \qquad (C.1)$$

より

$$\int \dfrac{d\phi}{2\cos\left(\dfrac{\phi}{2}\right)} = \pm\, t + K \qquad (C.2)$$

$x = \cos(\phi/2)$ とおくと $d\phi = -2dx/\sin(\phi/2) = -2dx/(\sqrt{1-x^2})$ となる。

$$-\int \frac{1}{x\sqrt{1-x^2}}\, dx = \pm t + K \tag{C.3}$$

さらに，$y = \sqrt{1-x^2}$ とおくと $dx = -\sqrt{1-x^2}\, dy/x$ となる。これより

$$\int \frac{dx}{x\sqrt{1-x^2}} = \int \frac{dy}{y^2-1} = \frac{1}{2}\log\left|\frac{y-1}{y+1}\right|$$

$$= \frac{1}{2}\log\left|\frac{\sqrt{1-x^2}-1}{\sqrt{1-x^2}+1}\right| = \mp t - K \tag{C.4}$$

初期条件として $t=0$ で $\phi=0$ であるので，$t=0$ で $x=1$ ($y=0$) となる。これより $K=0$ となる。

$$\frac{\sqrt{1-x^2}-1}{\sqrt{1-x^2}+1} = \mp \exp(2t) \tag{C.5}$$

これより

$$x = \cos\left(\frac{\phi}{2}\right) = \frac{\pm 2}{\exp(t)+\exp(-t)} = \frac{\pm 1}{\cosh t} = \pm\,\text{sech}\,t \tag{C.6}$$

ゆえに

$$\left.\begin{array}{l} \phi = 2\cos^{-1}(\pm\,\text{sech}\,t) = \pm 2\sin^{-1}(\tanh t) \\ y = \pm 2\,\text{sech}\,t \end{array}\right\} \tag{C.7}$$

上式は複号同順で $+$ 符号は $\varGamma_0^u$ を $-$ 符号は $\varGamma_0^l$ を表す。

付 D　鞍形不動点の安定・不安定多様体の描き方

2階の非自律系において不動点を求めるアルゴリズムについては第 3 章において述べた。不動点にはいくつかの種類のものが存在するが，特にカオスとの関連においては鞍形不動点が重要である。第 11 章で述べたように鞍形不動点に出入りする不安定多様体と安定多様体が交わると形式カオスであるホースシュー写像が存在することが証明されている。ここでは一例として 2 次元ポアンカレ写像：$P: R^2 \to R^2$ における正不安定鞍形不動点 x^* の安定・不安定多様体を描くアルゴリズムについて述べる。$x^* \in R^2$ は実固有値 $0 < \rho_1 < 1$ と $\rho_2 > 1$ をもち，それぞれ対応する固有ベクトル $\eta_s \in R^2$ と $\eta_u \in R^2$ をもつ。安

定多様体は η_s の方向から入ってくる $W^{s+}(x^*)$ と $-\eta_s$ の方向から入ってくる $W^{s-}(x^*)$ の2本あり，同様に不安定多様体は η_u の方向へ出ていく $W^{u+}(x^*)$ と $-\eta_u$ の方向へ出ていく $W^{u-}(x^*)$ の2本存在する．そして，安定（不安定）多様体は x^* において $\eta_s(\eta_u)$ に接する．そこで，例えば $W^{u+}(x^*)$ を近似的に描くには，x^* の近傍で η_u 方向の点を初期点として，これを P によって繰り返し写像してゆけば，$W^{u+}(x^*)$ の概形が描けるように思われる．しかし，写像を進めるに従い，点と点との間隔がしだいに大きくなっていくため（1回の写像で2マップ点間の距離は約 $\rho_2>1$ 倍になる），なんらかの補間アルゴリズムが必要になる．以下，このアルゴリズムについて述べる．

同様にして，$W^{u-}(x^*)$ を描くには，η_u のところに $-\eta_u$ を代入すればよい．また，$W^{s+}(x^*),W^{s-}(x^*)$ を描くには時間を逆方向に進めればよい．これは具体的には数値積分のステップサイズをマイナスにしてやることによって実現される．さらに，逆不安定不動点の安定，不安定多様体を描く場合には写像点は η_u と $-\eta_u$ （または，η_s と $-\eta_s$）の間を振動的に動くので2回（P^2）写像を用いることになる[†]．

D.1 写像の初期点の選び方

初期点 x_{start} を $\eta_u(|\eta_u|=1)$ 上の一点として選ぶに当り，$0<\alpha<1$ として，まず

$$x_{\text{start}} = x^* + \alpha\eta_u \tag{D.1}$$

とおく．つぎに，x_{start} のヤコビ行列 $DP(x^*)$ による線形写像の写像点 $P_L(x_{\text{start}})$ をつぎのように計算する．

$$P_L(x_{\text{start}}) = x^* + DP(x^*)(x_{\text{start}}-x^*) = x^* + \rho_2\alpha\eta_u \tag{D.2}$$

そして，非線形写像 $P(x_{\text{start}})$ と線形写像 $P_L(x_{\text{start}})$ との距離が $0<\varepsilon\ll 1$ 以内となるように α を設定する．すなわち

[†] 以下のアルゴリズムについてはつぎの文献に詳述されている．T. S. Parker and L. O. Chua: Practical Numerical Algorithm for Chaotic Systems, Chap. 6, Springer Verlag (1989)

$$|P(x_{\text{start}}) - P_L(x_{\text{start}})| < \varepsilon \tag{D.3}$$

とする。一般に，図 **D.1** に見るように a が 0 に近いほど，x_{start} は $W^{u+}(x^*)$ に近いところに選ばれるが，あまり小さすぎると累積誤差のために $W^{u-}(x^*)$ を追跡するなど異常動作が起こることがあるので，この点も注意する。a の最適値を決定するアルゴリズムとしては，まず $a=1$ とし距離 (D.3) を計算し，条件不満足ならば a を $1/2$ にして再度条件をチェックするというプロセスを条件満足するまで繰り返す。ただし，あらかじめ設定した最小値 $a_{\min}$ よりも小さくなったらやめる。

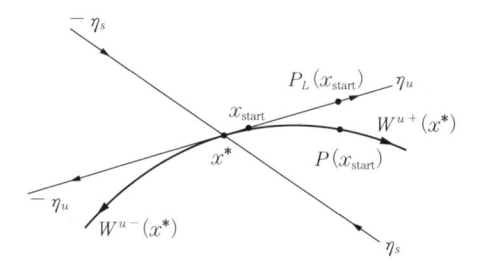

図 **D.1** 不動点 x^* と初期点 x_{start}，線形写像点 $P_L(x_{\text{start}})$，非線形写像点 $P(x_{\text{start}})$ の典型的な関係を表す説明図

D.2　安定，不安定多様体の描き方

このアルゴリズムには $x[\ ]$ と $Px[\ ]$ という二つの配列を用いる。配列 $x[\ ]$ は n_x 個の点からなり，これらの点は $x[1]$ と $P(x[1])=Px[1]$ の間に分布している。すなわち，$x[n_x]=P(x[1])$ となる（図 **D.2**(a)）。以上より，$x[\ ]$ はアルゴリズムの進展とともに $W^{u+}(x^*)$ に沿ってスライドするウインドウと考えられる。また，$Px[\ ]$ は $x[\ ]$ のポアンカレ写像とする。すなわち，$Px[i]=P(x[i]), i=1,2,3,\cdots,n_x$ とする。このアルゴリズムは

$$|Px[2] - Px[1]| < \varepsilon \tag{D.4}$$

となるかどうかをチェックする。もし条件 (D.4) 不満足の場合は，$Px[\ ]$ をもっと細かくしなければならないが，これは $x[1]$ と $x[2]$ の中間の値を内挿することによって実現される（図 D.2(b)）。すなわち，配列 $x[\ ]$ は $x[1]$

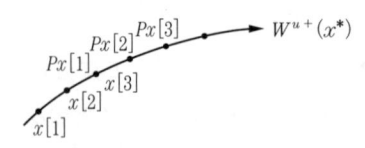

(a) 配列 $x[\ ]$ の各点は 1 回写像分
に対応した $W^{u+}(x^*)$ の部分集合
上に存在している

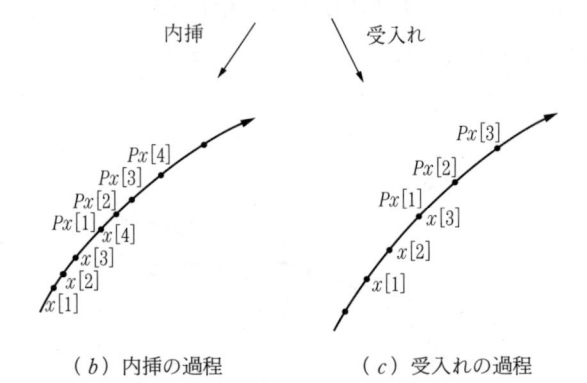

内挿　　　受入れ

(b) 内挿の過程　　　(c) 受入れの過程

図 $D.2$　配列 $x[\ ]$ と $Px[\ ]$ の例

を残し，$x[2] \sim x[n_x]$ を右に一つシフトして $x[3] \sim x[n_x+1]$ とし，新たに $x[2] = (x[1] + x[3])/2$ を内挿する．これに伴い配列 $Px[\ ]$ も同様に一つ拡張される．すなわち，新たな $Px[2]$ として $P(x[2])$ を選び，条件 $(D.4)$ をチェックするプロセスを繰り返す．

つぎに条件 $(D.4)$ 満足の場合は，$Px[1]$ が $W^{u+}(x^*)$ 上の新たな点として受け入れられる．そして，配列 $x[\ ]$ と $Px[\ ]$ はともに一つ左へシフトされる（このとき，$x[1]$ と $Px[1]$ は無視する）．そして，$x[n_x] = Px[1]$ とする（図 $D.2(c)$）．そして，再び条件 $(D.4)$ のチェックに入る．このアルゴリズムはあらかじめ指定された数の点が出力されると停止する．以上のプロセスを用いた不変多様体を描く C++ のプログラムは以下の URL に掲載される予定である．http://www.ee.toyota-ct.ac.jp//~ohno/PLL

引用・参考文献

1 章
1) 森 真作：電気回路ノート，コロナ社（1977）
2) T. S. Parker and L. O. Chua : Practical numerical algorithm for chaotic systems, Springer Verlag (1989)
3) 志村正道：非線形回路理論，昭晃堂（1969）

2 章
1) M. W. Hirsch and S. Smale : Differential Equation, Dynamical Systems, and Linear Algebra, Academic Press College Division, Chap. 5 (1970)
2) 山本 稔：常微分方程式の安定性，pp. 104-112, 実教出版（1979）
3) R. L. デバニー：カオス力学系の基礎，p. 125, ピアソン・エデュケーション（1997）

3 章
1) H. Kawakami : Bifurcation of periodic responses in forced dynamic nonlinear circuits : Computation of bifurcation values of the system parameters, IEEE Trans. Circuits and Syst., vol. CAS-31, No. 3, pp. 248-260 (1984)
2) 篠原能材：数値解析の基礎，日新出版（1982）

4 章
1) T. S. Parker and L. O. Chua : Practical numerical algorithm for chaotic systems, pp. 73-81 Springer Verlag (1989)
2) 長島弘幸，馬場良和：カオス入門，培風館（1992）
3) J. M. T. Thompson and H. B. Stewart : Nonlinear dynamics and chaos, John Wiley and Sons (1986)
4) デニー・グーリック（前田恵一，原山卓久訳）：カオスとの遭遇，産業図書（1992）
5) P. Berge, Y. Pomeau, and C. Vidal : Order within Chaos, John Wiley and Sons (1984)
6) A. J. Lichtenberg and M. A. Lieberman : Regular and Chaotic Dynamics, Springer Verlag (1992)

7) F. C. Moon: Chaotic and Fractal Dynamics, Wiley-Interscience (1992)
8) S. Newhouse, D. Ruelle, and F. Takens: Occurrence of strange Axiom-A attractors near quasiperiodic flow on T^m, $m \leq 3$, Commun. Math. Phys. 64, p. 35 (1978)
9) 上田睆亮, 赤松則夫, 林 千博: 非線形常微分方程式の計算機シミュレーションと非周期振動, 電子通信学会論文誌, vol. 56-A, No. 4, pp. 218-225 (1973)
10) Y. Ueda and N. Akamatsu: Chaotically transitional phenomena in the forced negative-resistance oscillator, IEEE Trans. Circuits and Syst. CAS-28, No. 3, pp. 217-224 (1981)
11) T. Matsumoto, L. O. Chua and M. Komuro: The double scroll, IEEE Trans. Circuits and Syst., CAS-32, No. 8, pp. 797-818 (1985)
12) T. Saito: A chaos generator based on a quasi-harmonic oscillator, IEEE Trans. Circuits and Syst., vol. 32, No. 4, pp. 320-331 (1985)
13) K. Aihara, T. Takabe and M. Toyoda: Chaotic neural networks, Phys. Lett. A, vol. 144, pp. 333-340 (1990)
14) C. K. Tse: Chaos from a buck switching regulator operating in discontinuous mode, Int. J. Circuit Theory Appl., vol 22, No. 4, pp. 263-278 July-August (1994)

5 章

1) 志村正道: 非線形回路理論, 昭晃堂 (1969)
2) 藤田広一: 非線形問題, コロナ社 (1978)
3) J. K. Hale: Ordinary differential equations, Robert E. Krieger Pub. Co. (1980)
4) 遠藤哲郎: 硬発振器の同期特性, 電子通信学会論文誌, vol. J 64-A, No. 9, pp. 785-786 (1981)
5) 遠藤哲郎他: 5 次の非線形特性をもつ発振器における非同期動作, 電子通信学会非線形問題研究会資料, NLP 79-26 (1979-11)

6 章

1) T. Endo and S. Mori: Mode analysis of a multimode ladder oscillator, IEEE Trans. Circuits and Systems, vol. CAS-23, No. 2, pp. 100-113 (1976)
2) L. O. Chua and T. Endo: Multimode oscillator analysis via integral manifolds, Part I: Non-resonant case, International Journal of Circuit Theory and Applications, vol. 16, pp. 25-58 (1988)

3) T. Endo and T. Ohta : Multimode oscillations in a coupled oscillator system with fifth-power nonlinear characteristics, IEEE Trans. Circuits and Systems, vol. CAS-27, No. 4, pp. 277-283 (1980)
4) 遠藤哲郎，太田豊生：発振器の結合系における多重モード発振—5次の非線形特性をもつ場合—，電子情報通信学会論文誌, vol. 61-A, No. 10, pp. 964-971 (1978)

7章

1) T. Endo and S. Mori : Mode analysis of a ring of a large number of mutually coupled van der Pol oscillators, IEEE Trans. Circuits and Systems, vol. CAS-25, No. 1, pp. 7-18 (1978)
2) L. O. Chua and T. Endo : Multimode oscillator analysis via integral manifolds, Part II : Resonant case, International Journal of Circuit Theory and Applications, vol. 16, pp. 59-92 (1988)

8章

1) T. Endo and S. Mori : Mode analysis of a multimode ladder oscillator, IEEE Trans. Circuits and Systems, vol. CAS-23, No. 2, pp. 100-113 (1976)
2) T. Endo and T. Ohta : Multimode oscillations in a coupled oscillator system with fifth-power nonlinear characteristics, IEEE Trans. Circuits and Systems, vol. CAS-27, No. 4, pp. 277-283 (1980)
3) 有賀悠葵，遠藤哲郎：発振器の結合系における分岐現象—非線形性を強めた場合—，電子情報通信学会論文誌, vol. J 86-A, No. 5, pp. 559-568 (2003)
4) 有賀悠葵，遠藤哲郎：発振器の結合系における分岐現象—非線形性を強めた場合—，電子情報通信学会論文誌A分冊, vol. J 86-A, No. 11, pp. 1254-1259 (2003)

9章

1) 有賀悠葵，遠藤哲郎：発振器の結合系に見られる遷移ダイナミックスとカオス，電子情報通信学会論文誌A分冊, vol. J 86-A, No. 5, pp. 559-568 (2003)
2) S. A. Datardina and D. A. Linkens : Multimode oscillations in mutually coupled van der Pol type oscillators with fifth-power nonlinear characteristics, IEEE Trans. Circuits and Systems, vol. CAS-25, No. 5, pp. 308-315 (1978)
3) T. Endo and T. Ohta : Multimode oscillations in a coupled oscillator system with fifth-power nonlinear characteristics, IEEE Trans. Circuits and Systems, vol. CAS-27, No. 4, pp. 277-283 (1980)

4) 倉光正巳，陶器圭二：二つの弛張振動発振器の相互同期現象，電子情報通信学会技術研究報告，NLP 89-77（1990）
5) 西浦廉政：非線形問題1－パターン形成の数理，現代数学の展開，5, 6章，岩波書店（1999）
6) 西浦廉政：うつろひゆくもののダイナミックスをめぐって，数学セミナー別冊，No. 22, pp. 49-59, 日本評論社（2000）
7) 勝田祐司，川上　博：対称性をもつ非線形自律系に見られる平衡点と周期解の分岐，電子情報通信学会論文誌A分冊，vol. J 75-A, No. 6, pp. 1035-1044（1992）
8) H. G. Schuster : Deterministic chaos, VCH, chap. 4（1989）

10章

1) 畑　雅恭，古川計介：PLL-ICの使い方，秋葉出版（1991）
2) A. J. Viterbi : Principles of coherent communication, McGraw Hill（1966）
3) T. Endo : A review of chaos and nonlinear dynamics in phase-locked loops, Journal of the Franklin Institute, vol. 331 B, No. 6, pp. 859-902（1994）
4) F. M. Gardner : Phaselock Techniques, John Wiley and Sons（1979）
5) R. E. Best : Phase-locked loops, McGraw Hill（1993）
6) M. Urabe and A. Reiter : Numerical computation of nonlinear forced oscillations by Galerkin's procedure, J. Math Ana. and Appl., p. 107（1966）
7) 遠藤哲郎，多田健蔵：位相同期系の引込み範囲のガレルキン法による解析，電子通信学会論文誌B分冊，vol. J 68-B, No. 2, pp. 236-243（1985）

11章

1) J. Guckenheimer and P. Holmes : Nonlinear oscillations, dynamical systems, and bifurcations of vector fields, Springer Verlag（1983）
2) S. Wiggins : Introduction to applied nonlinear dynamical systems and chaos, Springer Verlag（1990）
3) T. Endo and L. O. Chua : Chaos from phase-locked loops, IEEE Trans. Circuits and Systems, vol. 35, No. 8, pp. 987-1003（1988）
4) T. Endo, L. O. Chua and T. Narita : Chaos from phase-locked loops-Part II : High-dissipation case, IEEE Trans. Circuits and Systems, vol. 36, No. 2, pp. 255-263（1989）
5) T. Endo and L. O. Chua : Bifurcation diagrams and fractal basin boundaries of phase-locked loop circuits, IEEE Trans. Circuits and Systems, vol. 37, No. 4, pp. 535-540（1990）

6) T. Endo, Homoclinic orbit, fractal basin boundaries and bifurcations of phase-locked loop circuits, IEICE Trans. vol. E 73, No. 6, pp. 828-835 (1990)
7) T. Endo, W. Ohno and Y. Ueda : Explosion of strange attractors and crisis-induced intermittency from a forced phase-locked loop circuit : theory and experiments, International Journal of Bifurcation and Chaos, vol. 10, No. 4, pp. 891-912 (2000)
8) G. Kolumban and B. Vizvari : Nonlinear dynamics and chaotic behavior of the analog phase-locked loop, Proc. of NDES '95, pp. 99-102 (1995)
9) K. Watada, T. Endo and H. Seishi : Shilnikov orbit in an autonomous third-order chaotic phase-locked loop, IEEE Trans. Circuits and Syst. I, vol. 45, No. 9, pp. 979-983 (1998)
10) 勢志 仁, 遠藤哲郎：正弦波位相比較特性をもつ3階オートノマスPLLにおけるシルニコフホモクリニック分岐集合の計算, 電子情報通信学会論文誌A分冊, vol. J 82-A, No. 10, pp. 1657-1663 (1999)
11) T. S. Parker and L. O. Chua : Practical numerical algorithms for chaotic systems, Springer Verlag, NY, pp. 142-143 (1989)

索引

あ

安定性　74
安定多様体　93, 169, 197
安定・不安定多様体　197
I 形不動点　169
I-D 連鎖　171, 175

い

位相空間　10
位相平面　11
位相方程式　104
インターミッテンシー　53, 132
インデックス　20, 21

え

円環座標系　26
FFT　116
FFT アルゴリズム　115
n 周期解　23
n トーラス　24

か

解軌道　10
概周期解　24
概周期振動　93, 129, 165
カオス　128
カオス解　24
カオス振動　165
渦状点　15
過渡カオス　191
ガレルキン法　143, 145
間欠性　53

環状結合系　94
完全安定不動点　29, 124
完全逆相解　195
完全同相解　195
完全不安定不動点　29

き

幾何学的方法　10
逆相　101, 122
逆相解　107, 193
逆相周期解　119
逆不安定不動点　29
強結合　195
鏡像　187
共役複素固有値　182
局所離散力学系　124
キルヒホッフの法則　88

く

クライシス　57, 169
鞍形渦状点　20
鞍形結節点　20
鞍形点　12

け

結節渦状点　19
結節点　13, 19
k-周期点　28

こ

硬発振器　80, 88
固有値　38, 40, 82, 89, 193
固有平面　182
固有ベクトル　82, 182, 193

痕跡部分　171

さ

最大過渡リヤプノフ指数　187
最大リヤプノフ指数　41, 167
サドル　12, 20, 124
サドルスパイラル　20
サドル・ノード　48
サドル・ノード分岐　29, 45, 47, 119
サドルループ　146
サブクリティカル　46, 47
三角波　147
3 重モード振動　118

し

自己複製パターン　120
弱結合　195
弱非線形系　64
周期振動　129, 165
周期点　27
縮退結節点　14
状況点　10
状態変数　5
消滅　168
初期値　36
自律系　5, 37
シルニコフの定理　181
シンク　13, 19
振幅方程式　104

す

スイッチング現象　126, 135

索引　207

スーパークリティカル　46
スメール・バーコフの
　定理　151

せ

正規化　9
正規直交化　42
正弦波　147
正弦波 PC　153
正の実固有値　182
正不安定鞍形不動点　197
正不安定不動点　29, 124
整列階層構造　120
セパラトリックス　93
遷移ダイナミックス　120
漸近安定　69, 74
線形定数係数　3
線形変換　89
センター　16

そ

双曲形特異点　11
相互結合　135
相互結合発振器　195
ソース　16, 19

た

大域的分岐　49, 128
退化　194
退化固有値　97
退化モード　97
第 2 種周期解　141
多重周期モード　111
多重モード解　107
ダフィング方程式　40
ダブルスクロール回路　60
単一周期モード　111
タンロック　147

ち

チュア（Chua）回路　60

中心点　16
注入同期　70
超平面　34
超立方体　42

て

鉄共振回路　40, 57
D 形不動点　169

と

同　期　69
同　相　100, 122
同相解　107, 193
同相周期解　119
特異退化モード　101
特異点　11
特性指数　40
特性乗数　33, 38
トーラス　128
トーラス崩壊ルート　57
トランスクリティカル　48
トランスクリティカル
　分岐　45, 47

な

軟発振器　80

に

2 重モード解　119, 122
ニーマーク・サッカー
　分岐　30
ニュートン法　31, 36

の

ノード　13, 19, 124
ノードスパイラル　19

は

爆　発　168
ハミルトン系　151
ハーモニックバランス　144

ハルトマンの定理　11
パワースペクトル　189

ひ

非共鳴　86
非自律系　5
非線形インダクタンス　57
非線形抵抗　4
非退化固有値　97
非退化モード　97
ピッチフォーク　48
ピッチフォーク分岐
　　30, 45, 46, 47, 48
非同期状態　76
非同期励振　78
非ハミルトン系　159
微分インダクタンス　4
微分コンダクタンス　4
微分コンデンサ　4
微分抵抗　4
微分同相写像　28
p 周期点　34
P_1 ストレンジアトラクタ
　　173
P_1 ストレンジセット　171
P_2 ストレンジアトラクタ
　　175
P_2 ストレンジセット　171

ふ

ファイゲンバウム定数　50
不安定　74
不安定多様体　169, 198
ファン・デル・ポール
　の発振器　7
不完全 2 次 PLL　139
不完全 2 次ループ　138
不動点　24, 27, 34, 37
不動点計算アルゴリズム
　　107
不変曲線　34, 158

フラクタル構造　25	ホップ分岐　45, 46, 47	**ら**
フラクタル集合　34	ホモクリニック軌道	ラミナー状態　133
フリップ（周期倍）分岐　52	149, 152, 154, 155	ラミナー長　132
フリップ分岐　30, 48, 52	ホモクリニック点	**り**
プルインレンジ	25, 151, 167, 191	離散力学系　24, 45
136, 141, 142	**み**	離調　69
フロー　10	道筋　45	リヤプノフ次元　43
分岐　106	**む**	リヤプノフ指数　23, 25
分岐現象　50	無摂動系　151, 152	**れ**
分岐集合　45, 185	無発振解　122	レスラー方程式　57
分数調波解　23	無理数　85	連続スペクトル　25
へ	**め**	連続力学系　45
平均化法　64, 192	メルニコフ積分　151	**ろ**
平衡点　11, 74, 91	メルニコフの方法　149, 167	ロジスティック写像　50, 52
ベイシン　112	**や**	ロジスティック方程式　57
ベクトル微分方程式　81, 89	ヤコビ行列　66	ロッキング　128
ヘテロクリニックサイクル	**よ**	ロックレンジ　136, 140, 141
119, 125, 135	余次元　45	ローレンツ方程式　57
変分方程式　39		
ほ		
ポアンカレ写像　26		
ホースシュー写像　151		

―― 著者略歴 ――

1972年 慶應義塾大学工学部電気工学科卒業
1974年 慶應義塾大学大学院工学研究科修士課程修了(電気工学専攻)
1977年 慶應義塾大学大学院工学研究科博士課程修了(電気工学専攻)
　　　　工学博士
1977年 防衛大学校助手
1980年 防衛大学校講師
1987年 防衛大学校助教授
1992年 明治大学教授
　　　　現在に至る

非 線 形 回 路
Nonlinear Circuits
© Tetsuro Endo 2004

2004年11月18日　初版第1刷発行

検印省略

著　者　遠　藤　哲　郎
発行者　株式会社　コロナ社
　　　　代表者　牛来辰巳
印刷所　三美印刷株式会社

112-0011　東京都文京区千石4-46-10
発行所　株式会社　コロナ社
CORONA PUBLISHING CO., LTD.
Tokyo Japan
振替 00140-8-14844・電話(03)3941-3131(代)
ホームページ http://www.coronasha.co.jp

ISBN 4-339-02609-3　　(横尾)　(製本：染野製本所)
Printed in Japan

無断複写・転載を禁ずる
落丁・乱丁本はお取替えいたします

コンピュータ数学シリーズ

(各巻A5判)

■編集委員　斎藤信男・有澤　誠・筧　捷彦

配本順			頁	定価
2.（9回）	組合せ数学	仙波一郎著	212	2940円
3.（3回）	数理論理学	林　　晋著	190	2520円
10.（2回）	コンパイラの理論	大山口通夫著	176	2310円
11.（1回）	アルゴリズムとその解析	有澤　誠著	138	1733円
15.（5回）	数値解析とその応用	名取　亮著	156	1890円
16.（6回）	人工知能の理論（増補）	白井良明著	182	2205円
20.（4回）	超並列処理コンパイラ	村岡洋一著	190	2415円
21.（7回）	ニューラルコンピューティング	武藤佳恭著	132	1785円
22.（8回）	オブジェクト指向モデリング	磯田定宏著	156	2100円

以下続刊

1. 離散数学	難波完爾著	4. 計算の理論	町田　元著
5. 符号化の理論	今井秀樹著	6. 情報構造の数理	中森真理雄著
7. 計算モデル	小谷善行著	8. プログラムの理論	
9. プログラムの意味論	萩野達也著	12. データベースの理論	
13. オペレーティングシステムの理論	斎藤信男著	14. システム性能解析の理論	亀田壽夫著
17. コンピュータグラフィックスの理論	金井　崇著	18. 数式処理の数学	渡辺隼郎著
19. 文字処理の理論			

定価は本体価格+税5％です。
定価は変更されることがありますのでご了承下さい。

図書目録進呈◆

電気・電子系教科書シリーズ

(各巻A5判)

■編集委員長　高橋　寛
■幹　　　事　湯田幸八
■編集委員　　江間　敏・竹下鉄夫・多田泰芳
　　　　　　　中澤達夫・西山明彦

	配本順			頁	定価
1.		電 気 基 礎	柴田尚志・皆藤新一 共著		近刊
2.	(14回)	電 磁 気 学	多田泰芳・柴田尚志 共著		近刊
4.	(3回)	電 気 回 路 Ⅱ	遠藤　勲・鈴木靖 共著	208	2730円
6.	(8回)	制 御 工 学	下奥二郎・西平鎮正 共著	216	2730円
9.	(1回)	電 子 工 学 基 礎	中澤達夫・藤原勝幸 共著	174	2310円
10.	(6回)	半 導 体 工 学	渡辺英夫 著	160	2100円
11.		電 気 ・ 電 子 材 料	中澤・押田・森山・藤原・服部 共著		近刊
12.	(13回)	電 子 回 路	須田健二・土田英一 共著	238	2940円
13.	(2回)	ディジタル回路	伊原充博・若海弘夫・吉沢昌純 共著	240	2940円
14.	(11回)	情報リテラシー入門	室賀進也・山下巖 共著	176	2310円
18.	(10回)	アルゴリズムとデータ構造	湯田幸八・伊原充博 共著	252	3150円
19.	(7回)	電 気 機 器 工 学	前田勉・新谷邦弘 共著	222	2835円
20.	(9回)	パワーエレクトロニクス	江間　敏・高橋　勲 共著	202	2625円
21.	(12回)	電 力 工 学	江間　敏・甲斐隆章 共著	260	3045円
22.	(5回)	情 報 理 論	三木成彦・吉川英機 共著	216	2730円
25.	(4回)	情報通信システム	岡田裕・桑原正史 共著	190	2520円

以下続刊

3.	電 気 回 路 Ⅰ	多田・柴田共著	5.	電気・電子計測工学	西山・吉沢共著
7.	ディジタル制御	青木・西堀共著	8.	ロ ボ ッ ト 工 学	白水俊之著
15.	プログラミング言語Ⅰ	湯田幸八著	16.	プログラミング言語Ⅱ	柚賀・松林共著
17.	計 算 機 シ ス テ ム	春日・舘泉共著	23.	通 信 工 学	竹下鉄夫著
24.	電 波 工 学	松田・宮田・南部共著	26.	高 電 圧 工 学	松原・植月・箕田共著
27.	自 動 設 計 製 図				

定価は本体価格+税5%です。
定価は変更されることがありますのでご了承下さい。

図書目録進呈◆

電子情報通信レクチャーシリーズ

■(社)電子情報通信学会編　　(各巻B5判)

共通

配本順				頁	定価
A-1		電子情報通信と産業	西村吉雄 著		
A-2		電子情報通信技術史	技術と歴史研究会 編		
A-3		情報社会と倫理	笠原正雄／土屋俊 共著		
A-4		メディアと人間	原島博／北川高嗣 共著		
A-5	(第6回)	情報リテラシーとプレゼンテーション	青木由直 著	216	3570円
A-6		コンピュータと情報処理	村岡洋一 著		
A-7		情報通信ネットワーク	水澤純一 著		
A-8		マイクロエレクトロニクス	亀山充隆 著		
A-9		電子物性とデバイス	益一哉 著		

基礎

				頁	定価
B-1		電気電子基礎数学	大石進一 著		
B-2		基礎電気回路	篠田庄司 著		
B-3		信号とシステム	荒川薫 著		
B-4		確率過程と信号処理	酒井英昭 著		
B-5		論理回路	安浦寛人 著		
B-6	(第9回)	オートマトン・言語と計算理論	岩間一雄 著	186	3150円
B-7		コンピュータプログラミング	富樫敦 著		
B-8		データ構造とアルゴリズム	今井浩 著		
B-9		ネットワーク工学	仙田正和／石村裕 共著		
B-10	(第1回)	電磁気学	後藤尚久 著	186	3045円
B-11		基礎電子物性工学	阿部正紀 著		
B-12	(第4回)	波動解析基礎	小柴正則 著	162	2730円
B-13	(第2回)	電磁気計測	岩﨑俊 著	182	3045円

基盤

				頁	定価
C-1	(第13回)	情報・符号・暗号の理論	今井秀樹 著	220	3675円
C-2		ディジタル信号処理	西原明法 著		
C-3		電子回路	関根慶太郎 著		
C-4		数理計画法	福島雅夫／山下信雄 共著		
C-5		通信システム工学	三木哲也 著		
C-6		インターネット工学	後藤滋樹 著		
C-7	(第3回)	画像・メディア工学	吹抜敬彦 著	182	3045円

配本順				頁	定価
C-8		音声・言語処理	広瀬啓吉 著		
C-9	(第11回)	コンピュータアーキテクチャ	坂井修一 著	158	2835円
C-10		オペレーティングシステム	徳田英幸 著		
C-11		ソフトウェア基礎	外山芳人 著		
C-12		データベース	田中克己 著		
C-13		集積回路設計	鳳紘一郎・浅田邦博 共著		
C-14		電子デバイス	舛岡富士雄 著		
C-15	(第8回)	光・電磁波工学	鹿子嶋憲一 著	200	3465円
C-16		電子物性工学	奥村次徳 著		

展開

				頁	定価
D-1		量子情報工学	山崎浩一 著		
D-2		複雑性科学	松本隆・相澤洋二 共著		
D-3		非線形理論	香田徹 著		
D-4		ソフトコンピューティング	山川烈 著		
D-5		モバイルコミュニケーション	中川正雄・大槻知明 共著		
D-6		モバイルコンピューティング	中島達夫 著		
D-7		データ圧縮	谷本正幸 著		
D-8	(第12回)	現代暗号の基礎数理	黒澤馨・尾形わかは 共著	198	3255円
D-9		ソフトウェアエージェント	西田豊明 著		
D-10		ヒューマンインタフェース	西田正吾・加藤博一 共著		
D-11		画像光学と入出力システム	本田捷夫 著		
D-12		コンピュータグラフィックス	山本強 著		
D-13		自然言語処理	松本裕治 著		
D-14	(第5回)	並列分散処理	谷口秀夫 著	148	2415円
D-15		電波システム工学	唐沢好男 著		
D-16		電磁環境工学	徳田正満 著		
D-17		VLSI工学	岩田穆・角南英夫 共著		
D-18	(第10回)	超高速エレクトロニクス	中村徹・三島友義 共著	158	2730円
D-19		量子効果エレクトロニクス	荒川泰彦 著		
D-20		先端光エレクトロニクス	大津元一 著		
D-21		先端マイクロエレクトロニクス	小柳光正 著		
D-22		ゲノム情報処理	高木利久 著		
D-23		バイオ情報学	小長谷明彦 著		
D-24	(第7回)	脳工学	武田常広 著	240	3990円
D-25		医療・福祉工学	伊福部達 著		

定価は本体価格+税5%です。
定価は変更されることがありますのでご了承下さい。

図書目録進呈◆

現代非線形科学シリーズ

（各巻A5判）

■編集委員長　大石進一
■編集委員　合原一幸・香田　徹・田中　衞

			頁	定価
1.	非線形解析入門	大石　進一著	254	2940円
2.	離散力学系のカオス	香田　徹著	294	3360円
3.	アルゴリズムの自動微分と応用	久保田光一／伊理正夫共著	298	3465円
4.	神経システムの非線形現象	林　初男著	202	2415円
5.	ニューラルネットと回路	田中　衞／斉藤利通共著	236	2940円
6.	精度保証付き数値計算	大石　進一著	198	2310円
7.	電子回路シミュレーション	牛田明夫／田中　衞共著	284	3570円
8.	フラクタルと画像処理 ―差分力学系の基礎と応用―	徳永　隆治著	166	2100円
9.	非線形制御	平井　一正著	232	2940円
10.	非線形回路	遠藤　哲郎著	220	2940円

以下続刊

ニューロダイナミックス	吉澤修治／寺田和子共著	カオスニューラルネットワーク	合原　一幸他著
非線形方程式の数理解法	山村　清隆著	非線形経済理論	大和瀬達二他著
ソリトン	大石　進一著	非線形の回路解析	西　哲生著
複雑系の科学	西村　和雄他著	差分法	山本　哲朗著
非線形振動		カオスと情報通信	西尾　芳文著
非線形の数理計画法		非線形物理	
連続力学系のカオス			

定価は本体価格＋税5％です。
定価は変更されることがありますのでご了承下さい。

図書目録進呈◆